机器人新兴领域"十四五"高等教育教材

生机电一体化机器人

主　编　姜　力
副主编　程　明
参　编　樊绍巍　杨大鹏　胡雅雯
　　　　吴闻昊　戴景辉　杨邦出
　　　　曾　琳

科学出版社
北　京

内容简介

本书系统、全面地介绍了生机电一体化机器人的基本概念、基本问题和基本方法。全书共 6 章，内容包括生机电一体化机器人的基本概念、最新进展、机构设计、传感及控制、神经控制、感觉反馈及典型应用案例。

本书作为生机电一体化机器人课程的教材，注重理论联系实际，力求对生机电一体化机器人的设计、集成与交互控制进行全面、系统的介绍。每章主题鲜明，内容翔实丰富，既有基本知识阐述，又有具体应用举例。

本书可供机电工程类，尤其是机器人专业的本科、硕士以及成人教育等学生作为教材和参考书。通过学习本书，读者将了解生机电一体化机器人设计的全面资料，对开展仿生设计、生机交互控制等具有一定的借鉴意义。

图书在版编目(CIP)数据

生机电一体化机器人 / 姜力主编. -- 北京：科学出版社，2024. 12.
(机器人新兴领域"十四五"高等教育教材). -- ISBN 978-7-03-080993-3

Ⅰ. TP24

中国国家版本馆 CIP 数据核字第 2024YN8000 号

责任编辑：朱晓颖 / 责任校对：王 瑞
责任印制：师艳茹 / 封面设计：马晓敏

科 学 出 版 社 出版
北京东黄城根北街 16 号
邮政编码：100717
http://www.sciencep.com

三河市骏杰印刷有限公司印刷
科学出版社发行 各地新华书店经销

*

2024 年 12 月第 一 版　开本：787×1092　1/16
2024 年 12 月第一次印刷　印张：11 1/2
字数：290 000

定价：59.00 元
(如有印装质量问题，我社负责调换)

前　　言

生机电一体化机器人的科学内涵在于生物体与机电系统的物理集成与功能集成，旨在通过模仿和增强生物体的本体功能，形成一种全新的人机结合体。与传统机器人系统相比，生机电一体化机器人强调生物体与机电系统之间的深度融合，尤其注重系统的智能化、自适应性和生物机械交互能力。

生机电一体化机器人融合了生物医学、机器人学、计算机科学、电子学和控制学等多个学科的相关技术。作为机器人领域的教材，本书面向机器人的未来世界，致力于机器人学的多学科交叉融合，为相关专业的大学生和研究生，以及相关领域的开发人员提供系统性、基础性和前瞻性的知识。

假肢手是一种典型的生机电一体化机器人，遵循着人机共融设计原则。本书主要以智能假肢手为研究对象，介绍人手解剖学结构及运动特性、假肢手机构设计、传感集成与控制操作、生机接口设计与神经控制、感觉反馈与人机交互等基础理论与实际应用。

全书共 6 章：第 1 章绪论，主要介绍生机电一体化机器人的定义、内涵及产生和研究现状。第 2 章人手运动特性及解析，分别从抓取与操作角度总结人手在不同任务情境下的手势，并从解剖学和生物力学的视角探讨其功能机制。通过对人手关节协同特性的研究，揭示关节间的运动协作规律与力学分布特性。第 3 章生机电一体化机器人的机构设计，以智能假肢手为研究对象，从仿生特性出发，讲解生机电一体化机器人的机构设计方法，并介绍全耦合、自适应、耦合-自适应、指间协同、全局协同等几种典型的假肢手设计实例。第 4 章生机电一体化机器人的传感及控制，以假肢手为例介绍机器人系统中常用的传感器类型、智能假肢手中传感器设计方法、智能假肢手控制系统设计方法。第 5 章生机电一体化机器人的神经控制，探讨如何利用生机接口读取用户的操作意图，并将这些信号传输给假肢，以实现精准控制。第 6 章生机电一体化机器人的感觉反馈，从人体感觉系统的生理学知识展开讨论，并在此基础上讲解实现生机电一体化机器人感觉反馈的物理方式，介绍感觉替代、模态匹配、躯体特定区匹配、多模态反馈等感觉反馈策略。

本书主要由姜力、程明、樊绍巍、杨大鹏、胡雅雯、吴闻昊、戴景辉、杨邦出、曾琳编撰。其中姜力、程明、杨邦出撰写第 1 章，杨大鹏、杨邦出撰写第 2 章，程明、戴景辉、樊绍巍撰写第 3 章，姜力、戴景辉、樊绍巍撰写第 4 章，姜力、吴闻昊、曾琳撰写第 5 章，姜力、胡雅雯、杨大鹏撰写第 6 章。全书由姜力负责统稿。

在编写过程中，作者参考了课题组前期编写的《仿人多指灵巧手及其操作控制》和《仿人型假手及其生机交互控制》，并在此基础上融入了近年来课题组关于生机电一体化机器人的研究成果与教学经验。

限于作者水平，书中难免存在疏漏及不妥之处，敬请广大读者批评指正。

作　者
2024 年 10 月

目　　录

第 1 章　绪论 ··· 1
  1.1　生机电一体化机器人的产生 ··· 1
  1.2　生机电一体化机器人概述 ··· 3
  1.3　生机电一体化机器人的国内外研究现状 ·· 5
      1.3.1　智能假肢手 ··· 5
      1.3.2　其他生机电一体化系统 ··· 13
  本章小结 ··· 18
  参考文献 ··· 18

第 2 章　人手运动特性及解析 ··· 20
  2.1　人手解剖学结构 ·· 20
      2.1.1　人手骨骼结构 ··· 20
      2.1.2　人手肌肉 ··· 22
      2.1.3　人手肌腱连接 ··· 26
      2.1.4　上肢肌群协同驱动 ··· 26
  2.2　人手运动特性 ··· 27
      2.2.1　人手基本运动信息 ··· 28
      2.2.2　人手抓取姿势分类 ··· 31
  2.3　人手运动功能解析 ··· 34
      2.3.1　人手数据采集 ··· 34
      2.3.2　人手运动数据集 ··· 36
      2.3.3　人手运动解析与模型构建 ··· 39
  本章小结 ··· 44
  参考文献 ··· 44

第 3 章　生机电一体化机器人的机构设计 ····································· 47
  3.1　欠驱动假肢手机构设计概述 ··· 47
      3.1.1　欠驱动概述 ··· 47
      3.1.2　假肢手自由度配置 ··· 49
      3.1.3　假肢手驱动技术 ··· 50
  3.2　欠驱动假肢手的典型机构设计实例 ·· 51
      3.2.1　全耦合欠驱动假肢手机构设计 ······································ 51
      3.2.2　自适应欠驱动假肢手机构设计 ······································ 55

3.2.3 耦合-自适应欠驱动假肢手机构设计 ... 56
3.2.4 指间协同欠驱动假肢手机构设计 ... 60
3.2.5 全局协同欠驱动假肢手机构设计 ... 62
本章小结 ... 65
参考文献 ... 65

第4章 生机电一体化机器人的传感及控制 ... 67
4.1 机器人传感器概述 ... 67
4.1.1 机器人外部传感器 ... 67
4.1.2 机器人内部传感器 ... 70
4.2 假肢手传感器设计实例 ... 73
4.2.1 基于巨磁阻效应的位置传感器 ... 73
4.2.2 基于MEMS的微型六维指尖力/力矩传感器 ... 74
4.2.3 基于红外反射的接近觉传感器 ... 77
4.2.4 基于量子隧道效应的三维力触觉传感器 ... 79
4.3 假肢手控制系统设计及集成 ... 83
4.3.1 分布式控制系统 ... 83
4.3.2 集中式控制系统 ... 90
4.3.3 假肢手控制系统集成 ... 93
4.4 假肢手控制方法 ... 98
4.4.1 位置控制 ... 99
4.4.2 冲击控制和力控制 ... 102
4.4.3 阻抗控制 ... 105
本章小结 ... 107
参考文献 ... 107

第5章 生机电一体化机器人的神经控制 ... 108
5.1 生物信号的概述 ... 108
5.1.1 生物电信号 ... 108
5.1.2 其他生物信号 ... 112
5.2 肌电信号的生理基础 ... 112
5.2.1 动作电位的产生 ... 113
5.2.2 神经冲动的传导 ... 114
5.2.3 肌电信号的形成 ... 115
5.3 肌电信号采集系统 ... 117
5.3.1 肌电传感器 ... 117
5.3.2 肌电信号预处理 ... 120
5.3.3 肌电信号采集系统设计实例 ... 121
5.4 基于肌电信号的人手运动识别 ... 123
5.4.1 肌电信号特征提取 ... 124

		5.4.2 基于肌电信号的人手运动估计	127
		5.4.3 运动单元动作电位序列反解	129

5.5 脑机接口及其应用 131
5.5.1 脑机接口的分类 131
5.5.2 脑电信号采集系统 131
5.5.3 脑电信号处理 132
5.5.4 脑电信号特征提取 134
5.5.5 脑机接口在生机电一体化机器人中的应用 137

5.6 多模态生机接口及其应用 138
5.6.1 表面肌电与惯性测量单元融合的生机接口 138
5.6.2 表面肌电与肌音图融合的生机接口 139
5.6.3 表面肌电与肌力图融合的生机接口 139
5.6.4 表面肌电与肌肉超声图融合的生机接口 140
5.6.5 表面肌电与近红外光谱融合的生机接口 140
5.6.6 表面肌电与脑电融合的生机接口 141

本章小结 142
参考文献 142

第6章 生机电一体化机器人的感觉反馈 144

6.1 感觉反馈的生理基础 144
6.1.1 皮肤的机械感受器 144
6.1.2 躯体本体感器官 147
6.1.3 躯体感觉中枢 147
6.1.4 躯体感觉传导通路 148

6.2 生机电一体化机器人的感觉反馈方式 150
6.2.1 电刺激反馈 150
6.2.2 振动反馈 152
6.2.3 力反馈 152
6.2.4 其他反馈方式 153

6.3 电刺激反馈概述 154
6.3.1 电触觉的神经基础 154
6.3.2 电触觉特性 155
6.3.3 神经纤维模型 157

6.4 电触觉系统 161
6.4.1 电刺激电极 161
6.4.2 电刺激器 166

6.5 电刺激对肌电信号的干扰抑制方法 167
6.5.1 电刺激对肌电信号的干扰 168
6.5.2 基于双相电刺激的噪声抑制 168

  6.5.3 基于自适应滤波算法的电刺激噪声抑制……………………………… 169
6.6 感觉反馈策略……………………………………………………………… 171
  6.6.1 感觉替代……………………………………………………………… 171
  6.6.2 模态匹配……………………………………………………………… 173
  6.6.3 躯体特定区匹配……………………………………………………… 173
  6.6.4 多模态反馈…………………………………………………………… 174
本章小结………………………………………………………………………… 175
参考文献………………………………………………………………………… 176

第 1 章 绪 论

视频

1.1 生机电一体化机器人的产生

生机电一体化机器人(biomechatronics robot)的概念最早由 Kevin Warwick 提出,在其 1997 年出版的著作《机器的进军:人工智能的突破》(*March of the Machines: The Breakthrough in Artificial Intelligence*)中,详细阐述了人机融合的概念,讨论了如何通过机械系统模仿或增强人类的生理功能,并进一步分析了人工智能和机器人技术的发展及其对人类社会的深远影响。

生机电一体化机器人思想的萌芽可以追溯至古罗马时期,是人类历史上生物机械系统的早期发展阶段。这一阶段的代表性装置是美容假肢和机械式假肢。例如,古罗马帝国的 Marcus Sergius 将军佩戴并使用的假肢便是美容假肢的代表之一。此后,战争造成的肢体损伤使社会对假肢的需求急剧增加。在 16 世纪中期,法国军医 Ambroise Pare 设计的假肢手通过杠杆和齿轮传动实现了手指的被动运动,如图 1-1(a)所示。尽管如此,早期的假肢侧重于外观的设计,其功能仍然较为简单。早期的机械假肢通常采用木材或金属制成,通过简单的线传动和关节实现屈伸动作,难以满足患者日常生活的需求。

其他生物机械装置的发展也十分有限。1561 年,Ambroise Pare 设计的假肢腿如图 1-1(b)所示,将其固定于患者的残肢上提供被动支撑,从而实现基本的站立与行走功能。然而,由于缺乏动态调整能力,这些设备不仅无法模仿人体自然的运动模式,还可能因长时间佩戴而产生不适,甚至引发二次损伤。但是,正是这种功能性与舒适性的矛盾推动了科学家对假肢功能与生物相容性的深入探索,为生机电一体化机器人的产生奠定了基础。

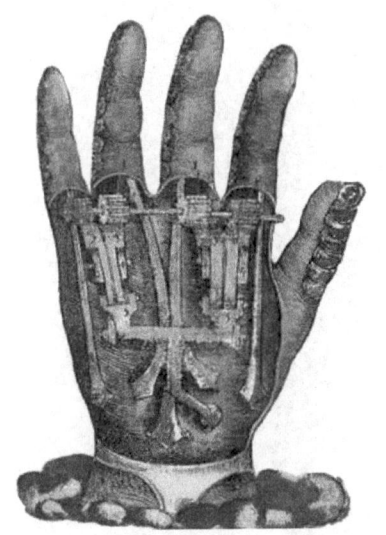

(a) 早期假肢手

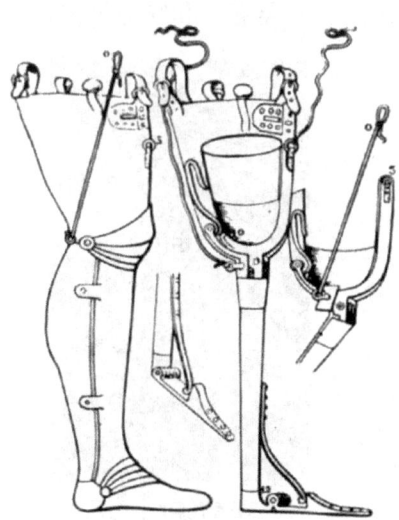

(b) 早期假肢腿

图 1-1 Ambroise Pare 设计的早期生物机械装置

20世纪中期，电子技术的快速发展推动了生物机械装置向生物机电一体化方向演变，标志着生机电一体化装置功能的质变。最具代表性的技术进步体现在电机功率密度的提升与传感器技术的引入，使假肢从静态工具转变为动态辅助设备。电机驱动技术使假肢能够通过外部动力实现主动运动，而传感器技术则赋予了假肢环境感知与实时调整能力。肌电假肢手的出现便是这一时期的重大突破，肌电假肢手通过采集肌肉收缩时产生的电信号，驱动假肢手实现特定的动作。该技术的核心在于肌电信号的实时解码和假肢手的精准控制，使假肢手的动作更加自然、操作更加灵巧。

进入21世纪，神经科学的迅速发展为生机电一体化机器人注入了新的活力，以假肢为代表的生机电一体化系统进入了集成化、智能化、双向神经交互的发展阶段。这一阶段的核心突破在于具有双向信息交互和控制能力的生机接口，即神经系统能够根据意愿控制假肢运动，同时假肢的工作状态能够反馈给神经系统，实现假肢与人体神经系统的互连。智能假肢系统通常依赖于先进的机器学习算法，能够分析佩戴者的神经信号，并将其转化为具体的运动指令。例如，肌电信号分解技术已被成功应用于多自由度智能假肢的控制；通过脑电图(EEG)或植入式神经传感器采集大脑发出的神经信号，控制假肢完成复杂的动作。这种双向神经接口能够更准确地反映使用者的运动意图，同时反馈假肢系统的传感信息，完成更精细的操作任务。

部分生机电一体化系统具备了一定的自主学习和控制能力。通过收集与分析使用者的日常使用数据，智能假肢能够逐渐适应使用者的行为习惯，并优化自身的动作模式。例如，一些假肢腿利用内置的陀螺仪、加速度计和力矩传感器等采集环境信息(如上下坡或不平路面)，感知患者的行走节奏并进行主动调整，从而极大地提高了步态控制能力，实现了更自然的步态行走，如图1-2(a)所示。随着现代医学与仿生材料的发展，越来越多的人工组织器官被植入人体内部，生物体与机电装置高度集成和功能融合，生机电一体化机器人不再仅仅被视为生物体功能的简单替代品，而是逐渐发展为生物体的一部分。如图1-2(b)所示，以人工心脏为代表的生物机电装置，已经能够模拟心脏的泵血功能，并通过传感器监控患者的血流量和压力，从而实时调整设备输出，显著提高了心血管疾病患者的存活率与生活质量，体现了生机电一体化技术的科学意义和应用价值。

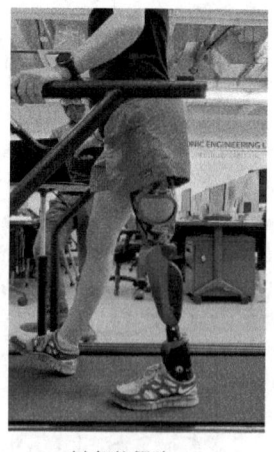
(a) 智能假肢

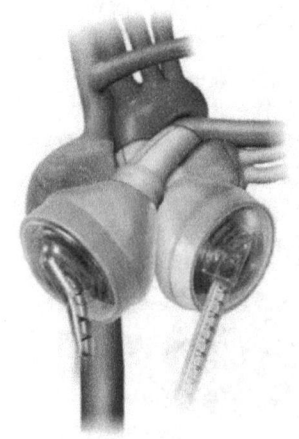
(b) 人工心脏

图1-2 典型的生机电一体化系统

1.2 生机电一体化机器人概述

生机电一体化系统由生物体、机电装置和生机接口三个组成部分，其中生机接口实现生物体与机电装置之间的信息传递与交互，是生机电一体化系统的核心功能单元，对生机电一体化系统的功能和性能具有决定性作用。作为典型的生机电一体化系统，智能假肢不仅承载着生机电一体化这一新兴学科的主要科学问题，而且体现了广大肢残患者的需求，具有重要的社会意义。本节以智能假肢手为对象，介绍生机电一体化机器人的科学问题和关键技术。

随着生机电一体化技术的产生和发展，智能化成为假肢领域第二次革命的核心特征。智能假肢手的特点是操作灵巧、感知丰富、神经控制和双向交互，具体特征如下：

(1) 配置多主动自由度的灵巧运动机构；
(2) 具备触觉、位置和力等多种感知功能；
(3) 利用多源和多模态生物信号解码人体运动信息；
(4) 具有双向通信控制的生机接口。

生机电一体化的科学内涵是生物体与机电装置的物理集成和功能集成，因此，集成是以智能假肢手为代表的生机电一体化系统的核心技术，本节从可与生机接口功能集成的灵巧运动机构、假肢手的机电集成、假肢与残肢的人机物理界面、运动-感觉神经通路重建与双向生机接口等方面对智能假肢手的科学问题和关键技术进行介绍。

1. 可与生机接口功能集成的灵巧运动机构

再造人手的灵巧操作功能是机器人灵巧手和假肢手的共同目标。人手是复杂的灵巧操作机构，具有 20 多个自由度、30 多个驱动器，能够以 4~7Hz 的动作频率完成各种复杂的灵巧操作任务，且具有丰富的感知功能，对操作对象和工作环境具有很强的适应性和快速的反应能力。基于人手运动特性解析，人手运动是由模式运动、顺应运动、反射运动等特征运动的协调而形成的。模式运动是指针对不同形状与尺寸的物体，以合适的手部姿势实现对物体的抓取；顺应运动是指在无神经系统干预的情况下，依靠生物系统的机械特性实现对不同目标的运动/力自适应；反射运动实现对外部随机扰动的快速响应。

机器人灵巧手和假肢手的应用对象与控制方式不同，所以实现两者灵巧运动的机构创成思想和设计方法是不同的。面向机器人应用的灵巧手通过多自由度、多主动关节和多驱动器的方式实现类人手的灵巧运动特性，大部分机器人灵巧手具有较多的主动自由度，甚至采用全驱动方式。目前，国际上很多灵巧手的自由度配置和运动特性已经逼近人手，通过功能强大的处理器实现多手指、多关节的灵巧运动和协调操作。但是，面向残疾人应用的假肢手需要在人体神经信号的控制下工作，因此必须考虑假肢机构与生机接口的性能匹配和功能集成问题。目前，由于人体运动的神经信息编码不明，现有的大多数生机接口只能输出较少的离散运动模式，特别是对于有效肌肉群少且肌电信号弱的肢残患者，难以直接控制具有多主动自由度的灵巧操作机构；同时，与机器人灵巧手相比，假肢手的外形、尺寸和重量具有更加苛刻的要求。因此，如何在生机接口性能约束下以较少的主动自由度再现人手的灵巧运动特性是智能假肢手设计需要解决的问题。

神经科学研究表明，人手在执行操作任务时，各手指关节的运动不是完全独立的，而是存在着协同运动，人手的关节自由度存在着高度冗余。Santello 等通过对人手操作运动数据进行降维分析发现，2 个主动驱动变量能够包含人手典型抓取模式下 80%以上的运动信息，这为少输入多输出的灵巧运动机构设计提供了依据和基础。

欠驱动是解决灵巧运动机构与生机接口功能匹配问题的主要途径。欠驱动机构是独立驱动器个数少于运动自由度个数的机构，在假肢中通常采用差动机构、连杆机构或腱传动机构，将一个运动输入分解为多个有差异的运动输出，这不仅可以降低假肢机械系统的复杂性，而且可以通过机械智能自动实现对被抓握物体的运动/力顺应。机械顺应方式不依赖于人体神经控制系统，是实现灵巧运动机构与生机接口功能匹配的主要途径。

2．假肢手的机电集成

假肢手除在外形、尺寸和重量方面具有要求外，同时需要满足运动速度和抓取力等技术要求。因此，如何在尺寸、外形和重量约束下，实现假肢手机构、驱动、传感和控制的集成，是一个具有挑战性的问题。

触觉是人手最重要的感知功能，是人手能够灵巧操作和快速反应的前提。在智能假肢手中，触觉传感器检测抓取操作物体时的接触力、接触位置和滑动信息，不仅为假肢手自主控制提供了实时信息反馈，而且是生机接口中感知反馈通道的重要信息来源。触觉传感阵列的集成化设计包括 2 个问题：①触觉传感阵列信息容量和单元布局的简约化设计。根据假肢手操作功能和感知反馈的需求，优化触觉传感阵列的配置，以最少的触觉单元数量和最优的触点单元布局为假肢手抓取操作和感知反馈通道重建提供传感信息。②触觉传感阵列信息采集系统的集约化设计。对于多敏感单元的触觉传感阵列来说，如果采用各敏感单元单独引线的方式，则采集系统的尺寸较大且难以满足实时性要求，因此通常采用行列扫描方式把各敏感单元分时接入测量回路。影响行列扫描式触觉信号采集精度的主要因素是回路串扰，即非目标敏感单元串联形成旁路并入当前测量回路中。如何抑制回路串扰成为提升触觉传感精度的重要问题。

需要说明的是，假肢手作为人手运动和神经功能的替代工具，还需要从实际应用的角度出发，考虑功耗、噪声等具体要求，这些因素直接影响到假肢手被肢残患者的接受程度，是假肢手机电集成设计中必须考虑的技术问题。

3．假肢手与残肢的人机物理界面

人机物理界面是假肢手与人体残肢端的物理连接接口，实现了假肢手与残肢的物理集成，其主要功能是残肢力和运动的传递，具有舒适性和安全性的要求。接受腔是目前商业假肢手普遍采用的物理连接方式，由于在设计接受腔时没有充分考虑残肢的生物力学特性和生物相容性，所以其在长期临床应用中的安全性和舒适性较差。患者长时间佩戴假肢手时，由于残肢长期承受过大压力，所以残肢组织血液循环受阻，容易造成肿胀和湿疹，甚至发生组织坏死。如果采用柔性物理界面，虽然可以改善安全和舒适性能，但是在假肢手操作过程中会产生较大的运动/力传递误差和滞后现象。运动和力的精确传递要求人机物理界面具有"刚"

的特性，舒适性和安全性要求人机物理界面具有"柔"的特性，功能传递性对界面的刚性要求与安全舒适性对界面的柔性要求形成了一对矛盾，这是人机物理界面设计需要解决的主要问题。

在设计假肢手与残肢的人机物理界面时，需要从患者残肢的生物力学特性出发，根据假肢手的操作状态引入刚度动态调控方式，通过改变物理界面与残肢的适配特性来适应假肢手不同的操作状态，兼顾物理界面的功能传递性和安全舒适性要求。

4．运动-感觉神经通路重建与双向生机接口

目前对人体运动解码的研究大多采用模式识别方法，建立肌电信号的特征模板，通过其与肢体动作模式之间的匹配关系进行运动解码和假肢手控制。目前，该方法运动模式少，传输率较低，并且解码准确率难以实现本质提升。如何实现人体运动意图的精准解码和连续运动估计是提高假肢手神经控制性能必须解决的关键问题。对直接支配人手运动的外周神经信号进行在体测量，揭示和认知人体运动的神经编码规律，建立神经控制模型，以此为基础研究运动神经控制通路的重建方法，是神经控制接口的发展方向。

双向生机接口的功能包括神经控制和感觉反馈两个方面，其中感觉神经通路重建是采用电刺激方式，把反映假肢手工作状态的多模态传感信息通过特定的编码模式"传递"给人体感觉神经，使大脑对假肢手产生"幻肢感"，从而实现神经系统与假肢手的自然交互和功能互连。假肢手自然感觉功能重建的研究历史很短，目前只有少数假肢手采用感觉替代方式进行感觉反馈，与自然感觉功能相差甚远。因此，实现假肢手多模态传感信息的神经传入和自然感觉功能重建是必须解决的关键问题，主要难点包括如何通过神经电刺激构建多模态传感信息的神经传入通道，如何对电刺激模式进行时空频编码，从而实现触觉、本体感、温度等多模态传感信息的自然感觉反馈。

在智能假肢手的双向生机接口中，通常采用的方式是：基于表面肌电信号实现人体神经系统对假肢手的控制，采用电刺激实现假肢手工作状态向人体神经系统的感知反馈。由于经皮神经电刺激器与肌电传感器共享人体的体表传导环境，而电刺激信号和肌电信号存在频率混叠，因此不可避免地产生相互干扰，特别是电刺激信号对微弱表面肌电信号的影响更大，可以导致肌电信号品质下降甚至饱和失效。因此，如何抑制电刺激信号对肌电信号的干扰是实现生机接口双向通道集成需要解决的关键问题。

1.3 生机电一体化机器人的国内外研究现状

生机电一体化机器人作为融合生物学、机械工程、电子技术和信息科学的跨学科技术，近年来得到了国内外学术界和工业界的高度关注，其目标在于通过仿生设计和智能控制技术实现生物功能的模拟、重建和增强。智能假肢是一种典型的生机电一体化系统，本节将以智能假肢手为重点，对外骨骼机器人、人工心脏、视神经假体、听觉神经假体、运动神经假体等生机电一体化系统的国内外研究现状和发展趋势进行介绍。

1.3.1 智能假肢手

1948 年世界上第一个肌电控制假肢手的问世实现了人体神经系统对假肢手的控制。此后，单自由度肌电假肢手一直占据主流地位。进入 21 世纪以来，随着生机电一体化技术的产生和发展，假肢手进入了第二次技术革命，智能化成为新一代假肢手的核心特征。2010 年，智能假肢被 *Life Science* 列为未来的十大创新技术之一。本节将围绕智能假肢手的机构、传感系统、神经控制与双向生机接口对国内外研究现状进行介绍。

1. 智能假肢手的机构

由于现有神经控制接口大多只能输出少量的离散运动模式，难以控制具有多主动自由度的多指灵巧手，因此在智能假肢手的设计中多采用欠驱动机构，以较少的主动自由度实现较多活动关节的运动，在满足假肢手尺寸和重量约束的同时，实现与神经控制接口功能的匹配。图 1-3 显示了多种欠驱动假肢手。

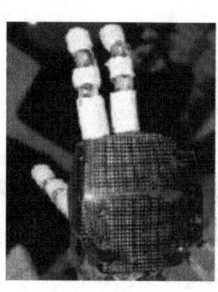

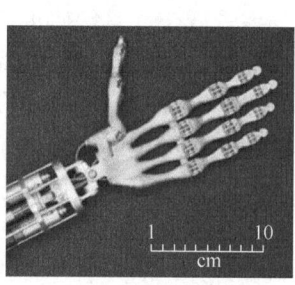

(a) Cyber手　　　　(b) RTR手　　　　(c) Smart手　　　　(d) Vanderbilt手

图 1-3　欠驱动假肢手

哈尔滨工业大学自 2002 年先后研制成功了具有多感知功能的系列化欠驱动假肢手，如图 1-4 所示。在机构方面，设计了单电机驱动的手指关节间耦合机构、单电机驱动的手指关节间自适应机构、单电机驱动的手指关节间耦合-自适应机构、单电机驱动的手指间自适应机构、单电机驱动的拇指空间运动机构等欠驱动机构单元。

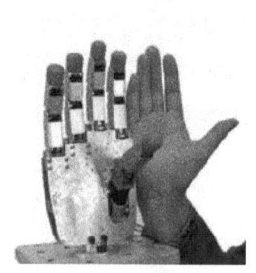
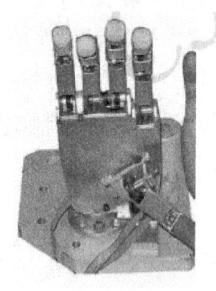
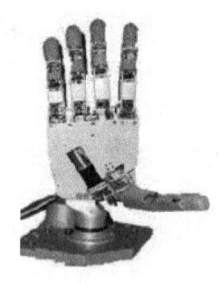

图 1-4　哈尔滨工业大学研制的系列化欠驱动假肢手

与上述研究型假肢手相比，商业假肢手更关注外形、尺寸和重量，如图 1-5 所示。在欠驱动机构方面，i-limb 手、Bebionic V3 手和 Vincent 手的共同特点是各手指独立驱动，手指关节间耦合运动，同时拇指具有对掌运动自由度；德国 Ottobock 公司开发的 Michelangelo 手采用两个电机实现 5 根手指的驱动，其中一个电机实现各手指的伸展-屈曲运动，另一个电机实现拇指的外展-内收运动。

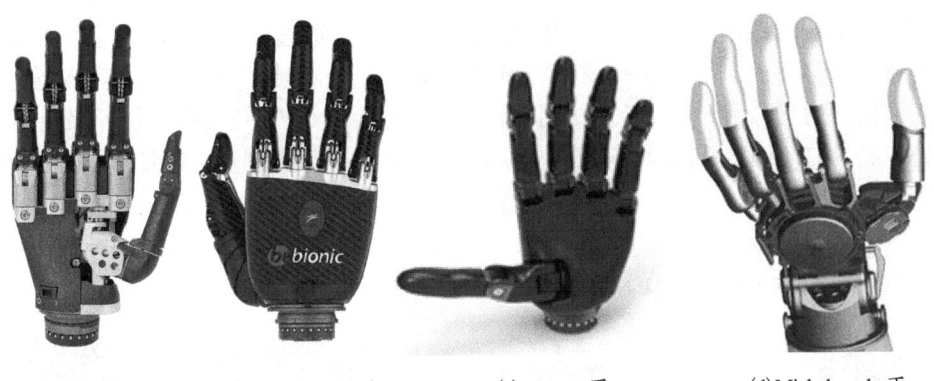

(a) i-limb 手　　(b) Bebionic V3 手　　(c) Vincent 手　　(d) Michelangelo 手

图 1-5　典型的商业假肢手

如图 1-6 所示，比萨大学(University of Pisa)基于驱动人手的肌群协同机理，结合姿势协同理论，研制了一种新型的欠驱动假肢手 Pisa/IIT SoftHand。该假肢手采用一个电机和腱传动实现 19 个关节的驱动。采用新型的韧带和关节结构替代了传统的关节设计，提高了假肢手的柔顺性。该假肢手不仅能够自动调整构型以抵抗外力，而且在强力抓取过程中能够保持稳定的接触力。实验结果表明，该假肢手的整手抓取力超过 28N。

图 1-6　比萨大学的欠驱动假肢手

2．智能假肢手的传感系统

为了提高智能假肢手的操作能力和智能化水平，其应该具备丰富的多模态传感能力，包括关节位置、接触力、关节力矩等传感功能。与人手感知系统类似，假肢手的触觉传感器不仅对于实现稳定抓取和精细操作发挥着关键作用，把触觉信息反馈给人体感觉神经系统也是双向生机接口的重要功能。

1) 静态触觉传感器

假肢手的静态触觉传感器大多基于压阻-压容原理，采用阵列式结构。由于假肢手尺寸小且曲面复杂，多数静态触觉传感器设计为柔性结构。如图 1-7 所示，德国 Schunk 公司与 Karlsruhe 大学合作开发了三指灵巧手 IPR-Schunk-Hand，该手的近端指节与远端指节均安装了基于电容原理的静态触觉传感器。该传感器包含 14×6 个敏感单元，空间分辨率为 3.4mm，信息采集速率达 250 帧/s，且实现了触觉传感器及其处理电路的模块化设计。

2) 动态触觉传感器

假肢手的动态触觉传感器通常采用 PVDF 高分子薄膜或 PZT 等材料制成。这类材料具有对动态接触信息的敏感性，但无法检测静态接触信息，因此动态触觉传感器多采用复合结构设计。这种传感器能够模拟人手皮肤对滑动的感知能力，通过检测物体与手指之间的滑动信息，为假肢手的防滑控制提供实时反馈。例如，英国南安普顿大学基于厚膜和薄膜技术分别开发了两种指尖力/滑觉/温度多模态传感器，如图1-8所示。传感器基体采用不锈钢材料，其表面覆盖一层PZT厚膜，利用其压电效应实现动态力和振动的测量。在基体根部布置了四个厚膜电阻，并构成电桥，通过厚膜电阻的压阻效应实现静态力传感。此外，基体上还集成了一个厚膜热敏电阻，用于温度的实时感知。这种设计将所有功能元件紧凑地分布在同一平面内，不仅实现了多功能集成，还充分利用了厚膜工艺的优势。

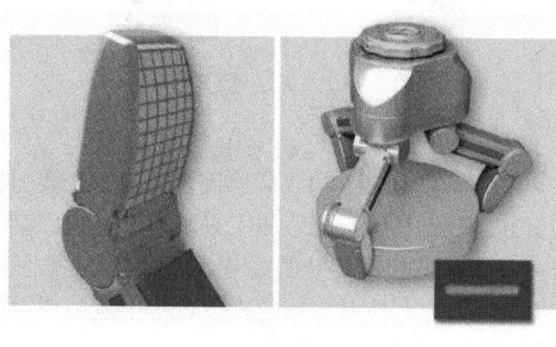

图1-7 德国IPR-Schunk-Hand的电容式触觉传感器

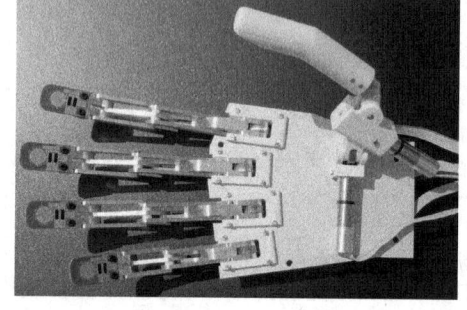

图1-8 英国南安普顿大学的厚膜力/滑觉/温度多模态传感器

3) 三维力触觉传感器

三维力触觉传感器能够提供接触点的位置、法向力和切向力信息，这些信息对于假肢手的抓取和操作尤为重要。韩国庆北国立大学开发了一种基于红外发光二极管的透射型光电触觉传感器，该传感器安装于KNU Hand的拇指和手指指尖位置，能够感知法向力和切向力信息。当传感器受到法向力时，聚二甲基硅氧烷（PDMS）弹性层发生压缩，遮光板沿法向向基底层移动，从而改变1号检测器接收到的红外光强度，通过测量输出电流的变化量即可推算出法向力的大小。当传感器受到切向力时，PDMS弹性层产生剪切变形，导致2号检测器偏离正常位置，从而改变其接收到的红外光强度，通过测量输出电流的变化量即可计算出切向力的大小。此外，Hanafiah Yussof等基于光学原理设计了一种指尖三维力触觉传感器，如图1-9所示。该触觉传感器为半球形结构，在半球顶部集成多个触点。在受到接触力时，触点产生扭动并改变光的折射路径，通过内部集成的CCD摄像头采集光线的变化，进而检测法向力和切向力信息。

图1-9 三维力触觉传感器

4) 多模态触觉传感器

假肢手的多模态触觉传感器又称为仿生触觉传感器，能够同时感知触觉、力和温度等多种物理量。BioTac 传感器是目前具有代表性的一种仿生触觉传感器。该传感器在指尖骨骼结构上集成多个电极，通过柔性橡胶材料将导电液体包裹在指尖骨骼的外部。当传感器与外部环境接触时，柔性橡胶表皮发生形变，导致内部导电液体的压力发生变化，从而引起阻抗值的改变。通过各电极测量阻抗值的变化，传感器能够实现三维力信息的检测。这种结构设计的独特之处在于力的敏感区域随机分布于柔性橡胶材料中，因此传统多维力触觉传感器所依赖的力与输出之间的线性关系不再适用，需采用复杂的数据处理方法从测量信号中提取有用的信息。BioTac 传感器已经实现商业化，并成功应用于 Shadow Hand 和 Barrett Hand 等，BioTac 传感器及其应用如图 1-10 所示。

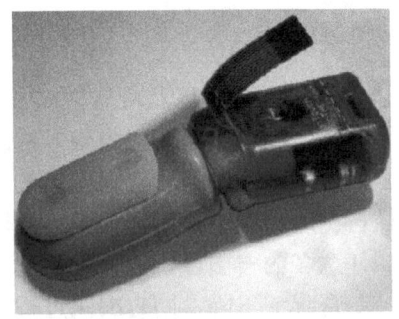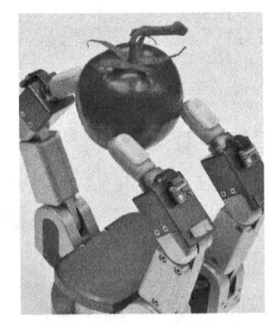

图 1-10　SynTouch 公司的 BioTac 传感器

3. 智能假肢手的神经控制

智能假肢手的神经控制主要依赖于脑电信号和肌电信号。其中，脑电信号通过检测大脑皮层的神经活动来获取用户的运动意图，其原理是利用电极阵列采集脑电信号，并通过解码算法将信号转化为假肢手的控制指令。脑电信号的优势在于能够直接反映用户的运动意图，即使在患者肌肉活动受限的情况下也能有效工作，因此适用于高位截肢或全身瘫痪患者。然而，脑电信号的缺点也比较明显，其采集过程易受噪声干扰，信号解析复杂且实时性较差，限制了其广泛应用。肌电信号中，表面肌电信号因非侵入性、易采集、操作便捷等优势，成为假肢手神经控制中最常用的生物信号源。

表面肌电信号是由皮肤表面下方多组肌纤维在兴奋状态下产生的动作电位总和，这些动作电位由运动神经诱发，包含肌肉的收缩模式信息和收缩强度信息。由于动作电位的电压较为微弱，在表面肌电信号采集过程中通常采用差分放大技术以提高信号质量。这种方法将肌电电极采集的电势进行差分放大处理以消除共模噪声，从而显著提升信号的信噪比。经此采集方式获得的原始表面肌电信号呈双极性电平信号。如图 1-11 所示，基于多通道表面肌电信号可以识别出包括手腕及手指在内的多种复杂运动模式。假肢手的神经控制方法主要包括阈值开关控制、单自由度比例控制、编码控制、模式控制以及同步比例控制等。

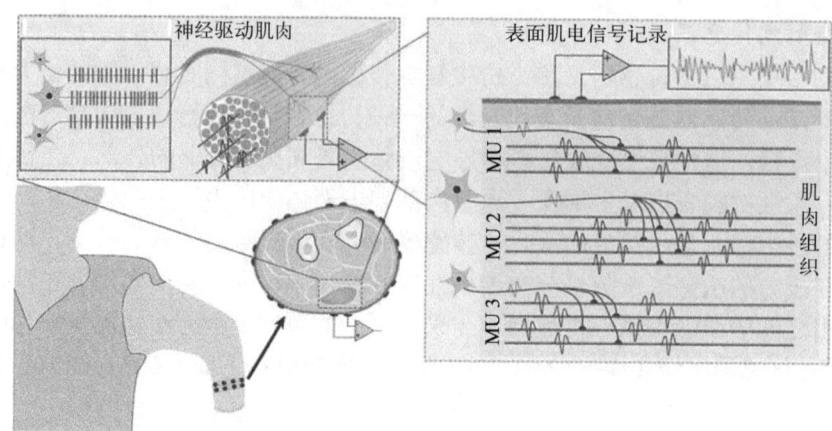

图 1-11　表面肌电信号采集的生理学基础

上述五种控制方法的原理、所需电极数量、可控自由度、控制时延以及可靠性如表 1-1 所示。由于阈值开关控制、单自由度比例控制和编码控制不需要提取精细的肌电信号特征信息，具有较高的可靠性，因此广泛应用于商业假肢手中。然而，这些方法也存在一定的局限性。阈值开关控制和单自由度比例控制受限于较少的可控自由度，难以满足当前灵巧假肢手对复杂运动功能的需求。而编码控制虽然理论上可以控制任意多的自由度，但随着运动功能复杂度的增加，编码方式变得愈加复杂，导致假肢手的控制直观性下降，同时编码过程的时延显著增大。

表 1-1　不同肌电控制方法的特点

方法	原理	所需电极数量	可控自由度	控制时延	可靠性
阈值开关控制	根据肌电信号时域幅值作为开关触发信号，控制假肢手是否动作，动作幅值与速度需要提前设定	1~2	1	无	高
单自由度比例控制	根据肌电信号时域幅值作为比例信号，控制假肢手的动作幅值或速度	1~2	1	无	高
编码控制	将假肢手的动作划分为若干个状态，将肌电信号时频域特征作为状态间转换的触发信号，实现多个自由度的位置和力的控制	2~3	不限	中~大	中
模式控制	利用模式识别的方法，将肌电信号的时域、频域特征映射为若干种动作模式，每种动作模式可能是若干个手指自由度的组合，但是动作速度需要提前设定	≥4	5~10	小	低
同步比例控制	利用多元回归的方法，将肌电信号的时频域特征映射成若干自由度，肌电信号的幅值和变化速度对应各自由度运动的幅值和速度	≥4	2~3	小	低

相比之下，模式控制和同步比例控制依赖于精细的肌电信号特征信息，这些特征信息通过先进的特征提取方法和机器学习模型获取。常用的肌电信号特征包括时域特征(如标准差、均方根、绝对均值等)、频域特征(如中值频率、平均频率、功率谱密度等)、时频域特征(如短时傅里叶变换、小波变换等)、高阶累积量特征(如倾斜度、峭度等)以及非线性动力学特征(如样本熵等)。特征筛选通常采用两种策略：模型建构和唯象分析。模型建构策略将肌电信号视为一种信号发生过程，通过构建其物理和生理数学模型提取单一信号特征；唯象分析策

略则依赖实验数据，筛选识别成功率较高的稳定特征组合，并通过特征的二次选择或低维投影进一步优化特征维度。

4．智能假肢手的双向生机接口

智能假肢手的双向生机接口主要分为植入式生机接口和非植入式生机接口。植入式生机接口将电极直接植入人体，能够显著提高电极的空间密度和信噪比，从而实现更精准的神经信号采集与刺激，如图 1-12 所示。非植入式生机接口通过表面电极采集肌电信号，并通过电刺激、振动或温度反馈等形式，将假肢手的状态信息反馈给用户。此类接口无须侵入人体即可实现神经信号的采集和感觉反馈，在实际应用中具有较高的用户接受度。

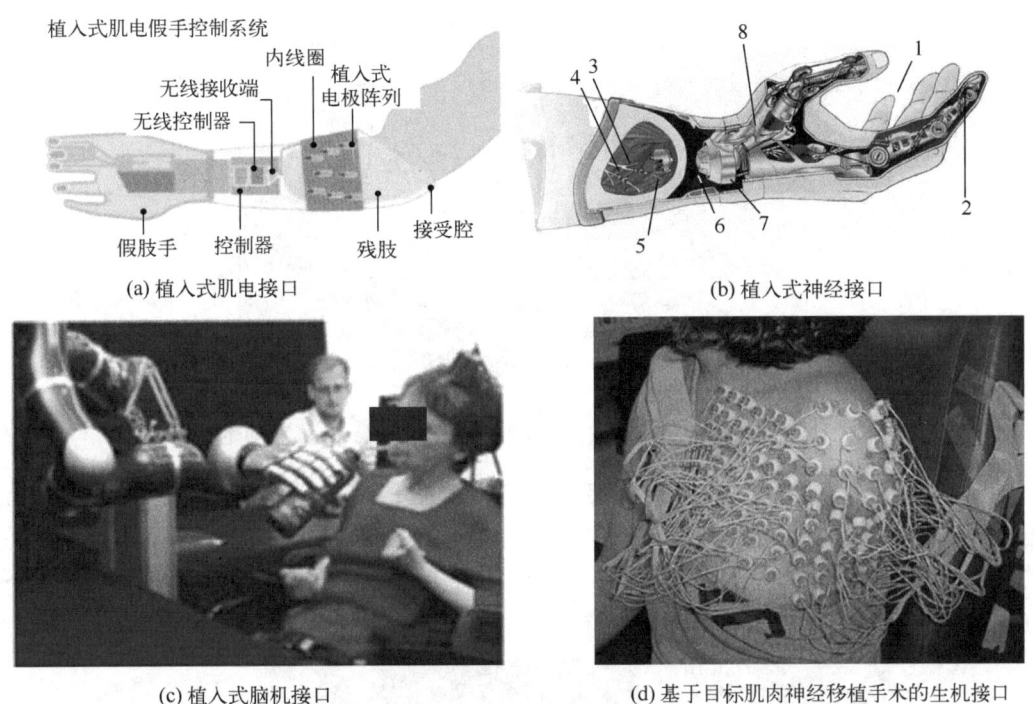

图 1-12　仿生假肢手的植入式生机接口
1-仿生假肢手；2-仿生传感器；3-传出神经电极；4-传入神经电极；5-植入式神经接口(记录传出神经的神经电信号并刺激传入神经)；6-接受腔；7-可转动手腕；8-解析使用者意图并对假肢手进行闭环控制

植入式生机接口的植入部位主要分为三种类型，分别针对不同层级的生物信号进行采集与交互。①植入式肌电接口：将肌电电极植入目标肌肉群中，能够获取更为精细的肌肉活动信息。②植入式神经接口：通过神经束内电极建立假肢手与人体运动神经(传出神经)和感觉神经(传入神经)之间的联系，实现运动指令的传递和感知反馈的闭环控制。③植入式脑机接口：通过植入皮层电极，采集大脑皮层的电位信号，并刺激相应的皮层区域。这种植入方式可以直接从大脑运动皮层提取控制信息，同时直接对大脑感觉皮层提供反馈信号。此外，为了有效利用残肢中保留的神经通路，目标肌肉神经移植手术为植入式生机接口提供了重要辅助。这一手术通过将被截肢体中的残余感觉神经和运动神经重新定向到胸部皮肤和肌肉，并切除胸部原有神经，使胸部皮肤和肌肉与失去的肢体区域建立神经映射关系。

尽管植入式生机接口具有较高的空间分辨率和识别成功率，但其高昂的成本和较大的实验风险限制了商业化应用。因此，目前这一技术主要停留在实验室阶段。而非植入式生机接口凭借更高的安全性、可靠性、易用性以及更低的研发成本，正受到全球研究人员和商业机构的关注。如图 1-13 所示，美国约翰霍普金斯大学的研究者以 Bebionic Hand 为平台，采用基于模式识别的表面肌电信号处理方法，结合单通道经皮神经电刺激(TENS)，实现了人体与假肢手的双向信息交互。在实验中，通过使用 Izhikevich 神经兴奋形态模型对 TENS 脉冲进行编码，并以痛觉反馈与非痛觉反馈相结合的方式，成功实现了仿生皮肤压力信息的反馈。此外，研究人员还通过采集脑电信号，检测到对侧运动感知皮层的兴奋，证明使用者对假肢手产生了本体感觉。

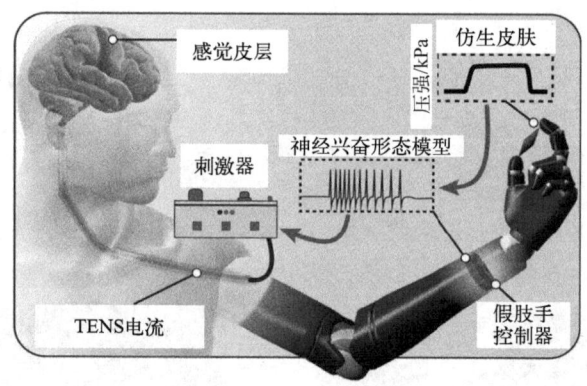

图 1-13 基于表面肌电与经皮神经电刺激的 Bebionic Hand 双向生机接口

如图 1-14 所示，德国宇航中心的研究者以 DLR-HIT Hand 为平台，通过 10 通道表面肌电电极采集用户手指的连续运动轨迹，同时结合 4 通道经皮神经电刺激(TENS)，实现假肢手的同步比例控制与手指位置信息反馈。该研究以假肢手手指的位置控制精度作为主要评价指标，验证了多通道电刺激反馈的有效性。

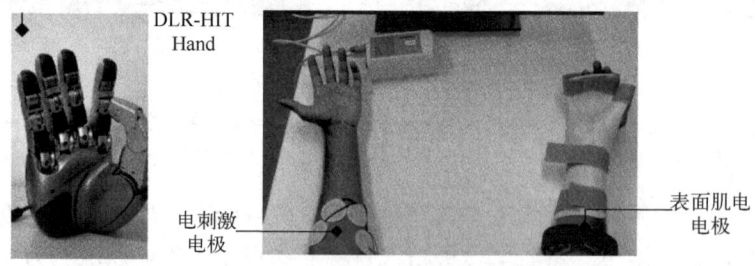

图 1-14 DLR-HIT Hand 的双向生机接口

除上述假肢手双向生机接口外，典型的双向生机接口还包括以下几种：以 Cyber Hand 为平台，基于表面肌电信号和压力反馈的双向生机接口；以 Smart Hand 为平台，集成表面肌电信号、压力反馈和振动反馈的双向生机接口；以 Tokyo Hand 为平台，结合表面肌电信号与经皮神经电刺激(TENS)的双向生机接口。针对不同的控制信息提取方式、感觉反馈实现方式和评价指标，对当前几种非植入式双向生机接口进行了比较，如表 1-2 所示。

表 1-2 典型的非植入式双向生机接口及其特点

研究单位	年份	假肢手平台	控制信息提取方式	感觉反馈实现方式	评价指标
美国约翰霍普金斯大学	2018	Bebionic Hand	基于模式识别的表面 EMG 处理	Ag/AgCl 电极，单通道 TENS，神经兴奋形态模型编码，痛觉反馈与非痛觉反馈相结合，反馈压力信息	压力感知成功率，EEG 检测对侧区域兴奋
塞尔维亚贝尔格莱德大学	2017	Michelangelo Hand	单通道表面 EMG，特征映射	Ag/AgCl 电极，16 通道 TENS，空间编码，反馈假肢手拇指与食指间的夹取力	长期空间分辨能力，长期力控制精度
德国宇航中心	2016	DLR-HIT Hand	10 通道表面 EMG 电极，多自由度同步比例控制 6 自由度假肢手位置	无纺布电极，4 通道 TENS，空间与频率编码，反馈位置信息	位置控制精度
瑞典隆德大学	2013	Smart Hand	表面 EMG 控制	5 通道压力反馈或 5 通道振动反馈，反馈假肢手各手指接触力的"有/无"信息	对各手指的区分程度，建立起各手指的幻指感
德国 Friedrich Schiller 大学	2012	Sensor Hand	表面 EMG 控制 2 自由度假肢手	8 通道 TENS，空间编码，反馈抓取力信息	抓取力控制精度，幻指痛是否消失
日本东京大学	2009	Tokyo Hand	3 通道表面 EMG，模式识别 10 种前臂动作模式	单通道双相 TENS，反馈假肢手与物体接触的"有/无"信息	fMRI 检测对侧区域兴奋
意大利比萨圣安娜高等学校	2009	Cyber Hand	8 通道表面 EMG，模式识别 7 种手部动作模式	5 通道压力反馈，反馈各手指接触力的"有/无"信息	对各手指的区分程度，建立起各手指的幻指感

1.3.2 其他生机电一体化系统

1. 外骨骼机器人

外骨骼的概念来源于自然界，例如，昆虫和甲壳类动物的坚硬外骨骼为其提供了支撑和保护。人类模仿这一设计，将机械外骨骼与人体结合，形成了一种可穿戴的机器人装置。作为生机电一体化技术在康复工程领域的典型应用之一，外骨骼机器人能够帮助运动障碍患者恢复基本的运动功能。外骨骼机器人不仅在医疗康复中展现出巨大潜力，在工业、军事等领域也具有广泛应用。

外骨骼机器人的主要特点体现在助力增强和人机协同两方面。首先，外骨骼机器人通过驱动系统提供额外的机械助力，能够显著提高用户的力量和耐力。其次，现代外骨骼机器人集成了生物信号接口和智能控制系统，能够实时感知用户的动作意图，并通过智能算法调整助力强度，实现自然的人机运动协同。在结构上，外骨骼的设计还强调轻量化和结构灵活性，通过使用高强度合金、碳纤维或复合材料减少设备重量，同时提升舒适性和穿戴体验。这些特点赋予了外骨骼机器人良好的人机交互能力。

外骨骼机器人的发展可以追溯到 20 世纪中叶，当时的研究主要集中在增强人体力量的机械装置上。美国通用电气公司开发的 Hardiman 项目是第一款外骨骼机器人原型，但由于设备过于笨重，未能实际应用。进入 21 世纪，随着材料科学、控制系统和传感技术的发展，外骨骼机器人进入实用化阶段。当前，外骨骼机器人进入智能化阶段，集成了人工智能、无线通信和多模态传感器等，能够根据用户的活动状态实时调整助力策略。美国 Ekso Bionics 公司率先推出了商业化的外骨骼设备,为行动障碍患者提供了康复支持。

此时期的外骨骼机器人逐渐应用于医疗康复领域,如协助中风患者重新行走的康复型外骨骼,帮助下肢瘫痪患者实现站立和步行的辅助装置,以及用于手部康复的手部外骨骼。早期的手部康复机器人的驱动部件和整体框架都是由刚性材料组成的,具有刚度高、输出力大等特点。如图 1-15 所示,意大利比萨大学研发了一款基于人体运动兼容性、可穿戴性和便携性标准设计的模块化手部康复机器人。该装置通过绳索驱动,能够实现对食指和拇指的康复。该手部康复机器人的欠驱动关节和被动自由度的设计,确保了外骨骼对人手的适应性和顺应性,而自对准机构能够有效地补偿人手与装置关节轴之间的错位。德国柏林工业大学研制了一款手部康复机器人,该装置共有 20 个自由度,由电机带动绳索驱动,通过三个连杆机构的双向运动,实现每根手指的四自由度运动。相较于其他康复装置,该装置还可以对掌指关节的外展-内收运动功能进行康复训练。上海科技大学研制了一款手部康复机器人,该机器人主要由背部支撑平台和模块化手指组成,通过直流电机驱动连杆-滑动机构实现手指运动。连杆结构的旋转中心与人手关节的旋转轴重合,从而提高了安全性和舒适性。

  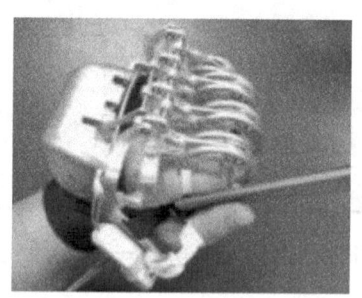

(a) 比萨大学的手部康复机器人　　(b) 柏林工业大学的手指康复外骨骼　　(c) 上海科技大学的手部康复机器人

图 1-15　刚性康复手套

相较于刚性外骨骼,柔性外骨骼具有更高的安全性和柔顺性,主要来源于柔性材料和柔性机构。在材料方面,柔性外骨骼采用弹性织物、高分子聚合物或其他柔性复合材料,能够与人体紧密贴合,减少硬质外骨骼可能引起的压迫。同时,柔性材料在外部碰撞时能有效吸收冲击能量,降低对用户的伤害。例如,哈佛大学生物设计实验室开发了一款基于气动网络(PneuNets)的软体康复手套,致动器可实现超过 320° 的弯曲,安全地辅助受损手指闭合。随后,该团队进一步设计了便携式纤维增强分段软体康复手套,采用液压驱动,能够复现人手的多种抓取动作。该系统通过便携式腰带供能,可连续工作数小时。以这些手部外骨骼为基础,研究人员通过实验验证和建模分析了致动器的工作原理,提出此类系统的设计规则。新加坡国立大学研发了一款嵌入波纹织物层的软体康复手套,通过织物调节气动致动器,有效抑制径向膨胀,降低弯曲气压需求。在此基础上,该团队提出一种全织物的双向柔性康复手套,如图 1-16 所示。该手套内置的基于织物的致动器,采用热压和超声波焊接工艺制造。该致动器具有更小的弯曲半径、更高的力和扭矩以及更大的运动范围。

图 1-16 新加坡国立大学的全织物双向柔性康复手套

尽管外骨骼机器人技术取得了显著进展，但在研发与应用中仍面临多方面的挑战。首先是设备轻量化与耐用性之间的平衡问题。外骨骼需要采用高强度且轻质的材料以减少对用户行动的额外负担，但材料成本较高，且在长期使用中可能出现磨损或疲劳断裂。此外，外骨骼的动力源（如电池）容量有限，难以同时满足长时间运行和高强度作业的需求。其次是人机交互的自然性与精准性。目前，尽管外骨骼机器人能够通过肌电信号或动作捕捉技术感知用户的运动意图，但在复杂动作（如快速切换方向）中，助力输出可能出现滞后或不准确，导致用户的不适或动作不协调。再次是设备的适配性与舒适性。外骨骼机器人需要根据用户的身体形态和动作模式进行个性化调节，但现有设备在穿戴适配性和动态调节能力方面仍显不足，长期使用可能导致疲劳或皮肤压迫。此外，如何简化设备的穿戴过程并提升用户体验，也是扩大外骨骼机器人实际应用的重要因素。最后是经济性与市场接受度问题。外骨骼机器人的研发成本较高，尤其是采用先进材料和人工智能技术的高端设备，其价格通常超出普通用户的承受范围。因此，通过优化生产工艺和技术迭代降低成本，是产业化发展的关键要素。

2．人工心脏

以人工心脏为代表的人体组织器官再造是生机电一体化技术的典型应用，是生物制造与仿生制造领域的典型对象。如图 1-17 所示，人工心脏旨在替代或辅助患者的心脏功能，帮助心力衰竭患者维持血液循环。其主要特点在于模拟人体心脏的自然搏动，确保血流的稳定性，同时避免对红细胞的损伤。人工心脏的泵体、阀门和血液接触部件均采用高生物相容性材料，如钛合金、医用高分子材料。这些材料能够减少血栓形成、炎症反应和免疫排异，延长设备的安全使用时间。

人工心脏的研发经历了多个阶段，从最初的实验模型到如今的临床应用。人工心脏的概念最早由心血管手术的需求催生。1953 年美国外科医生 Gibbon 研制出第一台用于人类心脏外科手术的体外循环机，用于短时间内维持患者的生命。但是设备体积庞大，生物相容性差，临床效果有限。1982 年首例全植入式人工心脏（Jarvik-7）成功应用于患者体内，随后左心室辅助装置（LVAD）等部分心脏支持系统逐渐成熟，并得到广泛应用。随着材料科学、微电子技术和生物工程的进步，人工心脏逐渐向小型化、智能化方向发展。现代全人工心脏（如 SynCardia Total Artificial Heart）和新一代 LVAD 已在临床中广泛采用，成功延长了心力衰竭患者的生存期。

图 1-17　CARMAT 人工心脏

尽管人工心脏技术已取得显著进展，但仍面临诸多挑战。首先，血液接触表面的材料必须具备高度的生物相容性，以避免血栓、溶血或感染。然而，现有材料在长期植入过程中，仍可能引发炎症反应或生物膜的形成，从而限制了设备的使用寿命。因此，研发更接近生物组织特性的柔性材料以及抗凝血涂层，成为未来的重要研究方向。其次，人工心脏的仿生设计尚未完全模拟天然心脏的复杂特性，这可能导致患者血液流动的不自然性，从而引发血液损伤或血管并发症。此外，人工心脏在长期运行过程中可能出现磨损或故障。最后，伦理与经济问题同样不可忽视，人工心脏的高昂成本限制了其广泛应用，尤其在资源有限的国家和地区，如何平衡患者利益与医疗资源分配，成为亟待解决的伦理议题。

3．视神经假体

视神经假体是一种通过电刺激视神经或视皮层实现部分视觉功能恢复的装置，主要面向因视网膜疾病或视神经损伤而失明的患者。其特点是假体微型化设计结合多通道电极阵列，可以精准刺激特定视神经区域，从而产生光点感知。视神经假体同样需要使用高生物相容性材料，如柔性铂金、硅胶或涂覆特殊抗炎涂层的导电聚合物，这些材料既能减少组织损伤和排斥反应，又能提高植入后设备的稳定性。

视神经假体的发展经历了概念探索、功能优化和临床应用三个阶段。从 20 世纪末的简单电刺激实验开始，科学家证明了通过视神经直接刺激可恢复基本的光感。然而，由于电极分辨率和技术手段的限制，当时设备产生的视觉信号模糊且不稳定。进入 21 世纪以来，随着多通道、微型化电极阵列的发展，视神经假体的功能得到显著提升。Argus Ⅱ 视觉假体系统是这一领域的代表性成果之一，如图 1-18 所示，于 2011 年获欧盟 CE 认证，2013 年获美国 FDA 批准，成为首个获得市场许可的视网膜假体系统。

尽管视神经假体技术取得了诸多进展，但是仍面临若干关键挑战。假体分辨率的提升仍存在瓶颈，目前的多通道电极阵列只能生成低分辨率的光点感知，难以形成清晰的图像。此外，信号处理与传递的实时性和精准性也是重要难题，如何减少图像信息丢失、优化信号解码算法仍需持续研究。植入手术的风险与个性化调节能力也制约了视神经假体的广泛应用，复杂的手术过程可能导致患者产生额外的神经损伤。

4．听觉神经假体

如图 1-18 所示，听觉神经假体是一种通过电刺激听觉神经来恢复或增强听觉功能的生机电一体化装置，广泛应用于因听力损失而无法使用传统助听设备的重度听力受损患者。听觉神经假体的核心组件包括植入式电极阵列、体外音频处理器和信号传输系统。植入式电极阵列直接与耳蜗或听觉神经接触，通过电刺激激活特定的神经纤维，从而产生听觉感知。电极通常采用生物相容性材料（如铂金、硅胶涂层），以减少组织炎症和排斥反应，同时确保长期植入的安全性与稳定性。体外音频处理器通过数字化方式精确分解声音频谱，将其转化为电刺激信号，从而实现对复杂音频的解析和再现。

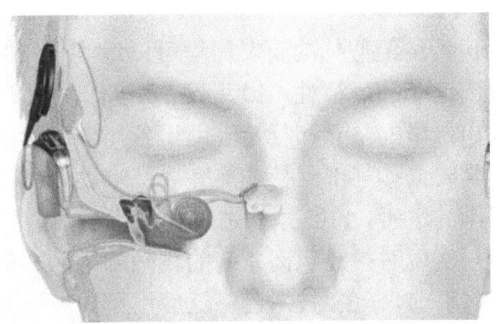

图 1-18　Argus Ⅱ 视觉假体系统与人工耳蜗

听觉神经假体的发展经历了从基础实验到成熟临床的几个阶段。20 世纪中期，科学家首次通过直接电刺激听觉神经验证了恢复听觉的可行性，标志着该领域的起步。然而，早期阶段由于电极数量有限，提供的听觉感知非常模糊，仅能辅助患者感知简单的声音信号。20 世纪 80 年代，第一代多通道人工耳蜗问世，通过将多个电极阵列植入耳蜗，显著提高了音调和音色分辨能力。21 世纪以来，数字信号处理技术与无线通信的进步推动了听觉神经假体的智能化发展。目前，听觉神经假体不仅可以提供高质量的听觉感知，还支持双耳同步植入，帮助患者恢复对复杂声音环境的识别能力，如分辨语音和背景噪声。

尽管听觉神经假体技术取得了显著进步，但是仍面临若干挑战。首先，声音信号的处理与传递存在局限性，当前的音频处理器在高频率音调和复杂声源环境中的表现尚不足以完全匹配正常听觉，这限制了患者的语言理解和音乐感知能力。其次，电刺激的精准性仍需提高，由于耳蜗内神经分布的复杂性，如何实现特定神经纤维的精准刺激仍是技术难点。植入手术的复杂性和患者个体的差异性也是挑战之一，手术过程可能对患者残存听力造成损害。

5．运动神经假体

如图 1-19 所示，功能性电刺激(functional electrical stimulation, FES)系统是典型的神经假体之一，通过电刺激神经和肌肉来恢复或增强运动功能，主要用于神经肌肉系统受损患者的康复训练和日常活动支持。该系统通过表面电极或植入电极向特定的神经和肌肉区域施加电脉冲，诱发肌肉收缩，从而实现基本的运动功能，如站立、行走、抓握等。为了提高临床效果，FES 系统通常结合人体意图、传感反馈和智能算法，实时监测患者的运动状态并动态调整电刺激参数。

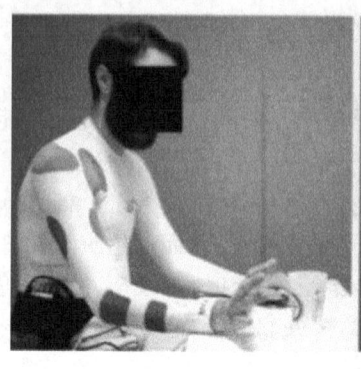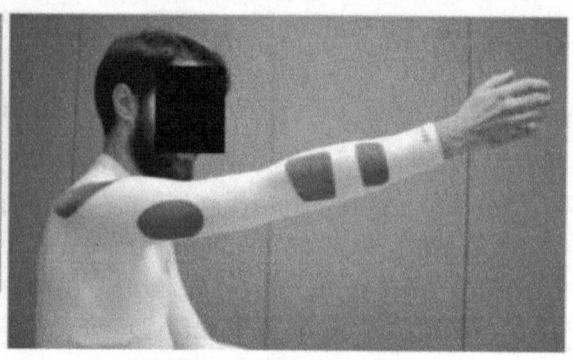

图 1-19 功能性电刺激系统

运动神经假体的研发历程可以追溯至 20 世纪中期,研究者初步探索通过电刺激神经实现肌肉运动的可行性。20 世纪 70 年代,FES 技术开始应用于脊髓损伤患者的运动功能恢复,开发出最早的站立和行走辅助设备。这一阶段的设备以简单的电脉冲控制为主,功能有限,用户需要依赖外部支持才能完成基本动作。进入 21 世纪后,随着微电子技术、神经科学和材料科学的进步,FES 系统进入智能化与集成化阶段。现代 FES 设备通过嵌入式传感器和高精度电极实现对神经肌肉系统的精确刺激,并能与患者进行双向交互,大幅提升了康复效果和效率。目前,FES 技术已广泛应用于中风康复、脊髓损伤治疗、运动障碍控制以及其他神经系统疾病的康复支持。

尽管运动神经假体技术已取得长足进步,但在应用过程中仍然面临诸多挑战。电刺激的精准性与舒适性尚需改进,由于神经纤维分布复杂,现有设备在特定肌肉群的选择性刺激方面仍存在难度,可能导致不必要的肌肉疲劳或不协调的动作。

本 章 小 结

本章对生机电一体化机器人的产生与发展、关键技术以及国内外研究现状进行了介绍。生机电一体化机器人起源于人类运动功能重建和功能增强的需求,包括生物体、机电装置和生机接口三个组成部分,其科学内涵是生物体与机电装置之间的物理集成和功能集成。生机电一体化机器人是机械工程、生物科学、神经科学、控制科学、人工智能等多个学科领域的交叉融合,随着相关领域的技术进步,集成化、智能化以及双向神经交互成为生机电一体化机器人的核心特点和发展趋势。

参 考 文 献

丁逸苇, 涂利娟, 刘怡希, 等, 2022. 可穿戴式下肢外骨骼康复机器人研究进展[J]. 机器人, 44(5): 522-532.
黄琦, 2018. 自适应肌电模式识别及假手人机交互控制的研究[D]. 哈尔滨: 哈尔滨工业大学.
姜力, 杨斌, 黄琦, 等, 2017. 智能假肢手的生机电集成[J]. 机器人, 39(4): 387-394.
李鹤新, 2023. 具有力感知功能的刚柔软一体化康复手套的设计及实验研究[D]. 哈尔滨: 哈尔滨工业大学.
李顺冲, 2015. 基于手势协同分析的欠驱动假肢设计及其肌电控制方法[D]. 上海: 上海交通大学.
沈凌, 喻洪流, 2012. 国内外假肢的发展历程[J]. 中国组织工程研究, 16(13): 2451-2454.

闫妍, 柴新禹, 陈垚, 等, 2016. 视觉假体的研究进展[J]. 生理学报, 68(5): 628-636.

曾博, 2017. 操作感知一体化灵巧假手机构及滑动控制的研究[D]. 哈尔滨: 哈尔滨工业大学.

张庭, 2014. 仿人型假手指尖三维力触觉传感器及动态抓取研究[D]. 哈尔滨: 哈尔滨工业大学.

BALASUBRAMANIAN R, SANTOS V J, 2014. The human hand as an inspiration for robot hand development[M]. Berlin: Springer.

CHENG M, JIANG L, FAN S, et al., 2023. Development of a multisensory underactuated prosthetic hand with fully integrated electronics[J]. IEEE/ASME transactions on mechatronics, 28(2): 1187-1198.

FLIEGEL O, FEUER S G, 1966. Historical development of lower-extremity prostheses[J]. Archives of physical medicine and rehabilitation, 47(5): 275-285.

FRIJNS J H M, BRIAIRE J J, 2014. Auditory prosthesis[M]//JAEGER D, JUNG R. Encyclopedia of computational neuroscience. New York: Springer: 1-6.

GEHLHAR R, TUCKER M, YOUNG A J, et al., 2023. A review of current state-of-the-art control methods for lower-limb powered prostheses[J]. Annual reviews in control, 55: 142-164.

HERNIGOU P, 2013. Ambroise paré IV: The early history of artificial limbs (from robotic to prostheses)[J]. International orthopaedics, 37(6): 1195-1197.

MARQUEZ-CHIN C, POPOVIC M R, 2020. Functional electrical stimulation therapy for restoration of motor function after spinal cord injury and stroke: a review[J]. Biomedical engineering online, 19(1): 34.

MOHACSI P, LEPRINCE P, 2014. The CARMAT total artificial heart[J]. European journal of cardio-thoracic surgery, 46(6): 933-934.

NASON S R, MENDER M J, VASKOV A K, et al., 2021. Real-time linear prediction of simultaneous and independent movements of two finger groups using an intracortical brain-machine interface[J]. Neuron, 109(19): 3164-3177.

TRAN M, GABERT L, HOOD S, et al., 2022. A lightweight robotic leg prosthesis replicating the biomechanics of the knee, ankle, and toe joint[J]. Science robotics, 7(72): eabo3996.

VIS A, ARFAEE M, KHAMBATI H, et al., 2022. The ongoing quest for the first total artificial heart as destination therapy[J]. Nature reviews cardiology, 19(12): 813-828.

WARWICK K, 1997. March of the machines: why the new race of robots will rule the world[M]. London: Century.

视频

第 2 章 人手运动特性及解析

理解人手的运动规律是复现其功能的关键前提。人手之所以能够高效、灵活地完成各种复杂的抓取与操作任务,不仅依赖于其高自由度的机械特性,而且与中枢神经系统对肌肉、骨骼及软组织这一高度复杂系统的精准调控密切相关。中枢神经系统通过实时传递和处理外界反馈信息,协调手部各关节和肌群的运动,从而实现对抓取姿态、力量以及稳定性的动态控制。这种复杂的手部运动特性和调控能力为假肢手的设计提供了仿生学灵感,同时也为重建截肢患者的手部功能奠定了基础。

本章从抓取与操作角度总结人手在不同任务情境下的手势,并从解剖学和生物力学的视角探讨其功能机制。通过对人手运动特性的研究,揭示关节间的协同运动规律,为进一步理解人手复杂运动的本质提供科学依据。此外,结合具有多模态信息的人手运动测量系统,建立人手运动数据库,利用主成分分析等方法,对人手运动数据进行特征提取与运动解析,实现人手运动特性的数学表征,为假肢手的设计与控制提供依据。

2.1 人手解剖学结构

人手肌肉收缩与关节运动之间存在着复杂的对应关系,往往是一块肌肉拉动或受到摩擦牵引多个肌腱运动。本节将从人手运动的生物解剖学出发,着重探讨人手的肌骨系统与上肢肌群协同机制,为解析和复现人手协同运动提供生物解剖学基础。

2.1.1 人手骨骼结构

人手由 27 块骨头组成,具体分布如图 2-1 所示,其中包括 14 块指骨、5 块掌骨和 8 块腕骨。拇指由第 1 掌骨、近节指骨(proximal phalanx,PP)和远节指骨(distal phalanx,DP)组成,其余四指由对应的掌骨、近节指骨、中节指骨(middle phalanx,MP)和远节指骨组成。腕骨分两排分布,腕骨远端一排从桡侧到尺侧分布,依次为大多角骨、小多角骨、头状骨和钩骨,近端一排由桡侧到尺侧分布,为手舟骨、月骨、三角骨和豌豆骨。拇指的关节由腕掌关节(carpometacarpal joint,CMC 关节,又称大多角骨掌骨关节,trapeziometacarpal joint,TM 关节)、掌指关节(metacarpophalangeal joint,MCP 关节)与指间关节(interphalangeal joint,IP 关节)组成;其他四指的关节由腕掌关节(CMC 关节)、掌指关节(MCP 关节)、近端指间关节(proximal interphalangeal joint,PIP 关节)与远端指间关节(distal interphalangeal joint,DIP 关节)组成。

1. 拇指的大多角骨掌骨关节

如图 2-1 所示,在拇指底部有大多角骨、小多角骨和手舟骨。尽管这些骨头的运动范围较小,但是拇指 TM 关节的运动却较为复杂。拇指关节存在灵活且复杂的滑动-转动运动,因此建立一个准确的拇指关节运动模型是较为困难的。

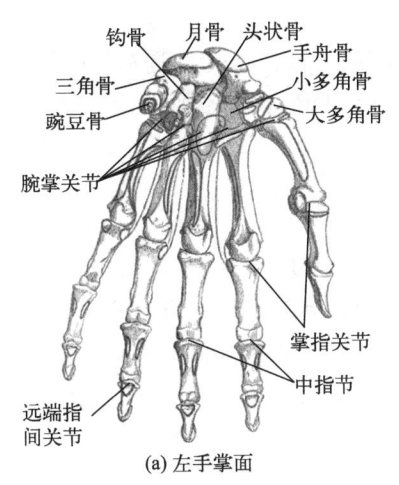
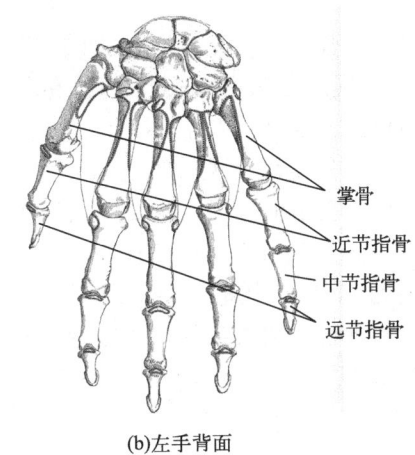

(a) 左手掌面　　　　　　　　(b) 左手背面

图 2-1　人手骨骼

拇指的 TM 关节是人手关节中结构较复杂、建模难度较大的关节。尽管解剖学界已对其进行了广泛的研究，但是仍然缺乏有效的建模方法。早期的研究主要集中在尸体的解剖和关节几何形状方面，Anne Hollister 采用解剖学方法，以人手内骨骼的尺寸为基准，比较准确地得到了 TM 关节、MCP 关节和 DIP 关节的转轴位置。解剖学研究发现，大多角骨和第 1 掌骨连接的关节面为鞍状关节，拇指 TM 关节的伸展-屈曲轴和外展-内收轴是非垂直、非相交的，伸展-屈曲轴穿过大多角骨，外展-内收轴穿过第 1 掌骨，空间分布可采用 Anne Hollister 的研究结果。Chang 等使用 VICON（一种光学动作捕捉系统）进行了实验，发现 TM 关节有 3 个自由度。然而，从几何学来看，该描述不符合 TM 关节面的几何形状特性，并且旋前旋后运动可以通过绕伸展-屈曲轴和外展-内收轴的联动产生，所以 TM 关节可以被认为有伸展-屈曲和外展-内收两个自由度。

2．拇指的掌指关节

与 TM 关节相似，拇指 MCP 关节也难以确定其转轴位置，因为拇指 MCP 关节与 TM 关节的运动相互影响。MCP 关节有 2 个自由度（伸展-屈曲和外展-内收），但外展-内收运动范围较小。拇指 MCP 关节的伸展-屈曲轴和外展-内收轴是非垂直、非交叉的，两轴的夹角为 84.8°±12.2°。

3．拇指的指间关节

如图 2-2 所示，拇指 IP 关节具有一个伸展-屈曲运动自由度。IP 关节转轴在近节指骨长度的 90%±5%处，平行于拇指 IP 关节屈曲横纹，与近节指骨的中轴呈 83°±4°的夹角，同时与近节指骨横切平面中间轴的夹角为 5°±2°。

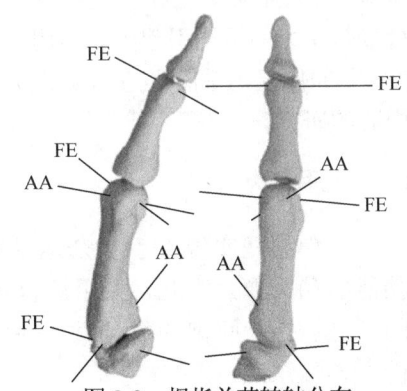

图 2-2　拇指关节转轴分布
FE 伸展-屈曲轴；AA 外展-内收轴

4．非拇指手指的掌指关节

人手食指、中指、无名指和小指的关节转轴分布类型通常认为是基本相同的。每个手指包含 4 个自由度，近端指间关节(PIP)和远端指间关节(DIP)均只有伸展-屈曲 1 个自由度，MCP 关节具有外展-内收和伸展-屈曲 2 个自由度。由于这 4 个手指的 CMC 关节的转动范围较小，因此通常忽略这个关节的运动。手指的关节转轴分布如图 2-3 所示。

手指 MCP 关节的外展-内收运动范围比伸展-屈曲时小得多。在伸展-屈曲运动时，MCP 关节的转轴位置发生改变，但变化较小。人手的运动自由度(DOF)配置如图 2-4 所示，目前比较常用的为 21 个自由度，如图 2-4 中的椭圆和三角形所示。但一些研究进一步考虑了抓握过程中的手掌变形，将人手的自由度增加到了 25 个，比原先多出的 4 个自由度体现在图 2-4 中的正方形处。

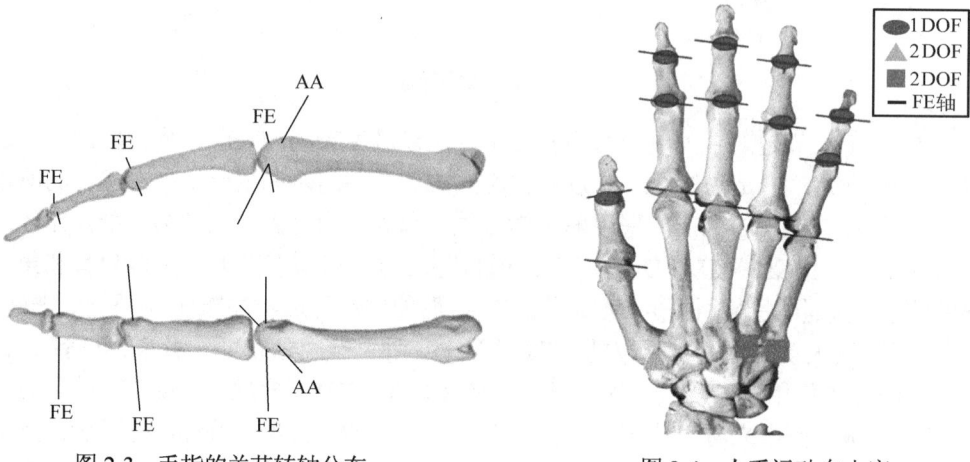

图 2-3　手指的关节转轴分布
FE 伸展-屈曲轴；AA 外展-内收轴

图 2-4　人手运动自由度

5．非拇指手指的近端指间关节和远端指间关节

非拇指手指的近端指间(PIP)关节和远端指间(DIP)关节的伸展-屈曲轴在手指完全伸展时垂直于手指长轴，但在伸展-屈曲运动过程中会产生变化，这是由骨骼表面的不对称性和关节处韧带拉力的不同引起的。利用核磁共振成像，在手指整个伸展-屈曲过程中，DIP 关节和 PIP 关节的伸展-屈曲轴发生 14°左右的倾斜。Zhang 等应用 VICON 进行了手指伸展-屈曲转动中心的研究。

2.1.2　人手肌肉

人手骨骼是实现人手复杂运动功能的基础，图 2-5 所示的人手肌肉则是实现复杂运动功能的动力源。因此，人手肌肉的研究对于人手复杂运动特性的解析和表征是必不可少的。由于拇指肌肉的复杂性，在解剖学中通常把人手拇指和其他四指的肌肉分开进行分析。

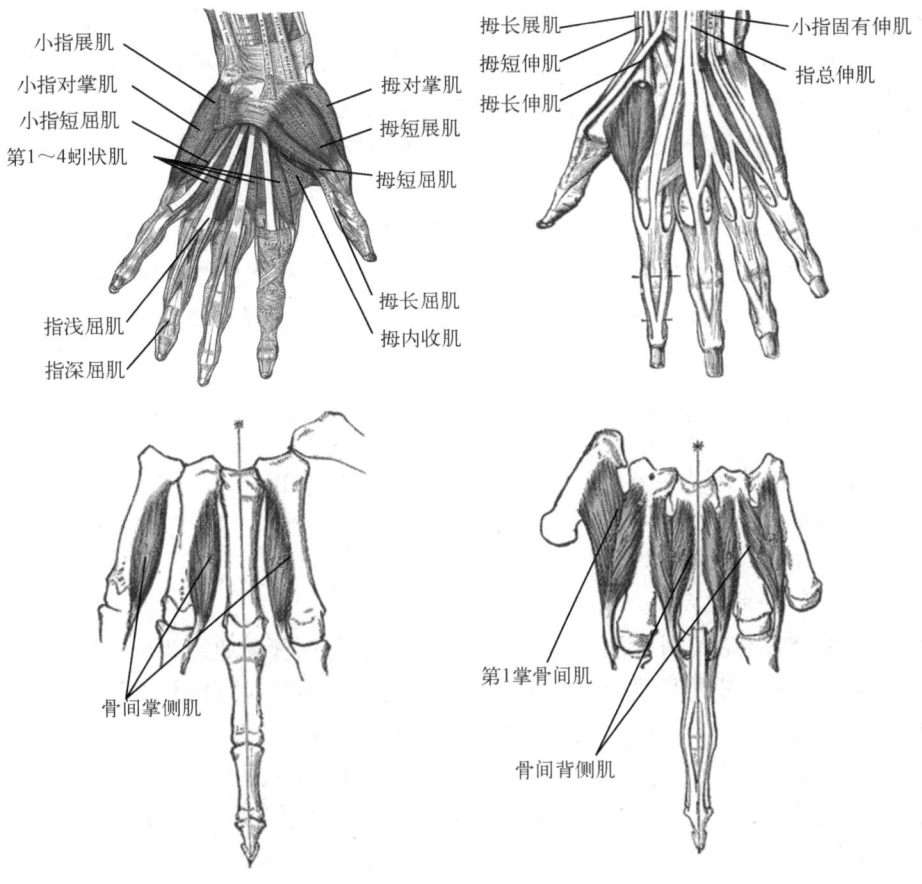

图 2-5 人手肌肉分布

1. 人手拇指的肌肉

与其他手指相比,拇指能实现更为精细、复杂的运动功能。拇指肌肉可以分成以下两类。

1) 外在肌

与拇指相关的外在肌分布在前臂,主要包括拇长展肌、拇短伸肌、拇长伸肌和拇长屈肌。拇长展肌位于前臂后侧深层,近端附着点位于桡骨与尺骨中间部位的后面以及邻近的骨间膜,远端附着点位于第1掌骨基部的桡侧-背侧面,附属附着点通常位于斜方肌与鱼际肌上,主要作用是拇指外展;拇短伸肌位于前臂后侧深层,近端附着点位于桡骨中部至远端部位的后面与邻近的骨间膜,远端附着点位于近节指骨的背侧基部,主要作用是拇指伸展;拇长伸肌位于前臂后侧深层,近端附着点位于尺骨中部的后面与邻近的骨间膜,远端附着点位于远节指骨的背侧基部,主要作用是拇指伸展;拇长屈肌位于前臂前侧第三层,拇长屈肌腱鞘一直延续到拇指的末节,主要作用是拇指屈曲。

2) 内在肌

与拇指相关的内在肌分布在大鱼际以及其他手部位置,主要包括拇短屈肌、拇短展肌、拇对掌肌、拇内收肌。其中,拇短屈肌、拇短展肌与拇对掌肌构成鱼际隆起。而拇内收肌、外在肌中的拇长屈肌以及鱼际隆起中的三块肌肉共同提供了拇指运动的主要力量。这些肌肉可进行各种抓握动作，尤其是实现拇指的对掌运动。拇短展肌附着在拇指伸肌结构的桡侧，拇短屈肌通常附着于桡侧籽骨，更深的拇对掌肌远端附着在拇指掌骨的桡侧缘。拇内收肌近端附着点的横头位于第3掌骨的掌侧面，斜头位于头状骨以及第2、3掌骨的基部以及腕掌关节的邻近囊韧带，拇内收肌远端附着于拇指近节指骨基部的尺侧与掌指关节处的内侧籽骨，同时还附着于拇指的伸肌结构内，拇指内在肌的分布如图2-5所示。在临床上认为对掌运动是拇指的基本运动之一，可以通过拇指指尖与其他手指指尖或手掌远侧横纹的距离进行度量。人类手部的灵巧性和精细操作能力是区分人类与其他灵长类动物的显著特征之一，其核心在于拇指的对掌功能，它使人类能够以更精确的方式抓握和操纵物体，从而进行复杂的工具使用。

2．人手非拇指手指的肌肉

人手非拇指手指的运动主要包含MCP关节、PIP关节、DIP关节的伸展-屈曲运动和MCP关节的外展-内收运动，肌肉包括指深屈肌、指浅屈肌、指伸肌、骨间肌、蚓状肌等。由于小鱼际肌的存在，小指与其余手指的肌肉有一定的差异。

1) 手指的伸展-屈曲运动

手指的屈曲运动主要受外在肌的控制，即指深屈肌和指浅屈肌。两个肌腱相互交叉且对称，指深屈肌肌腱从指浅屈肌肌腱中间穿过。手指的主要伸肌包括指总伸肌、食指伸肌、小指固有伸肌和相关内在肌，其中内在肌包括蚓状肌和骨间肌。

这些肌肉远端大多位于前臂。例如，指深屈肌近端附着于尺骨前内侧面的近端约3/4处以及邻近的骨间膜，远端通过4个肌腱分别附着到手指远节指骨的掌侧基部。指浅屈肌近端分别附着于肱尺头（肱骨内上髁的共用屈肌-旋前肌肌腱与尺骨喙突的内侧）与桡头（位于二头肌粗隆远端与外侧的斜线），远端通过4个肌腱分别附着到手指中节指骨两侧。指总伸肌近端附着于肱骨外上髁的共用伸肌-旋后肌肌腱，远端通过4个肌腱分别附着于伸肌结构的基部以及手指近节指骨的背侧基部。食指伸肌近端附着于尺骨中部至远端部位的后面与邻近的骨间膜，远端附着于肌腱与指伸肌食指腱尺侧结合区域。

手指的伸展运动较为复杂，需要指伸肌和内在肌协作实现。这些肌肉在MCP关节处存在拮抗作用，而在IP关节处具有协同作用，这看似矛盾。但是如果内在肌没有在MCP关节处提供拮抗力矩，那么指伸肌将过伸MCP关节，使得手指产生特有的爪形。在内在肌中，骨间肌的作用取决于掌指关节的屈曲度和指伸肌腱的收缩情况：当指伸肌收缩引起掌指关节伸直时，腱帽越过掌指关节，被推向掌骨背侧，外侧带拉长，可以延伸到中节和远节指骨；当指伸肌舒张引起掌指关节屈曲和蚓状肌收缩时，腱帽在近节指骨背面滑动，骨间肌和蚓状肌可以有效地屈曲掌指关节，使得被腱帽约束的外侧带变得松弛，减少对中节和远节指骨的伸直作用，掌指关节的屈曲角度越大，外侧带越松弛，手指伸肌以及肌腱如图2-6所示。

2) 手指的外展-内收运动

手指的外展-内收运动依靠骨间肌实现。骨间肌分为骨间背侧肌和骨间掌侧肌，骨间背侧肌比骨间掌侧肌更粗壮有力。骨间背侧肌主要使手指分离，若第2和第3骨间肌同时收缩，它们对中指的作用将相互抵消。小指的外展动作由小指展肌实现，骨间掌侧肌主要使手指合拢。

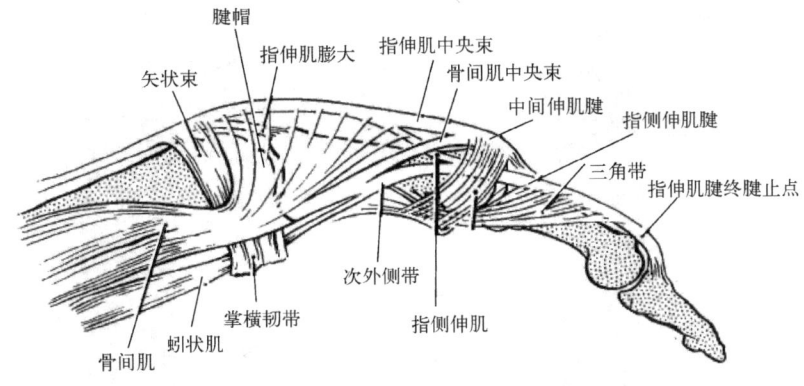

图 2-6　手指伸肌以及肌腱图

3) 小鱼际肌的结构与功能

小鱼际肌包含小指短屈肌、小指展肌、小指对掌肌与掌短肌。小鱼际肌的共同功能是使手的尺侧缘呈凹状。这个动作加深了远端横弓并且增强了手指与被抓握物体的接触。此外，小指短屈肌用于屈曲小指的 MCP 关节，小指展肌可以使小指外展，来加大对抓握的控制。小指对掌肌控制着第 5 掌骨朝中指方向的旋转，这些肌肉活动会共同提高人手的抓握能力。

3. 人手肌肉在前臂的分布

人体前臂肌肉位于尺骨及桡骨的周围，肌腹位于近侧，细长腱位于远侧。前臂肌群可以分为前后两个肌群，如图 2-7 所示。前臂前侧的肌肉共有 9 块。浅层包含肱桡肌、旋前圆肌、桡侧腕屈肌、掌长肌、尺侧腕屈肌和指浅屈肌，深层包含拇长屈肌、指深屈肌和旋前方肌。

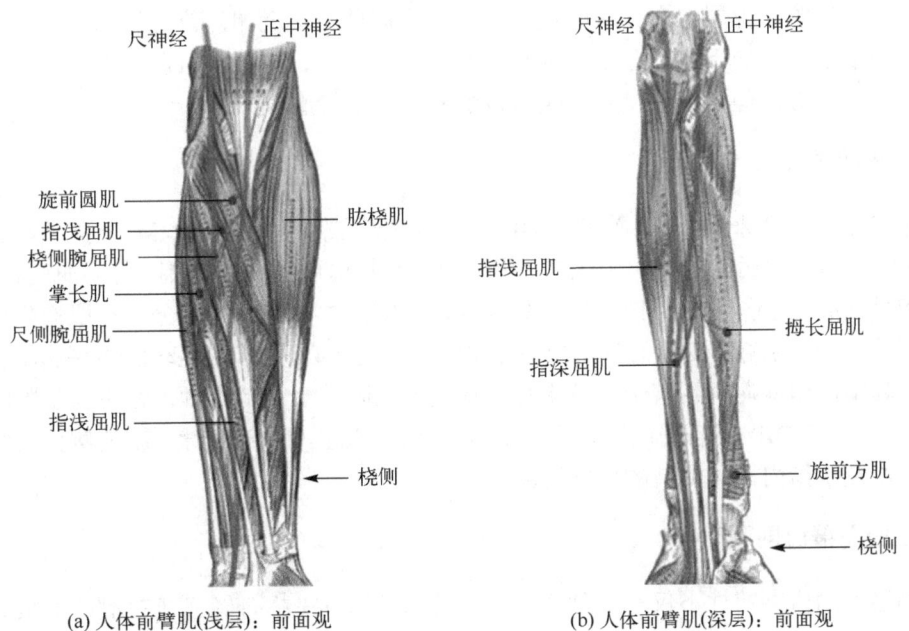

(a) 人体前臂肌(浅层)：前面观　　　　(b) 人体前臂肌(深层)：前面观

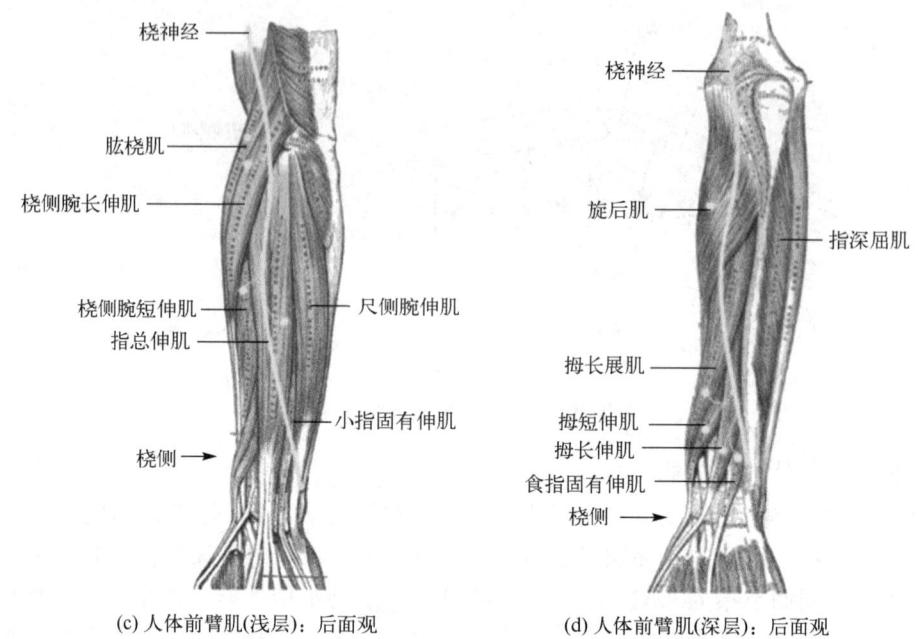

(c) 人体前臂肌(浅层)：后面观　　　(d) 人体前臂肌(深层)：后面观

图 2-7　人体前臂肌群

前臂后侧共有 10 块肌肉。浅层包含 5 块肌肉：桡侧腕长伸肌、桡侧腕短伸肌、指总伸肌、小指固有伸肌、尺侧腕伸肌。肱桡肌的位置特殊：它位于前臂桡侧靠近外侧髁，一些研究将其归入前群浅层是从肌肉走行表面位置考虑的，但从神经支配和后侧区域划分来看，一些研究也将其归入后群浅层。无论分类如何，肱桡肌都与桡侧肌群一起表浅存在，形成前臂外侧缘的凸起轮廓。深层也有 5 块肌肉，一块位于前臂后侧近端，位置较深，称为旋后肌；另外 4 块位于旋后肌的下方，分别为拇长展肌、拇短伸肌、拇长伸肌以及食指固有伸肌。尺侧腕屈肌属于前群，但是在后侧视角也可以看到明显的轮廓。

2.1.3　人手肌腱连接

从单指运动特性来看，PIP 关节与 DIP 关节有着较强的运动耦合，MCP 关节与它们的耦合较小。手指的屈曲运动主要由蚓状肌、指浅屈肌和指深屈肌共同控制，骨间肌起辅助作用。蚓状肌和骨间肌是手指内部肌肉，这些肌肉穿过 MCP 关节的掌侧部分，在肌肉收缩过程中会拉动近节指骨，引起 MCP 关节屈曲。而 PIP 关节与 DIP 关节的运动由指深屈肌和指浅屈肌控制。其中，指深屈肌附着于远节指骨，指浅屈肌附着于中节指骨，在指背腱膜的限制下驱动 PIP 关节和 DIP 关节进行伸展-屈曲运动。综上所述，手部肌骨系统的解剖学结构导致了不同手指及手指内不同关节的协同运动。

2.1.4　上肢肌群协同驱动

人手运动的协同特性不仅与解剖学结构有关，还受到中枢神经系统控制的影响。人类在进化过程中形成了多种抓取运动模式，相对独立性较高的手指同样可以在抓取技能学习过程中训练出较强的协同能力。为了控制手部的运动，分布在大脑运动皮层的神经元会被激活，运动皮层需要控制部分脊髓中间神经元池，它们支配了手部相关肌肉受体的兴奋性水平。随着不同运动模式的变化,运动神经元进行运动单元募集,允许某些中间神经元具有高兴奋性,这些类型的感觉反馈可以被中枢神经系统利用,成为运动命令的一个组成部分,最终在不同类型的任务中形成不同的肌肉协同效应。

支配人手部肌肉的主要神经有正中神经、尺神经和桡神经。各神经所支配的人手肌肉如表 2-1 所示。

表 2-1 人手肌肉的神经支配

神经	支配的人手肌肉
正中神经	拇长屈肌、拇短屈肌、拇对掌肌、拇短展肌、指浅屈肌、指深屈肌外半侧、第1蚓状肌、第2蚓状肌
尺神经	小指短屈肌、小指展肌、小指对掌肌、第3蚓状肌、第4蚓状肌、指深屈肌内半侧、指短屈肌、拇内收肌、拇短屈肌、骨间肌
桡神经	拇长展肌、拇短伸肌、拇长伸肌、指总伸肌、小指固有伸肌

运动神经元池存在一个或多个稳定状态,对应于肌肉激活及手部协同运动的特定模式,不同运动模式下参与协同作用的运动神经元数量有所不同,如图 2-8 所示。例如,当抓取任务中五个手指均与物体发生接触时,需要调动更多的运动神经元。这一观点与运动基元理论相契合:每个运动基元可以对应于一组协同作用,当这些协同作用同时激活时,可以控制人手进行复杂的运动。在这种假设下,运动神经元的独立子池将形成不同的动力学系统。每个系统都能以特定的肌肉激活模式控制手部完成相应的运动。这些运动神经元池的兴奋性和抑制性作用汇聚到不同肌肉的受体中,从而决定最终的肌肉收缩强度。综上所述,在不同运动模式下,人手关节的协同运动特性也是存在一定差异的。全面分析不同任务中手指协同运动的相似性和差异性,可以获得拟人性更高的抓取运动控制策略。

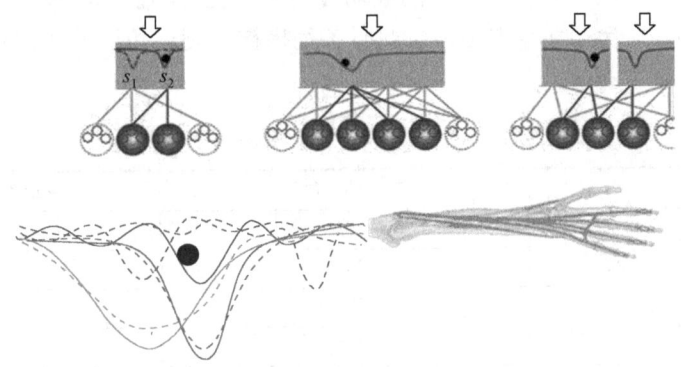

图 2-8 中枢神经系统控制人手抓取运动示意图

2.2 人手运动特性

人手复杂的解剖学结构是其能够完成从精细操作到大范围抓取等多样任务的生理学基础。在进行人手运动解析之前,需要考虑日常生活中典型抓取操作任务及其常见手势,为后续进一步探讨人手关节姿态协同特性的功能机制,以及运动功能解析与应用研究提供基础。

2.2.1 人手基本运动信息

1. 人手关节运动范围

关节运动是实现人手抓取与操作的基础，关节运动范围会影响手指的工作空间与手指之间的交叠空间，因此关节运动范围是人手运动分类的基础。人手关节的运动范围、自然姿势以及惯用区间，可通过数据手套等设备在日常生活或特定抓取任务中采集。手指各关节的运动范围对抓取质量具有至关重要的作用，是假肢手设计拟人化的一个重要标准。

1) 主动运动范围

以人手的自然伸展位置为参考，手指掌指关节的屈曲范围在90°左右，食指掌指关节的屈曲范围小于90°，中指、无名指和小指掌指关节的屈曲范围逐渐增大。手指在主动伸展时，掌指关节的伸展角度一般在30°～40°，手指外展-内收运动范围在30°左右。手指近端指间关节的主动屈曲范围大于90°，远端指间关节的主动屈曲范围小于90°。拇指指间关节的主动屈曲范围为75°～80°，主动伸展范围为5°～10°。

2) 被动运动范围

人手的被动运动被长期忽略，尤其是手指MCP关节的被动旋前旋后运动。手的被动运动包括手指DIP关节被动伸展(约30°)、MCP关节被动伸展(约90°)、拇指MCP关节被动屈曲(能使屈曲达到80°～90°)、MCP关节被动旋前旋后、拇指IP关节被动屈曲(个别受试者能使屈曲达到90°)。

分别在各手指上施加力矩，用于测试手指MCP关节的被动柔顺性，即从食指到小指的被动旋前和旋后。从食指到小指，旋后的被动转动大于旋前的被动转动。被动旋后角度从大到小依次为无名指>小指>食指>中指，且此时各手指被动旋后角度差距比较大。各手指被动旋前角度较小，且基本相等，具体如表2-2所示。

表2-2 各手指MCP关节被动旋转角度

测试关节	转动方向	平均值(标准差)/(°)
食指MCP关节	旋后	15(7)
	旋前	13(5)
中指MCP关节	旋后	14(6)
	旋前	12(5)
无名指MCP关节	旋后	20(7)
	旋前	12(6)
小指MCP关节	旋后	19(8)
	旋前	14(6)

表2-3统计了在实际抓取任务中10个受试者的关节角度。其中，均值是采样值较集中的位置，标准差反映样本在均值附近的离散程度，斜度体现采样值整体分布趋势的偏斜程度。从各关节角度均值来看，均值姿势基本和人手放松时的自然姿势相同。从关节角度标准差来看，拇指运动时距离平均位置的离散程度大，特别是拇指腕掌关节，运动更加复杂。此外，

从关节角度分布的斜度来看,各手指关节角度的斜度均不高,特别是食指和拇指的屈曲关节斜度均在±0.1附近。

表 2-3 抓取任务中的人手关节角度

关节	均值	标准差	最大	最小	范围	斜度
拇指腕掌(T-CMC)	66	35	144	−40	184	−0.65
拇指掌指(T-MCP)	12	15	63	−50	113	0.10
拇指指间(T-IP)	13	30	94	−54	148	−0.07
食指掌指(I-MCP)	29	22	122	−35	157	−0.10
食指指间(I-PIP)	41	21	102	−15	117	−0.14
中指掌指(M-MCP)	29	26	110	−50	160	0.27
中指指间(M-PIP)	43	19	83	−10	93	−0.36
无名指掌指(R-MCP)	37	24	120	−29	149	0.48
无名指指间(R-PIP)	36	20	102	−3	105	0.29
小指掌指(P-MCP)	37	25	113	−33	146	0.42
小指指间(P-PIP)	41	22	123	−16	139	0.17

2. 人手关节刚度

人手的运动功能不仅依赖于其灵活的姿态调节能力,还得益于其出色的力顺应特性,从而能够有效地与外界环境进行交互。即使面对未知环境,人手也能凭借很强的阻抗调节能力,实现对不同材质、粗糙度和硬度物体的稳定抓取,并且在不损坏物体的情况下施加适当的抓取力。在这一过程中,相关的手臂肌肉通过协调方式调节肌肉收缩强度,从而调整上肢和手指关节的刚度,最终转换为指尖抓取力的动态变化。

为了从广义角度研究与手指抓取刚度相关的肌肉作用机制,需要构建肌肉空间、关节空间及指尖笛卡儿空间之间的运动学和力学量映射关系。在手指指尖与外部环境接触的作用点上,手指末端所产生的回复力 df 与末端点的笛卡儿位移 dx 呈正比关系,即

$$\mathrm{d}f = -\boldsymbol{K}\mathrm{d}x \tag{2-1}$$

在关节空间中,关节力矩的变化量 dT 与关节角位移 dθ 同样呈正比关系,即

$$\mathrm{d}T = -\boldsymbol{R}\mathrm{d}\theta \tag{2-2}$$

在肌肉空间中,肌肉收缩力 dF 与肌肉伸长量 dl_m 满足以下关系:

$$\mathrm{d}F = -\boldsymbol{M}\mathrm{d}l_m \tag{2-3}$$

式中,$\boldsymbol{K}$ 为指尖刚度矩阵;$\boldsymbol{R}$ 为关节刚度矩阵;$\boldsymbol{M}$ 为肌肉刚度矩阵。

根据手指运动学,手指指尖笛卡儿位移 dx 与关节角位移 dθ 之间的关系可以表示为

$$\mathrm{d}x = \boldsymbol{J}\mathrm{d}\theta \tag{2-4}$$

式中，J 为手指雅可比矩阵。

肌肉伸长量 $\mathrm{d}l_m$ 和关节角位移 $\mathrm{d}\theta$ 之间的关系可以表示为

$$\mathrm{d}l_m = \boldsymbol{\mu}\mathrm{d}\theta \tag{2-5}$$

式中，$\boldsymbol{\mu}$ 为肌肉伸长量和关节角位移的权值矩阵。

由式(2-4)与式(2-5)可知

$$\mathrm{d}l_m = \boldsymbol{J}^{-1}\boldsymbol{\mu}\mathrm{d}x \tag{2-6}$$

由此得到肌肉伸长量 $\mathrm{d}l_m$ 与手指指尖笛卡儿位移 $\mathrm{d}x$ 之间的关系。

手指关节刚度由两个主要因素决定：一是当前姿势下的基础刚度；二是等长收缩作用下产生的主动刚度。当收缩强度为 0% 时所测得的刚度可以定义为当前姿势下的基础刚度。在保持该姿势的情况下，随着收缩强度的增加，主动刚度逐渐增大，从而提高了手指关节刚度。刚度值与等长收缩强度密切相关，例如，不同屈曲程度下的关节刚度可以视为由主动肌、拮抗肌以及等长收缩产生的主动刚度的矢量和。此外，每种手部姿势下均存在一个可以达到的刚度极限。因此，在分析人手刚度特性时，应充分考虑手部姿势和肌肉收缩情况对刚度特性的综合影响。

手指关节力矩 τ_{stiff} 与手指关节弯曲角度 θ 可用如下的双指数函数进行拟合：

$$\tau_{\mathrm{stiff}}(\theta) = A\mathrm{e}^{B(\theta-E)} - C\mathrm{e}^{D(\theta-F)} \tag{2-7}$$

式中，A、B、C、D 为需要辨识的拟合参数；E、F 为手指处于零力状态下的 MCP/PIP 关节角度；θ 为 MCP/PIP 关节的弯曲角度。

双指数函数模型中的第一项表示手指关节伸展方向产生的力矩，第二项表示手指关节弯曲方向产生的力矩。与 MCP 关节不同的是，PIP 关节伸展方向的运动范围很小，基本只能进行弯曲运动。因此，采用单指数函数对 PIP 关节力矩进行拟合更为合适，即参数 C、D、F 均不需要拟合。

表 2-4 展示了采用双指数函数模型拟合一名受试者 MCP 与 PIP 关节力矩时各参数的拟合结果，以及评估该模型拟合相关性及拟合精度的评价指标。其中，R^2 是决定系数，用于衡量模型拟合数据的好坏；RMSE 是均方根误差，代表拟合模型的误差；MVC 是肌肉最大收缩力，用于表示关节的发力程度。

表 2-4 MCP 和 PIP 关节力矩拟合的参数值

关节	肌肉收缩强度	A	B	C	D	$E/(°)$	$F/(°)$	$R^2/\%$	RMSE/(N·mm)
MCP	0~10% MVC	10.8	28.6	-8.3	-55.1	40.0	40.0	82.91	29.8
	30%~50% MVC	36.4	33.4	-40.0	-49.1	40.0	40.0	92.84	41.1
	70%~90% MVC	140.0	25.7	-111.1	-57.1	41.8	40.0	93.11	127.5
PIP	0% MVC	18.1	34.8			36.6		84.08	21.9
	20%~50% MVC	60.8	29.9			30.0		79.84	95.3
	70%~90% MVC	224.7	31.5			33.4		83.23	200.3

2.2.2 人手抓取姿势分类

抓取姿势是人手完成复杂任务的重要基础之一，不同的抓取方式不仅体现了人手的灵活性和多功能性，也为仿生设计和机器人技术提供了理论依据。自 20 世纪初以来，研究者基于物体形状、抓取目标以及手与物体的接触特性，提出了多种分类方法，对人手抓取姿势进行了深入研究。

Schlesinger 在 1919 年依据物体形状、手接触物体表面和抓取物体时手的形状，将人手的抓取姿势划分为 6 种，包括圆柱形抓取(cylindrical grasp)、球形抓取(spherical grasp)、钳型捏取(palmar)、侧边捏取(lateral)、指尖捏取(tip)、胡克抓取(Hook or snap)。采用以上 6 种抓取姿势描述人手的抓取能力，如表 2-5 所示。

表 2-5 Schlesinger 的抓取分类表

圆柱形抓取	球形抓取	钳型捏取	侧边捏取	指尖捏取	胡克抓取

以上 6 种抓取模式是目前仿人多指手设计中较常用的抓取姿势。抓取姿势受到物体形状、尺寸、重量和表面物理特性等多种因素的影响。Napier 将手的运动分为握持性运动(prehensile movements)和非握持性运动(non-prehensile movements)两大类。其中，握持性运动是将物体部分或全部抓持在手上的运动；而非握持性运动不涉及抓握物体，但手或部分手指可以通过推或举的动作来操纵物体的运动。Napier 进一步地将握持性运动分为两种基本的运动模式：强力抓取(power grip)和精确抓取(precision grip)，如图 2-9 所示。Napier 认为强力抓取模式是用部分屈曲的手指和手掌对向抓住物体，拇指与手掌之间存在相互对抗的压力。而精确抓取是物体被夹在手指和拇指之间。这两种抓取模式在功能上是不同的，但在抓取过程中都需要满足抓取稳定性。

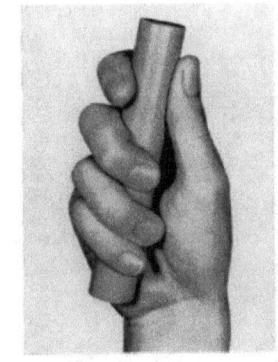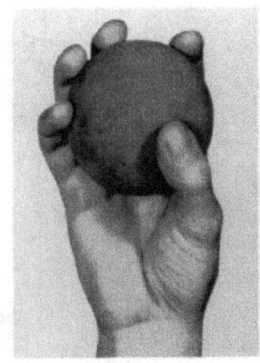

图 2-9 Napier 的抓取分类

Kamakura 从字典中选取了 98 种日常生活中的常用物体，由 7 名受试者抓取，记录抓取姿势。根据手与物体的接触区域，把 14 种抓取姿势划分为 4 类：强力抓取、精确抓取、中间抓取和不含拇指的抓取。强力抓取的接触区域较大，包括全部或部分手掌；精确抓取的接触区域小于强力抓取，不包括手掌；中间抓取的接触区域主要分布在食指和中指侧面；对于不含拇指的抓取，拇指不参与手部抓取。与 Schlesinger 和 Napier 的抓取分类相比，Kamakura 对人手抓取功能进行了比较详细的描述。

考虑到人手手指间的协同运动，Iberall 定义了虚拟手指(virtual finger)和对抗空间(opposition space)，用来描述人手的抓取功能。他认为，抓取任务可以描述为虚拟手指产生的力或力矩在不同方向上的抵消和综合。因此，根据虚拟手指对抗力的类型，将人手抓取姿势归纳为三种基本类型：手掌对抗型(palm opposition)、指腹对抗型(pad opposition)和指侧对抗型(side opposition)。手掌对抗型抓取的对抗力产生于手掌和手指间，其方向为垂直于手掌指向物体。指腹对抗型抓取的对抗力产生于手指指腹间，其方向为平行于手掌，由指腹指向物体。指侧对抗型抓取的对抗力一般产生于手指指侧间，表现为手指间的夹紧力，其方向为沿手掌的横切方向。

Cutkosky扩展了Napier的强力抓取和精确抓取的分类方法。他进一步地划分出9类强力(power)抓取手势、7类精确(precision)抓取手势，建立的抓取姿势分层树如图2-10所示。根据前期的抓取分类学研究成果，Cutkosky提出的抓取分类方法综合考虑了物体形状、抓取目标和虚拟手指，建立的分层树始于Napier定义的强力抓取和精确抓取，再根据物体形状和虚拟手指类型向下延伸，涵盖了16种不同类型的抓取姿势。

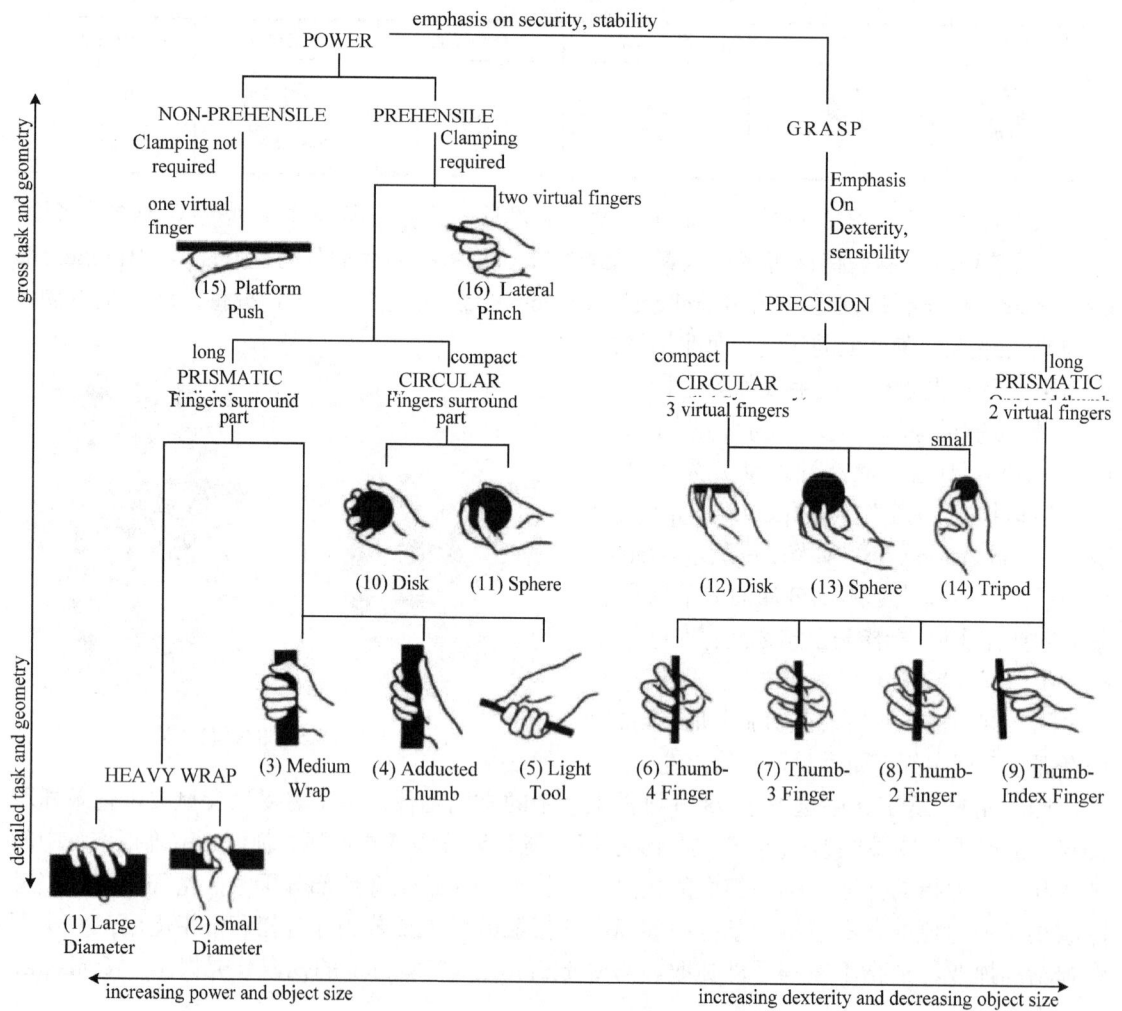

图 2-10 Cutkosky 建立的抓取姿势分层树

Bullock认为手内操作和手臂的灵巧性对完成操作任务至关重要，建立的人手操作运动分层树如图2-11所示。按照物体和人手是否接触(contact)、是否包络物体完成抓握(prehensile)、手是否移动(motion)、是否手内操作(within hand)、是否在接触点处运动(motion at contact)，对人手操作运动进行了系统性划分。

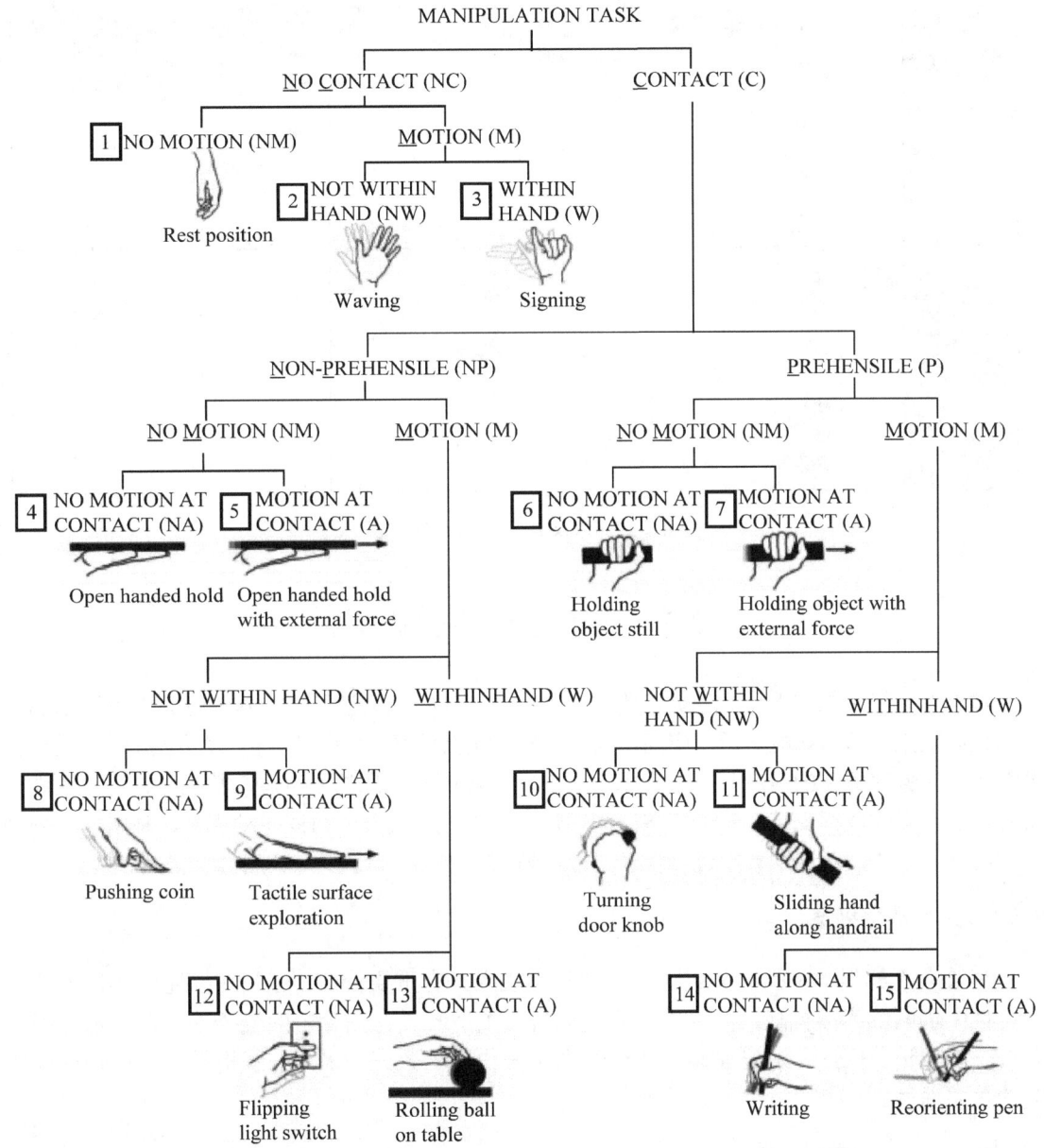

图 2-11　Bullock 建立的操作运动分层树

2009 年欧盟 GRASP 计划项目为了发掘人手抓取物体的姿势类型，建立了包括 33 种抓取姿势的人手抓取分类表。Feix 结合人手抓取分类学的前期研究成果，根据动作目标、物体形状、虚拟手指和拇指位置等，采用图表形式描述了人手抓取姿势，是目前国际公认的对人手抓取功能描述较全面的分类方法，得到了广泛应用，如图 2-12 所示。

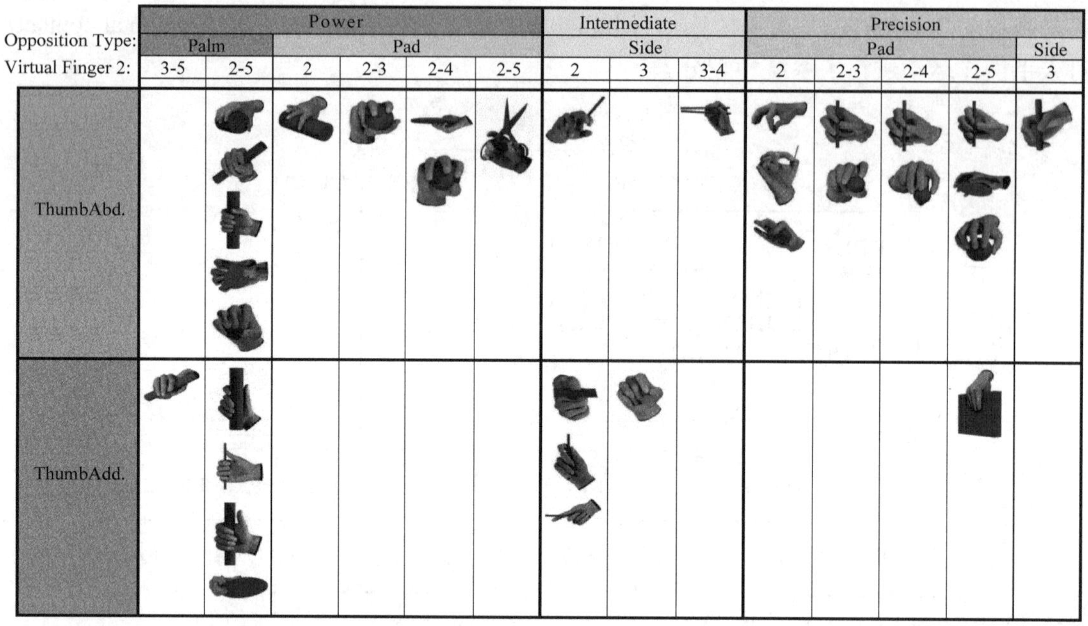

Opposition Type:	Power						Intermediate			Precision				
	Palm		Pad				Side			Pad				Side
Virtual Finger 2:	3-5	2-5	2	2-3	2-4	2-5	2	3	3-4	2	2-3	2-4	2-5	3
ThumbAbd.														
ThumbAdd.														

图 2-12 Feix 建立的抓取分类表

2.3 人手运动功能解析

结合 2.1 节和 2.2 节人手运动分类与姿态协同运动的生物学机理，本节讨论人手运动的多模态数据采集、运动功能解析与应用。采用高精度测量设备（如数据手套、力传感器等）采集人手在典型任务情境下的运动与力学数据，构建包含多模态信息的人手运动数据库，为运动规律研究提供全面的数据支持。基于姿态协同理论，探索人手关节的协同运动规律，利用主成分分析（PCA）等方法，对运动数据进行特征提取与降维，实现人手运动功能的解析与表征。

2.3.1 人手数据采集

尽管人手解剖学和抓取分类学方面的研究成果具有重要价值，但是在描述和解析人手运动特性中仍面临诸多挑战，如手指自由度数目、关节转轴在指骨中的位姿等，在学术界尚未有统一的结论。因此，通过实验方式进行人手操作运动数据的采集与解析是人手运动特性研究的主要途径。

1．人手运动数据采集

人手运动数据采集主要采用视觉捕捉和数据手套两种方式。视觉捕捉方法可以提取人手笛卡儿空间的运动数据，需要通过人手运动学模型或投影法将笛卡儿空间数据映射到关节空间，得到人手关节角度信息。由于人手体积小，所贴标识点间距小，分布集中，易发生丢点、串点现象，同时在抓取过程中，部分标识点存在遮挡问题。

采用数据手套进行人手运动数据采集，可以直接获得人手关节角度信息。根据检测原理的不同，目前数据手套主要分为惯性、光纤数据手套两类。惯性数据手套通过内置的陀螺仪和磁力计来感应佩戴者的手部动作，优点是成本低，没有遮挡问题，实验系统易于搭建，但是对于磁场比较敏感，在外界磁场作用下会出现漂移问题。光纤数据手套采用光纤传感器，具有较高的精度和稳定性，但是由于光纤传感器在数据手套中的布置非常复杂，同时考虑到使用者手部的个体差异性，需要进行校准和标定。

刘源等测量了拇指和食指的15个关节角度，通过校准方式，记录了多种典型姿势下的手指关节原始数据，进行数字滤波和线性插值，得到了人手关节角度，如图2-13所示。

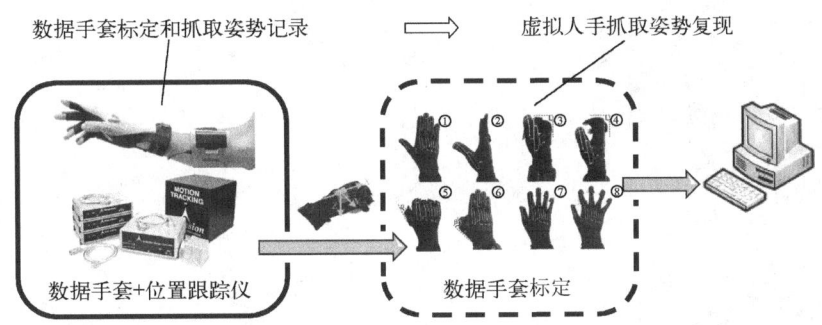

图2-13 人手抓取姿势记录及姿势重建实验平台

2．人手力学数据采集

人手力学特性与相关肌肉的收缩强度密切相关，表面肌电信号则可以反映出肌肉收缩状态。因此，可以通过表面肌电信号进行人体力学特性的估测。Deshpande等搭建了单手指刚度测量平台，如图2-14所示。通过测量的人手关节力矩与关节角度数据，利用双指数函数进行拟合，得到手指关节力矩-关节角度曲线。实验验证了手指刚度随关节角度变化的非线性关系，同时也表明了手指关节具有滞回特性。Höppner等从任务角度出发，分析了抓取过程中人手在力调节和刚度调节中的异同，搭建了人手拇指与食指刚度的测量平台。基于该测量平台，Höppner测量了与手部运动相关性较大的六块肌肉对应的表面肌电信号变化情况。实验结果表明，当人主动控制手部的抓取力时，抓取力与刚度成正比；当人手处于自然状态下完成任务时，力与刚度的线性关系并不明显，且刚度调节的范围明显缩小。

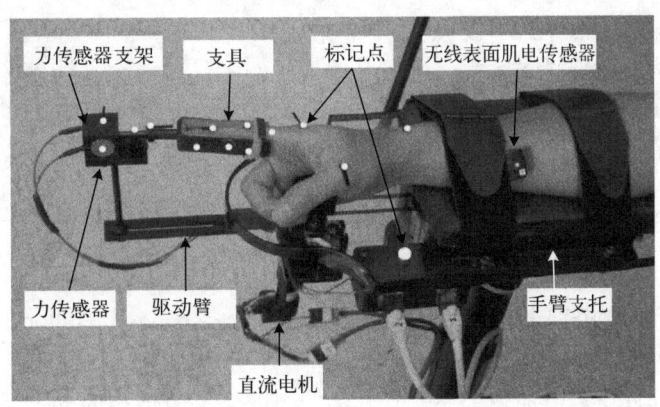

图2-14 得克萨斯大学搭建的单手指刚度测量平台

刘柄辰建立了一种人手刚度动态测量系统，该系统由 Omega7 设备、肌电电极、接触力传感器和数据采集卡等组成，如图 2-15 所示，可以记录抓取任务中手指的角度、抓取力和表面肌电信息。

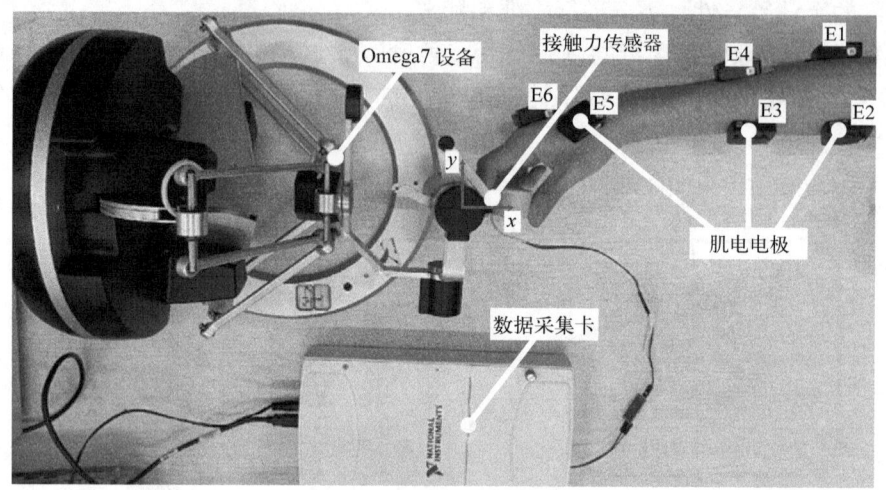

图 2-15 人手刚度动态测量系统

2.3.2 人手运动数据集

1. 耶鲁大学人类抓取数据集

为了更自然、广泛地提取和分析人手抓取行为，克服实验室环境下记录抓取姿势的局限性，美国耶鲁大学自 2010 年以来开展了非结构化环境中的人手抓取运动实验，并对实验结果进行了统计分析。研究工作主要包括日常生活中抓取姿势的使用（包括使用频率、使用时间、单种姿势适用性等）、抓取姿势选择与物体或任务的关联性等。2 名机械工人和 2 名家务劳动者参与了实验，如图 2-16 所示，每名受试者佩戴摄像头记录日常工作，构建了基于视频影像的耶鲁大学人类抓取数据集（Yale human grasping dataset）。

图 2-16 耶鲁大学人类抓取数据集采集实验

根据 Cutkosky 抓取姿势分层树和 Feix 抓取分类表，Zheng 和 Bullock 对耶鲁大学人类抓取数据集中各抓取姿势的持续时间和出现频率进行了分类和统计。每名受试者在 7.45h 抓取物体的视频中包含 4700 多个抓取姿态，但大量的抓取姿态表现出明显的重复性。将这些抓取姿态按照持续时间进行归类，80% 以上的高频抓取姿态可以通过 Feix 抓取分类表的 10 种典型抓取姿势描述，如图 2-17 所示。其余持续时间较短的低频抓取姿态也可以通过 Feix 抓取分类表剩余的 23 种抓取姿势描述。在 10 种最高频的抓取姿势中，中等尺寸圆柱抓取（medium wrap）和圆盘精确（precision disk）抓取手势的持续时间最长，分别占总时间的 23% 和 17%。

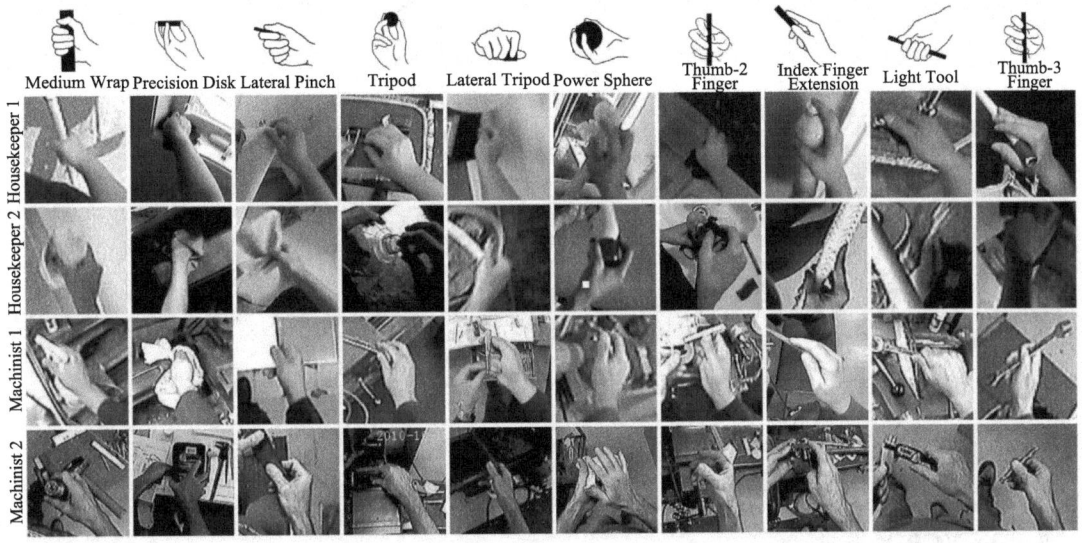

图 2-17 10 种典型的抓取姿势及其抓取实例

Bullock 进一步对耶鲁大学人类抓取数据集中的目标物体抓取姿势与持续时间进行了统计分析，定义了抓取范围指标（grasp span score），用来表示抓取姿势与目标物体的匹配程度。此外，他提出了抓取-物体矩阵（grasp-object matrix），目标在于构建具有通用性的抓取姿势集，采用尽可能少的抓取姿势完成多种类型物体抓取，其建立的高适应性抓取姿势集如图 2-18 所示。

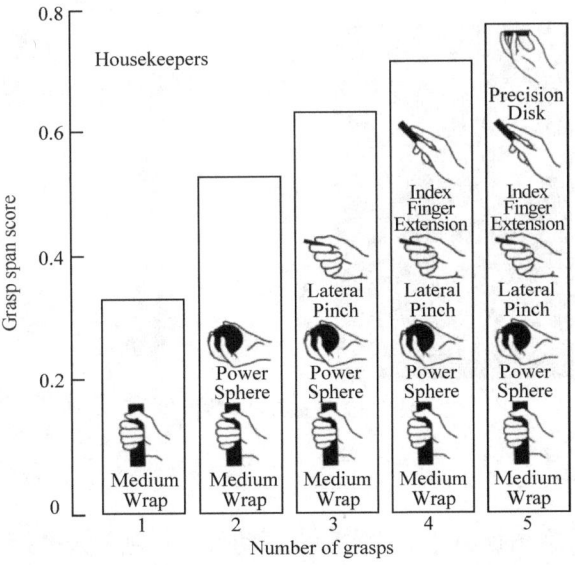

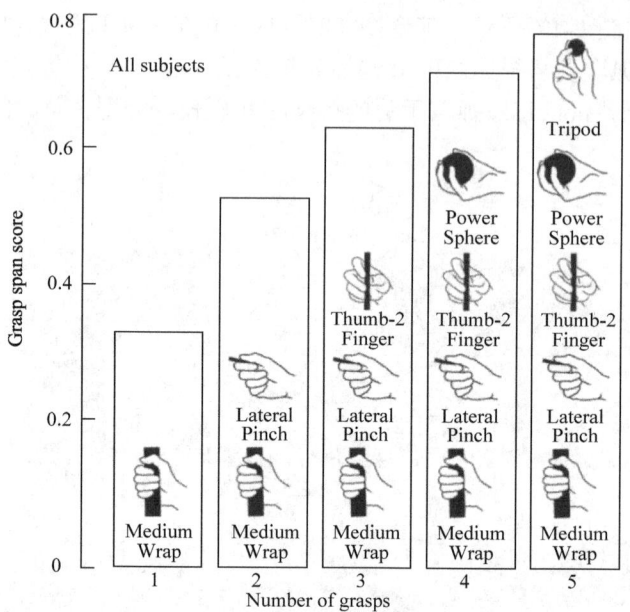

图 2-18 具有高适应性的抓取姿势集

2．DexYCB 数据集

DexYCB 数据集旨在捕捉人手抓取物体的动作，如图 2-19 所示。该数据集包含 582000 个 RGB-D 帧，涵盖 1000 个序列。该数据集的收集过程涉及 10 名受试者，他们分别对 20 种物体进行抓取，并从 8 个视角进行记录。DexYCB 数据集可用于以下任务。①物体和关键点检测：识别图像中的物体及其关键点位置。②物体位姿估计：确定物体在三维空间中的位置和姿态。③手部位姿估计：估计手部在三维空间中的关节位置和姿态。此外，DexYCB 数据集还可用于评估人与机器人物理交互过程中的安全抓取能力。

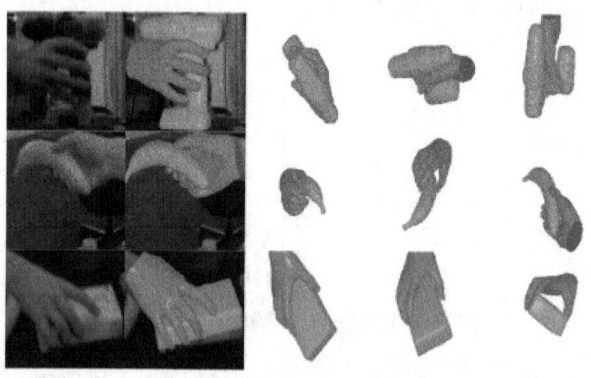

图 2-19 DexYCB 数据集

3．RealDex 数据集

RealDex 数据集旨在捕捉灵巧手的实际抓握动作，并融入人类行为模式。该数据集包含多视角和多模态视觉数据，并利用远程操作系统实现人类与机器人手部姿态的实时同步。

RealDex 数据集对于操控训练灵巧手，使其更自然、精确地模仿人手动作具有重要价值。

2.3.3 人手运动解析与模型构建

1. 人手运动信息处理

数据手套等采集设备的滞后、噪声等会导致手指关节角度的测量误差，因此需要对采集到的原始数据进行处理。首先对数据手套测得的原始角度信息进行频谱分析，可以看到，人手运动信号的频率主要集中在 20~200Hz。因此采用零相位二阶 Butterworth 带通滤波器（起始频率为 20Hz，截止频率为 200Hz）进行滤波，并采用 50Hz 的陷波滤波器抑制工频干扰。在此基础上，对平滑后的轨迹进行三次样条重采样：对于采样长度为 m 的关节运动轨迹在第 t_i 时间序数轨迹点 x_i，重采样拟合后的角度值 $p_i(t)$ 为

$$p_i(t) = \frac{x_i}{h_i^3}[2(t-t_i)+h_i](t_{i+1}-t)^2 + \frac{x_{i+1}}{h_i^3}[2(t_{i+1}-t)+h_i](t-t_i)^2 \\ + \frac{m_i}{h_i^2}(t-t_i)(t_{i+1}-t)^2 - \frac{m_{i+1}}{h_i^2}(t_{i+1}-t)(t-t_i)^2 \tag{2-8}$$

式中，h 为采样步长。

人手不同关节的运动范围存在较大差别。因此，需要对各关节的运动数据进行归一化处理，把关节角度数据映射到[0,1]的区间中，以用于后续分析。具体计算方法如下：

$$X_{\text{norm}} = \frac{X - X_{\min}}{X_{\max} - X_{\min}} \tag{2-9}$$

式中，X 为关节运动序列；$X_{\max}$ 为各关节屈曲运动极限；$X_{\min}$ 为各关节伸展运动极限。

由于不同受试者的动作习惯和完成速度存在较大差异，必须将不同组关节运动轨迹数据在同一时间轴上进行对齐处理。动态时间规整(dynamical time warping，DTW)算法是一种常用的时间对齐方法，可以把长度不同的运动序列缩放对齐。给定两条原始轨迹 $X=[x_1,\cdots,x_n]$，$Y=[y_1,\cdots,y_n]$，DTW 算法将分别寻找两条原始轨迹的非线性映射函数 $W(x)$ 和 $W(y)$，运用动态规划思想将原始数据分别投影到长度为 1 的同一时间轴上，并保证两条原始轨迹之间的累计失真量最小。误差平方和通常作为 DTW 优化过程中的损失函数为

$$J_{\text{dtw}}(W(x),W(y)) = \|XW(x) - YW(y)\|_F^2 \tag{2-10}$$

2. 基于物体特征的抓取模式分类

基于人手解剖学和中枢神经系统对手部运动的控制机理，中枢神经系统会根据抓取模式有序募集特定肌肉，确定肌群的收缩强度大小以及关节的协同运动比例，最终实现手部运动控制。为了模拟这一过程，抓取运动规划可分为两个阶段：第一阶段是根据物体特征确定合适的抓取模式；第二阶段是在该模式下，确定各关节间的协同运动关系，最终获得关节位置和速度等信息。

构建抓取模式预测模型的目标是建立物体基础属性 F(feature) 与抓取模式 G(grasping posture) 之间的映射，实现对未知物体抓取模式的预测。输入参数包括物体的尺寸、形状、质量、圆度、硬度、功能等典型特征。为了对这些特征进行定量描述，需要将其进行编码，并建立抓取物体特征集 F，如图 2-20 所示。物体的典型特征记录方法如下：尺寸属性 A、B、H(单位：mm)；质量

属性 m（单位：g）；圆度属性 c（包含水平截面上的圆度 c_{ab} 及旋转轴方向的圆度 c_h）；形状属性 s（包含球体、立方体、长方体、圆柱体、扁平物体、片状物体等，采用 0-1 one-hot（独热）编码）；硬度 r（按较硬、中等、较软分别编码为 1、0.5、0）。得到的物体特征参数向量 F 为

$$F = [A;B;H;m;s;c;r] \tag{2-11}$$

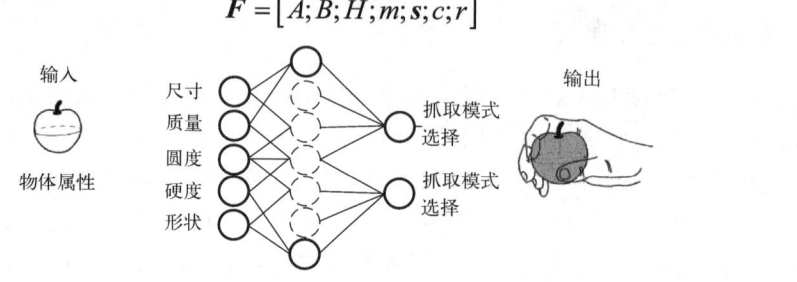

图 2-20 根据物体属性的抓取模式分类

以 Feix 抓取分类学作为基础，将其进一步合并为 5 类抓取模式。每类抓取模式中的各抓取姿势可以看作对该模式下平均姿势调节后的结果，从而更好地适应不同任务。Feix 抓取姿势的具体分类结果如图 2-21 所示。

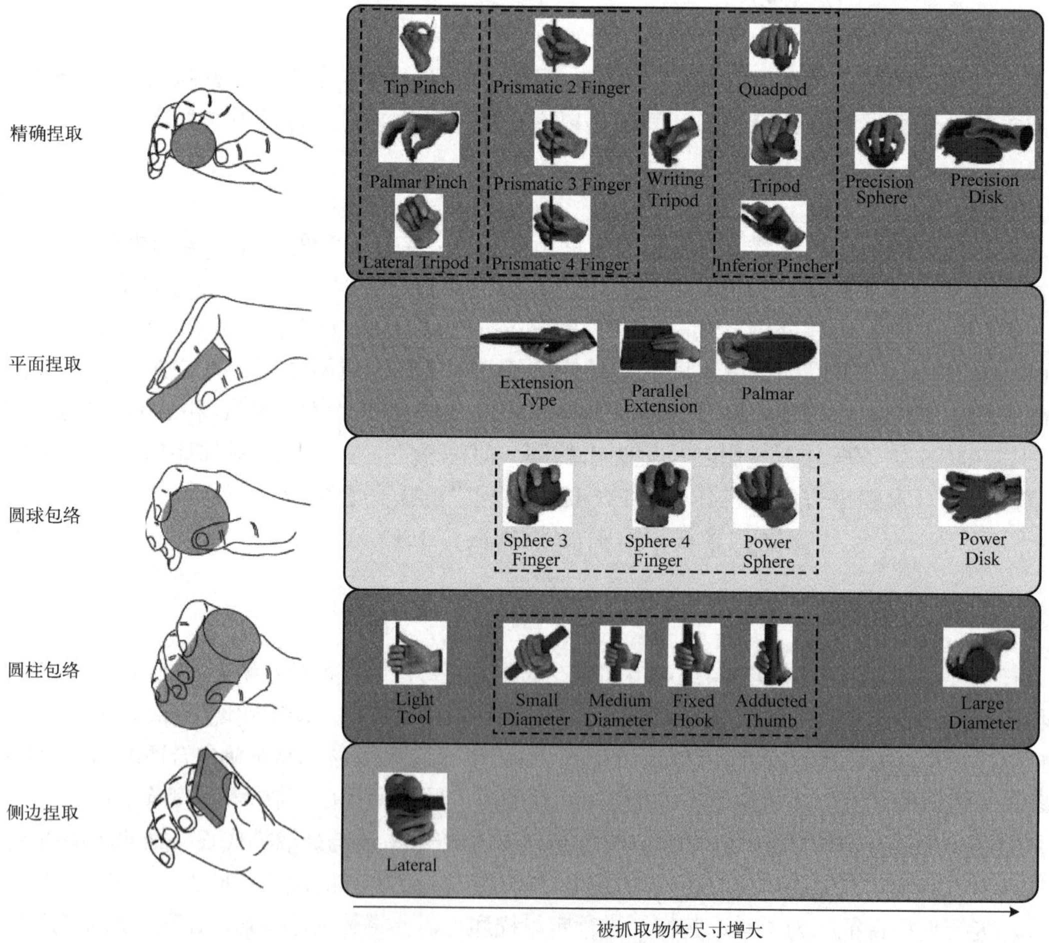

图 2-21 典型抓取姿势的分类

第一类模式为精确捏取。该组中的抓取姿势具有较高的相似性。在接触区域方面，大多数姿态是利用拇指指尖、食指和中指指侧与物体接触；在手部姿势方面，拇指内收幅度中等，中指、无名指和小指的 MCP 关节及 PIP 关节屈曲幅度依次增大。随着物体尺寸的增大，参与抓取的手指数量逐渐增加。

第二类模式为平面捏取。该组抓取姿势主要针对厚度较小的扁盘形物体。在接触区域方面，各手指的指尖与物体接触。在手部姿势方面，食指、中指、无名指和小指的 MCP 关节和 PIP 关节屈曲幅度相近，拇指与其他四指呈对掌状态。

第三类与第四类模式分别为圆球包络和圆柱包络。这两类模式通常面向质量和尺寸较大的物体。与前两类捏取模式相比，这两类模式中食指、中指、无名指和小指的 PIP 关节屈曲幅度明显更大；同时各手指指腹、手掌同时与物体发生接触，以增大接触面积，有利于提高抓取的稳定性。

第五类模式为侧边捏取。该类模式通常针对卡片类物体和小尺寸物体。在手部姿势方面，这类模式与上述四类模式有较大区别，尤其是在拇指的位置上。拇指侧摆至手掌外侧，其他手指自然屈曲，物体被夹在拇指指尖和食指指腹外侧。

最后，将这 5 类抓取模式采用独热编码的方式进行编码，并记录每种物体的抓取模式和抓取方向。通过训练得到回归分类器，并根据物体的特征参数向量 F 来预测对应的抓取模式 G。

$$F = [A; B; H; m; s; c; r] \to G \tag{2-12}$$

表 2-6 展示了采用不同聚类算法时，生成抓取模式分类器的准确率、时间成本等指标。从训练样本预测准确性上来看，各种算法的差异并不明显；然而，在测试样本预测准确性方面，k 近邻算法的表现明显低于其他算法。这是因为对于较为复杂的离散样本特征，k 近邻算法的泛化能力较差；采用随机森林和极度随机树算法的模型性能有显著提升，并且当采用交叉熵作为损失函数时，预测效果略优于采用 Gini 系数的情况。

表 2-6 不同聚类算法预测效果对比

训练模型	训练样本准确率	测试样本准确率	训练时间/s	预测时间/s
CatBoost	0.94	0.87	0.29	0.051
极度随机树	0.95	0.82	0.42	0.109
随机森林(交叉熵)	0.95	0.77	0.42	0.108
随机森林(Gini 系数)	0.93	0.77	0.41	0.108
k 近邻算法	0.93	0.67	0.07	0.003

3．主成分分析

在确定抓取模式后，需要通过运动规划生成手部抓取姿势。根据人手关节协同运动机理和特点，可以对运动空间进行降维，为每类任务提取少量的运动协同基元，通过运动基元组合生成抓取姿势。这样，便能通过少量控制变量实现高自由度的手部运动。

主成分分析(PCA)是一种常用的数据分析和降维方法，能够提取人手抓取姿势的主运动特征，降低数据维度。基于 PCA 的人手抓取姿势主运动(也称为姿势协同基)提取方法为

$$Q = PC \times P + \overline{Q} \tag{2-13}$$

式中，Q 为待分解的人手抓取姿势矩阵；PC 为抓取姿势矩阵的主运动矩阵；P 为权值系数向

量，不同权值系数下主运动组合形成各种抓取姿势；$\overline{Q}$ 为人手抓取姿势平均值矩阵。

将式(2-13)展开可以表述为

$$\begin{bmatrix} q_1 \\ q_2 \\ \vdots \\ q_n \end{bmatrix} = p_1 \times \begin{bmatrix} \text{pc}_{11} \\ \text{pc}_{12} \\ \vdots \\ \text{pc}_{1n} \end{bmatrix} + p_2 \times \begin{bmatrix} \text{pc}_{21} \\ \text{pc}_{22} \\ \vdots \\ \text{pc}_{2n} \end{bmatrix} + \cdots + p_m \times \begin{bmatrix} \text{pc}_{m1} \\ \text{pc}_{m2} \\ \vdots \\ \text{pc}_{mn} \end{bmatrix} + \begin{bmatrix} \overline{q}_1 \\ \overline{q}_2 \\ \vdots \\ \overline{q}_n \end{bmatrix} \quad (2\text{-}14)$$

式中，q_i 为抓取姿势中的第 i 个关节角度；pc_{ij} 为第 i 个主运动中关节 j 的分量。

通过主成分分析提取主运动后，可以进一步分析物体的形状、尺寸和相对位置对主运动的影响规律。

拇指、食指的关节与其他手指的相关性会随不同任务发生变化。在圆球包络和圆柱包络任务中，食指的 PIP 关节和 MCP 关节与中指、无名指和小指呈现出较高的相关性；在平面捏取任务中，食指的 MCP 关节与拇指 CMC 关节的伸展-屈曲运动相关性较高。对于拇指而言，CMC 和 MCP 等关节在大多数任务中都表现出很强的独立性。不同抓取任务中手指的相关系数矩阵如图 2-22 所示，其中 CMC 关节的伸展-屈曲运动被定义为 CMC，MCP 关节的伸展-屈曲运动被定义为 MCP，CMC 或 MCP 关节的外展-内收运动被定义为 ABD。

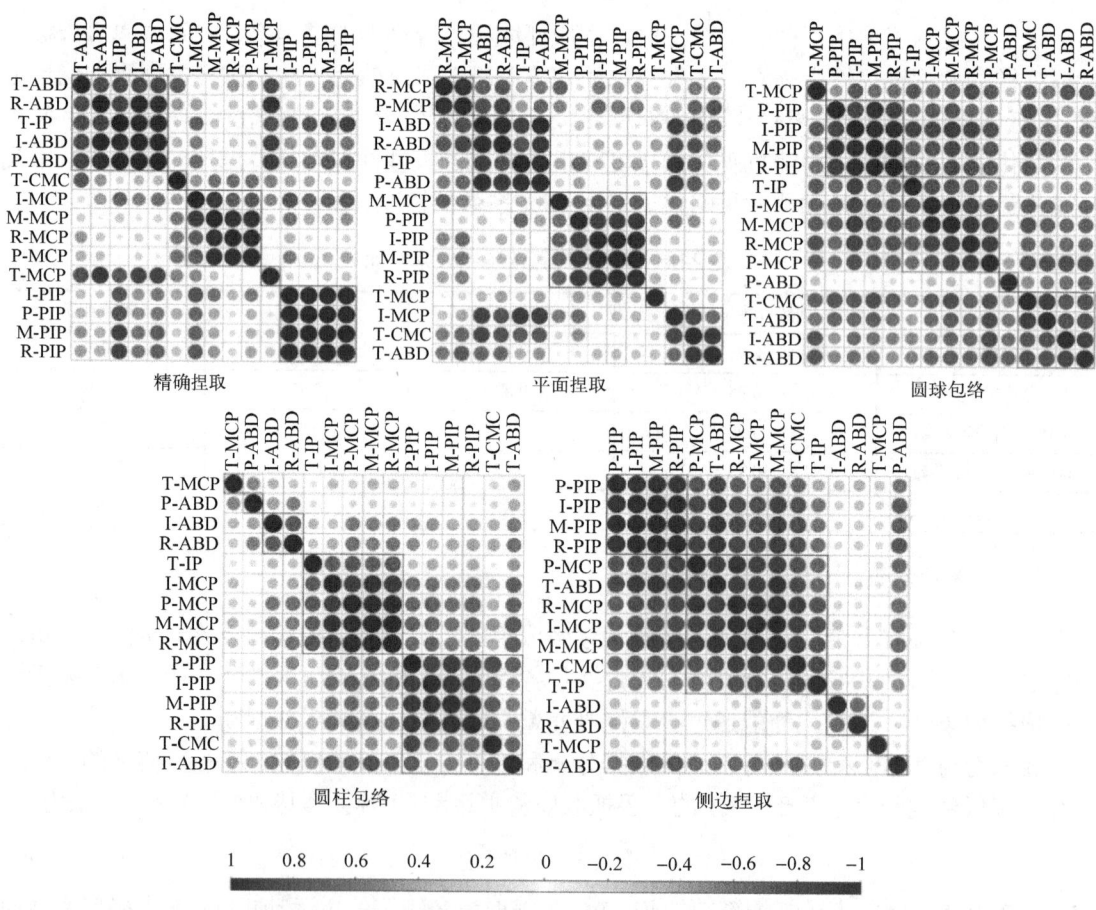

图 2-22　不同抓取任务中手指的相关系数矩阵对比

图 2-23 采用柱状图方式展示了整体运动提取的 3 组运动协同基和针对 5 类抓取模式分别提取的任务协同基对关节运动的贡献，柱状图的高度代表了协同基向量对相应关节运动的贡献，正向表示屈曲运动，负向表示伸展运动。柱形图越高，表示对该关节伸展-屈曲运动的影响越大。

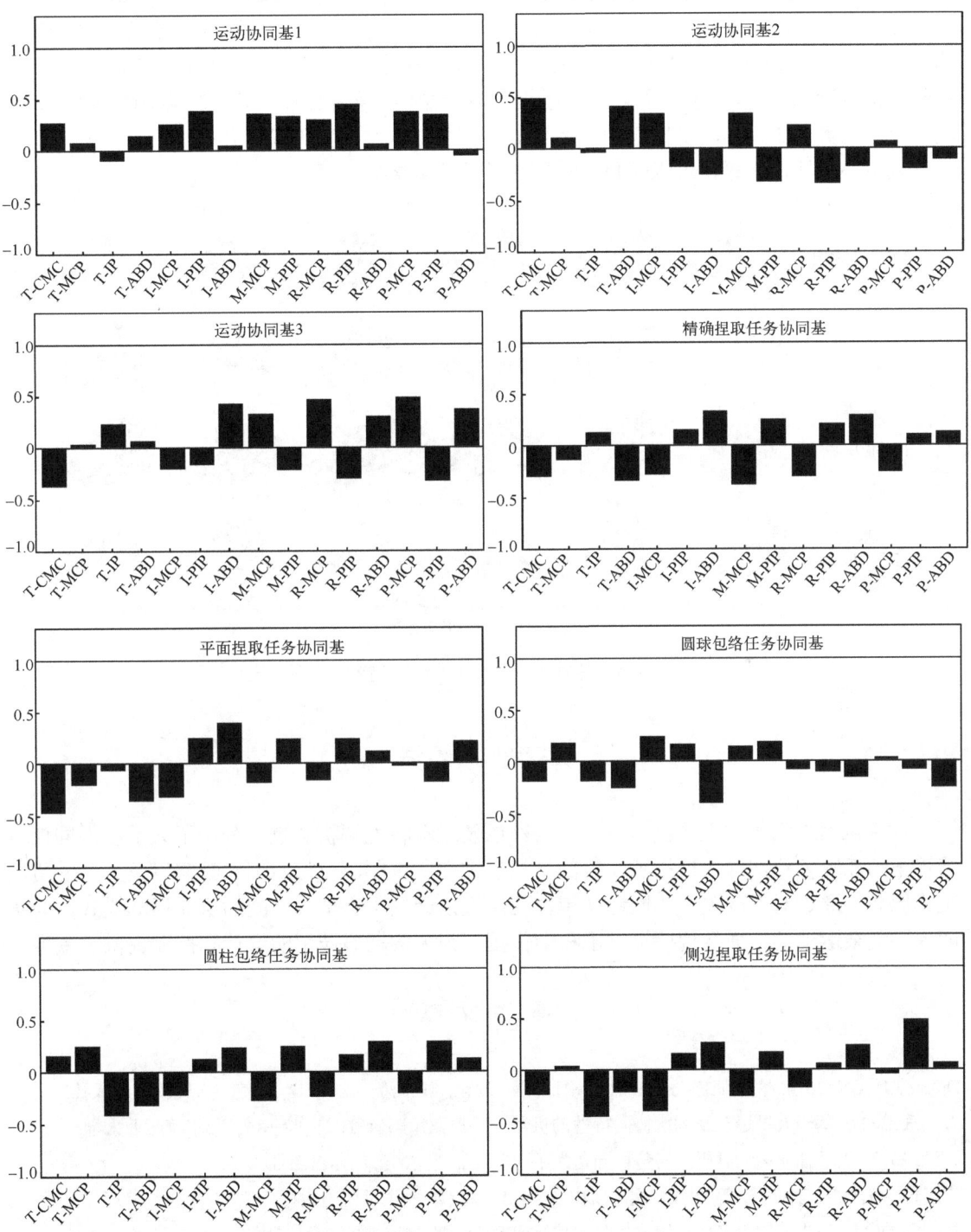

图 2-23 各组协同基对关节运动的贡献

运动协同基 1 主要负责食指、中指、无名指和小指的 MCP 和 PIP 关节的屈曲运动,屈曲幅度从食指到小指逐渐增加。这组运动协同基控制整手的开合幅度,对整手构型具有重要影响。运动协同基 2 主要负责拇指 CMC 和 ABD 关节的屈曲运动,以及食指、中指、无名指和小指 MCP 和 PIP 关节之间的反向运动,即当食指、中指、无名指和小指的 MCP 关节进行屈曲运动时,这四根手指的 PIP 关节进行伸展运动,反之亦然。运动协同基 3 主要负责拇指的 CMC 关节、食指的 MCP 关节和中指、无名指、小指的 MCP 关节之间的反向运动。当拇指和食指靠近物体时,中指、无名指和小指会离开物体,反之亦然。图 2-24 以圆球抓取为例,展示了该任务下 3 组运动协同基和 1 组任务协同基对人手姿势的调整作用。对于各组协同基,越靠近中心位置,则越接近人手自然放置时的平均姿势。

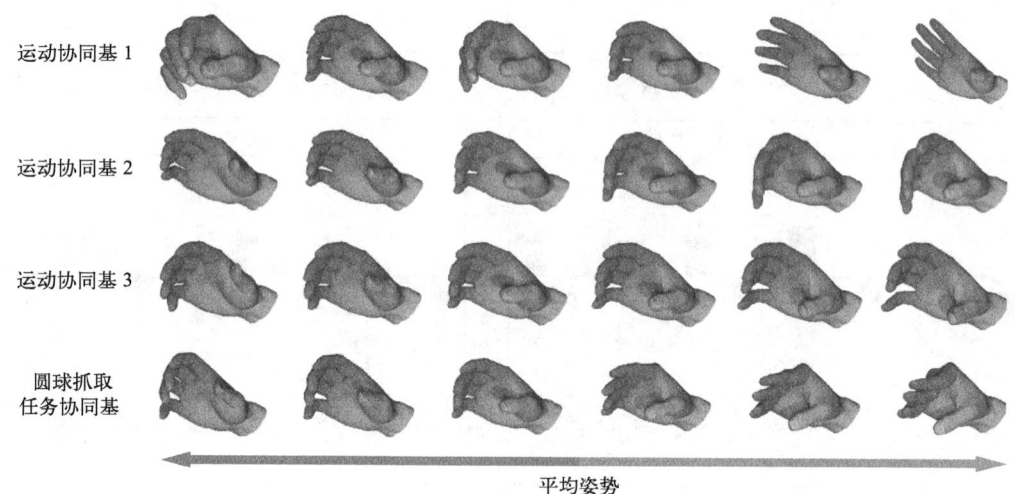

图 2-24 各协同基所产生的运动趋势示意图

本 章 小 结

本章探讨了人手生理解剖学、运动规律以及运动特性解析。重点分析了人手在不同任务情境下的抓取姿势,深入挖掘了其解剖学和生物力学机制,包括肌肉、骨骼以及关节的协同工作原理。通过对手部关节协同运动特性的研究,介绍了手部关节间的协作运动模式,为阐明人手复杂运动的本质及规律提供了科学依据,为欠驱动假肢手的设计和控制提供了依据。

参 考 文 献

DONALD A N, 2014. 骨骼肌肉功能解剖学[M]. 2 版. 刘颖, 师玉涛, 闫琪, 译. 北京: 人民军医出版社.
刘柄辰, 2024. 基于人手运动及刚度协同特性的机器人手抓取策略研究[D]. 哈尔滨: 哈尔滨工业大学.
刘源, 2018. 人手抓取运动解析及姿势协同仿人手研究[D]. 哈尔滨: 哈尔滨工业大学.
卢祖能, 曾庆杏, 李承晏, 等, 2000. 实用肌电图学[M]. 北京: 人民卫生出版社.
杨大鹏, 2011. 仿人型假手多运动模式的肌电控制研究[D]. 哈尔滨: 哈尔滨工业大学.

ALMÉCIJA S, SMAERS J B, JUNGERS W L, 2015. The evolution of human and ape hand proportions[J]. Nature communications, 6(1): 7717.

BRAND P W, HOLLISTER A, 1993. Clinical mechanics of the hand[M]. Saint Louis: Mosby Year Book.

BULLOCK I M, BORRÀS J, DOLLAR A M, 2012. Assessing assumptions in kinematic hand models: a review[C]. Proceedings of the 4th IEEE RAS & EMBS International Conference on Biomedical Robotics and Biomechatronics. Rome: 139-146.

CHANG L Y, MATSUOKA Y, 2006. A kinematic thumb model for the ACT hand[C]. Proceedings of the 2006 IEEE International Conference on Robotics and Automation. Orlando: 1000-1005.

CHANG L Y, POLLARD N S, 2008. Method for determining kinematic parameters of the in vivo thumb carpometacarpal joint[J]. IEEE transactions on biomedical engineering, 55(7): 1897-1906.

CHAO E Y S, AN K N, COONEY III W P, et al., 1989. Biomechanics of the hand: a basic research study[M]. Singapore: World Scientific.

CHAO Y W, YANG W, XIANG Y, et al., 2021. DexYCB: a benchmark for capturing hand grasping of objects[C]. Proceedings of the 2021 IEEE/CVF Conference on Computer Vision and Pattern Recognition. Nashville: 9040-9049.

CHRISTEL M, 1993. Grasping techniques and hand preferences in hominoidea[M]// PREUSCHOFT H, CHIVERS D J. Hands of primates. Wien: Springer-Verlag: 91-108.

COBOS S, FERRE M, SANCHEZ URAN M A, et al., 2008. Efficient human hand kinematics for manipulation tasks[C]. Proceedings of the IEEE/RSJ International Conference on Intelligent Robots and Systems. Nice: 2246-2251.

COONEY W P, LUCCA M J, CHAO E Y S, et al., 1981. The kinesiology of the thumb trapeziometacarpal joint[J]. Journal of bone and joint surgery American volume, 63(9): 1371-1381.

GRAY H, LEWIS W H, 1918. Anatomy of the human body[M]. Philadelphia: Lea & Febiger.

HOLLISTER A, BUFORD W L, MYERS L M, et al., 1992. The axes of rotation of the thumb carpometacarpal joint[J]. Journal of orthopaedic research, 10(3): 454-460.

HOLLISTER A, GIURINTANO D J, BUFORD W L, et al., 1995. The axes of rotation of the thumb interphalangeal and metacarpophalangeal joints[J]. Clinical orthopaedics and related research(320): 188-193.

KAPANDJI I A, 1982. The physiology of the joints [M]. 2nd ed. New York: Churchill Livingstone.

KATARINCIC J A, 2001. Thumb kinematics and their relevance to function[J]. Hand clinics, 17(2): 169-174.

LENARČIČ J, BAJD T, STANIŠIĆ M M, 2013. Kinematic model of the human hand[M] // LENARČIČ J, BAJD T, STANIŠIĆ M M. Robot mechanisms. Springer: 313-326.

LI Z M, TANG J, 2007. Coordination of thumb joints during opposition[J]. Journal of biomechanics, 40(3): 502-510.

LIU Y M, YANG Y X, WANG Y Z, et al., 2024. RealDex: towards human-like grasping for robotic dexterous hand[C]. Proceedings of the Thirty-Third International Joint Conference on Artificial Intelligence. Jeju: 6859-6867.

MIYATA N, KOUCH M, MOCHIMARU M, et al., 2005. Finger joint kinematics from MR images[C]. Proceedings of the 2005 IEEE/RSJ International Conference on Intelligent Robots and Systems. Edmonton: 2750-2755.

SANTOS V J, VALERO-CUEVAS F J, 2006. Reported anatomical variability naturally leads to multimodal distributions of Denavit-Hartenberg parameters for the human thumb[J]. IEEE transactions on biomedical engineering, 53(2): 155-163.

TAYLOR C L, SCHWARZ R J, 1955. The anatomy and mechanics of the human hand[J]. Artificial limbs, 2(2): 22-35.

VAN DER HULST F P J, SCHÄTZLE S, PREUSCHE C, et al., 2012. A functional anatomy based kinematic human hand model with simple size adaptation[C]. Proceedings of the 2012 IEEE International Conference on Robotics and Automation. Saint Paul: 5123-5129.

WANG H R, FAN S W, LIU H, 2012. An anthropomorphic design guideline for the thumb of the dexterous hand[C]. Proceedings of the IEEE International Conference on Mechatronics and Automation. Chengdu: 777-782.

WEISS A P C, MOORE D C, INFANTOLINO C, et al., 2004. Metacarpophalangeal joint mechanics after 3 different silicone arthroplasties[J]. The journal of hand surgery, 29(5): 796-803.

YOUM Y, GILLESPIE T E, FLATT A E, et al., 1978. Kinematic investigation of normal MCP joint[J]. Journal of biomechanics, 11(3): 109-118.

ZHANG X D, LEE S W, BRAIDO P, 2003. Determining finger segmental centers of rotation in flexion–extension based on surface marker measurement[J]. Journal of biomechanics, 36(8): 1097-1102.

第 3 章 生机电一体化机器人的机构设计

本书第 1 章介绍了生机电一体化机器人的三个组成部分：生物体、生机接口与机电装置，其内涵是生物体与机电装置的物理集成与功能集成。因此，与一般性的机器人设计相比，生机电一体化机器人的设计不仅需要考虑仿生性，包括外观仿生、形态仿生和功能仿生，也要考虑生物体与机电装置的相容性。

以智能假肢手设计为例，本书第 2 章在讨论人手解剖结构时曾指出，人手具有高达 21 个自由度，具有触压觉、热觉、冷觉和痛觉等多种感知功能，由庞杂的神经系统与肌肉系统协作驱动完成灵巧操作任务。若要完全仿照人手的结构、形态和功能进行设计，智能假肢手的本体结构将极其复杂，且难以实现利用有限的肌电/脑电信息完成灵巧操作。

在智能假肢手的实际设计中，需首先通过研究人手的协同运动关系，构建人手功能运动谱，并提取假肢手所需的驱动维度，然后采用欠驱动思想，设计具有协同与顺应特性的假肢手本体结构，设计基于多传感融合的假肢手运动规划与智能控制算法，将机械智能与人工智能融入生机电系统中，最后结合肌电/脑电等生物信号与人体感觉反馈信息，通过假肢手的人机交互控制算法，完成灵巧操作任务。以上便是生机电一体化机器人设计的主要指导思想与方法。

本章以智能假肢手为研究对象，从仿生特性出发，介绍生机电一体化机器人的机构设计方法。本书第 2 章已经详细地介绍了手指、拇指、关节、指节、自由度、伸展-屈曲运动、外展-内收运动、关节角等人手与假肢手通用的描述术语，本章不再赘述。

3.1 欠驱动假肢手机构设计概述

仿人假手是残疾人实现肢体运动功能重建的重要器械。作为典型的生机电一体化机器人，假肢手的设计不仅要考虑模仿人的结构和自由度，也要考虑人机协同设计与人机交互性，以便在日常操作任务需求和系统复杂度、控制难度之间找到平衡。

现有神经接口只能输出离散、少量的运动模式，无法控制具有多主动自由度的机器人灵巧手。目前，欠驱动设计可以有效地减少假肢手所需的驱动器数目，降低控制难度。采用欠驱动原理设计的假肢手灵巧操作机构，可使假肢手在离散/少量模式输出生机接口控制较少主动自由度的情况下复现人手运动特性，是假肢手实现拟人化、轻量化设计的首选方案，也是目前国内外假肢手的研究重点。本节将首先介绍欠驱动的基本概念及常见类型；然后介绍欠驱动是如何在假肢手自由度配置和驱动拓扑中得到应用的。

3.1.1 欠驱动概述

1. 欠驱动系统

欠驱动系统是指系统的独立控制变量个数小于系统自由度个数的一类非线性系统。利用公式可描述为

$$\ddot{q} = f(q,\dot{q}) + G(q)u \tag{3-1}$$

式中，q 为独立广义坐标的状态向量；$\dot{q}$ 为独立广义坐标的速度向量；$f(.)$ 为系统动力学的向量场；G 为输入矩阵；u 为广义输入力。

如果系统广义输入力不能在状态空间的所有方向上产生加速度，即 $\mathrm{rank}(G) < \mathrm{dim}(q)$，则该系统称为欠驱动系统。

欠驱动系统在节约能量、降低造价、减轻重量、增强灵活度等方面具有优越性。由于系统的高度非线性、参数摄动、多目标控制要求及控制量受限等，欠驱动系统足够复杂。从控制理论角度看，欠驱动系统控制输入的限制是具有挑战性的控制问题，研究欠驱动系统的控制问题有助于非完整约束系统控制理论的发展。

2．欠驱动机构

欠驱动机构是独立驱动器个数少于运动自由度个数的机构，是欠驱动系统的特例。欠驱动机器人系统希望以"少"控"多"，通过传动机构之间的耦合关系和自适应能力来降低机电系统的复杂度，减少系统控制维度。

典型欠驱动机构 1：直线一级倒立摆。如图 3-1 所示，直线一级倒立摆只有一个独立的运动输入，即移动平台驱动力 F，控制两个主被动自由度：q_1 与 q_2，使摆杆达到平衡位置或跟踪预定的末端轨迹。

典型欠驱动机构 2：平面二连杆机器人 Pendubot。如图 3-2 所示，平面二连杆机器人 Pendubot 是另一种典型的欠驱动机构，τ_1 是其控制量，θ_1、θ_2 是其输出量，则

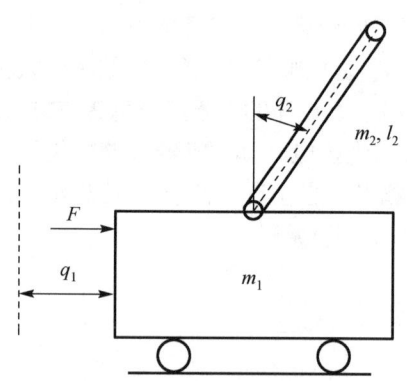

图 3-1 直线一级倒立摆（车杆）

$$M_{11}\ddot{\theta}_1 + M_{12}\ddot{\theta}_2 + h_1 + \phi_1 = \tau_1 \tag{3-2}$$

$$M_{21}\ddot{\theta}_1 + M_{22}\ddot{\theta}_2 + h_2 + \phi_2 = 0 \tag{3-3}$$

式中

$$\begin{cases} M_{11} = I_1 + I_2 + m_2 l_1^2 + 2m_2 l_1 l_{c2}\cos\theta_2 \\ M_{12} = I_2 + m_2 l_1 l_{c2}\cos\theta_2 \\ h_1 = -m_2 l_1 l_{c2}(2\dot{\theta}_1\dot{\theta}_2 + \dot{\theta}_2^2)\sin\theta_2 \\ \phi_1 = -(m_1 l_{c1} + m_2 l_1)g\sin\theta_1 - m_2 l_{c2}g\sin(\theta_1 + \theta_2) \\ M_{21} = I_2 + m_2 l_1 l_{c2}\cos\theta_2 \\ M_{22} = I_2 \\ h_2 = m_2 l_1 l_{c2}\dot{\theta}_1^2\sin\theta_2 \\ \phi_2 = -m_2 l_{c2}g\sin(\theta_1 + \theta_2) \end{cases} \tag{3-4}$$

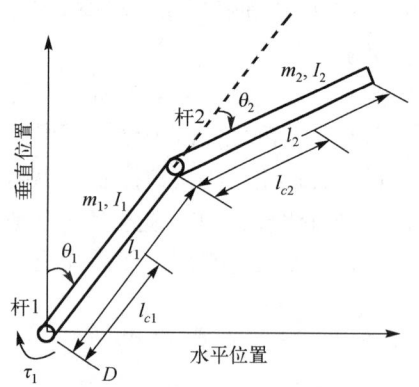

图 3-2 平面二连杆机器人 Pendubot

3.1.2 假肢手自由度配置

假肢手可有 12~16 个关节，但驱动电机一般不多于 6 个，其工作原理是采用差动机构与耦合机构将一个运动输入分解成多个有差异的运动输出。

假肢手是一种典型的生机电一体化机器人，遵循着人机共融设计原则。假肢手设计流程如图 3-3 所示。首先通过人手的解剖学分析和运动解析获得人手的生物学特性，建立基于特征运动进行人手运动分解的方法，生成人手功能运动谱。人手功能运动谱本质上是由指间协同-主运动所张成的线性空间。主运动为运动谱的基，其物理意义是手部各关节旋转的成比例联动，每一个手部运动姿势均是相应权重下各主运动的线性组合。因此可根据运动谱不同的维度设计假肢手自由度配置，以复现人手的抓握运动功能。假肢手设计中主要有三种配置形式：全驱动($m \geqslant n$)、欠驱动($m = 5$、6)、协同($m<5$)。

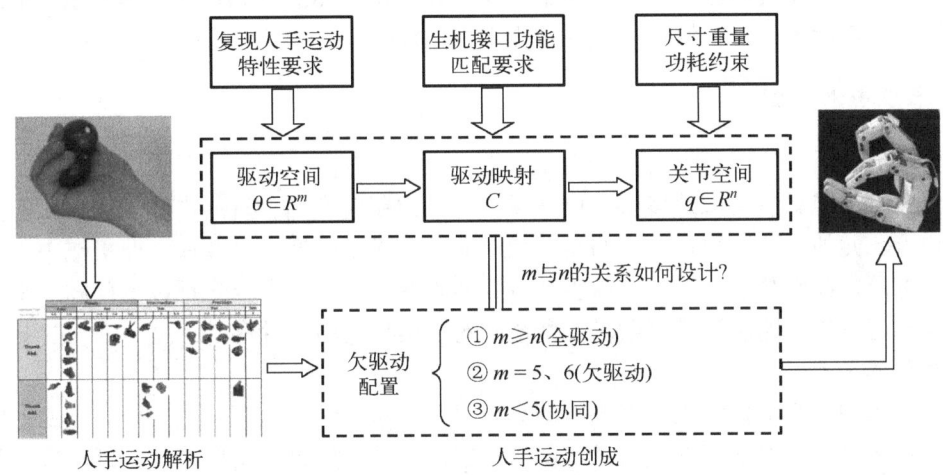

图 3-3　基于人手运动功能分析的假肢手自由度配置

m-驱动数，n-关节数

当电机数大于或等于关节数时为全驱动配置。此类假肢手所需驱动数较多、结构复杂、控制系统复杂，难以做到小型化与轻量化设计，一般用于机器人灵巧手设计中。当电机数目小于关节数时为欠驱动配置。按照欠驱动的构型，又可以分为全耦合、自适应、耦合-自适应、指间协同、全局协同几个子类型。

(1) 全耦合型假肢手以手指为驱动单元，驱动数等于手指数，但小于关节数。

(2) 自适应型假肢手以手指为驱动单元，以手指多关节自适应为主体，相比于全耦合型假肢手，此类假肢手的手指具有抓握自适应能力。

(3) 耦合-自适应型假肢手以手指为驱动单元，以手指多关节自适应为主体。但与自适应型假肢手不同的是，耦合-自适应型假肢手的手指机构结合了耦合与自适应两种机构的运动特点，能够执行拟人的预抓取运动与对物体的自适应包络运动。

(4) 指间协同型假肢手的特点是手指之间具有自适应运动功能。一般情况下，此类假肢手的手指机构类型有全耦合、顺序-自适应、耦合-自适应等其中的一种或几种。

(5) 全局协同型假肢手打破了传统以手指为单元或者以关节为单元的概念，不限于每个电机独立驱动一个手指。相比于手指独立驱动欠驱动假肢手,此类假肢手以指间/关节间耦合或自适应为主,其所含有的驱动数小于或等于手指数。

3.1.3 假肢手驱动技术

驱动系统是智能假肢手机电系统的重要组成部分,包括驱动器、传动机构、电池及配套电子调速器等,是影响假肢手运动性能和操作能力的决定性因素。本节主要概述驱动系统的两个核心部分:驱动器和传动机构。

驱动器是驱动系统的核心,用来产生手指关节的运动和力。目前,大多数智能假肢手采用传统的驱动方式,如电机驱动、液压驱动和气压驱动等。少数假肢手则尝试使用一些新型驱动技术,包括形状记忆合金(SMA)驱动、介电弹性体驱动以及双绞线驱动等。传动系统用来把驱动器的运动和力传递给关节,在减小关节速度的同时,提高关节的驱动力矩。目前,电机驱动是机器人及其假肢手领域应用最广泛、技术最成熟的驱动形式。本节主要概述一些典型的驱动器和传动机构,探讨其设计特点和适用场景。

1. 假肢手驱动器

1) 液压驱动

液压驱动系统具有响应速度快、位置误差小、控制精度高、抗冲击性能优良以及负载能力高等特点。此外,液压驱动单元的结构相对简单,成本较低,因此在工业机械中得到了广泛应用。然而,在假肢手中采用液压驱动方式面临诸多挑战,主要包括以下问题:密封处摩擦较大且不可忽略、输液管线复杂以及微型阀对污染物的敏感性高等。

2) 气压驱动

与其他类型的驱动器相比,气压驱动具有以下优点:通常以压缩空气作为能源,成本相对较低,对环境的要求不严格,同时能量存储方便,具备抗燃、防爆特性。近年来,随着柔性材料和成形技术的发展,气压驱动与软体技术的结合展现出了良好的柔性和安全性,因此气压驱动广泛应用于软体机器人手的驱动系统。然而,气压驱动也存在一些主要缺点:驱动器的刚度受空气可压缩性的影响,通常刚度较低,精确度不高。此外,气压驱动器在工作过程中会产生较大的噪声,从而对机械手的使用环境产生一定限制。

3) 电机驱动

电机驱动是技术最成熟、应用最广泛的一种驱动方式,为大多数机器人及其智能假肢手所采用。从静态刚度、动态刚度、加速度、线性度、可维护性、噪声等技术指标来看,电机驱动的综合性能大大优于气压驱动和液压驱动。采用电机驱动的仿人手一般分为内置式和外置式两种类型,早期的仿人手以外置式为主,具有驱动数目多、输出功率大的特点,但集成度较差,尤其不适合用于残疾人假肢手。电机内置式机器人手具有更高的集成度,是目前仿人手最常用的设计方式。

4) 形状记忆合金驱动

形状记忆合金是一种在加热升温后能完全消除其在较低温度下发生的变形,恢复其变形前原始形状的合金材料。形状记忆合金驱动的优点是结构简单、噪声小等,但是存在疲劳寿命和使用寿命短,且对环境温度具有一定的要求等问题。

2. 假肢手传动机构

1) 绳索传动

绳索的机械特性、数量以及传动路径对于假肢手系统的性能有很大的影响。通常情况下，绳索的材料应具有较高的抗拉强度和杨氏模量，其中杨氏模量对于驱动系统在高负载情况下的刚度有很大的影响。为了使用绳索传动系统实现 N 个关节的独立驱动，所需绳索的数量（即驱动器的数目）有 N、$N+1$ 和 $2N$ 三种，其中 $N+1$ 型腱传动系统是系统复杂性和灵活性的一个折中。绳索传动的优点是绳索的柔韧性好，在手指内传递运动较为灵活。缺点是因为绳索缠绕在滑轮上，固定难度高，易从驱动轮和导向轮上脱落，通常需要设计复杂的限位和预紧机构，可靠性较差。此外，由于绳索刚度较小，驱动系统具有一定的滞后特性，影响位置精度。

2) 齿轮传动

随着行星减速器、谐波减速器等齿轮传动装置的发展，采用小型齿轮传动机构实现假肢手的关节传动成为一种发展趋势。采用齿轮机构设计的传动系统，传递运动平稳，但占用空间较大且加工成本高，同时对安装配合的精度要求较高，一般安装于假肢手的电机驱动输出轴处作为高速级减速机构。

3) 同步带传动

同步带运行平稳、噪声低，适合日常使用场景。同步带的弹性特性为假肢手提供了缓冲保护作用，能够吸收外部冲击力，延长假肢手机械结构的使用寿命。尽管同步带在假肢手上的应用具有诸多优势，但也存在一定的局限性。首先，同步带的负载能力有限，难以在假肢手需要高抓取力的场景中表现出色，限制了其适用范围。其次，同步带的材料通常是橡胶或聚氨酯，易受环境因素影响，例如，高温、高湿度或化学物质暴露可能加速其老化，降低其使用寿命。同样，由于假肢手的高频使用，长期摩擦可能引起同步带疲劳或断裂，需定期更换，增加了维护负担。

4) 连杆传动

连杆传动机构的运动副一般为几何封闭的低副配合。低副配合为面接触，具有压强小、承载能力大、加工制造容易等优点，有利于保证工作的可靠性。此外，连杆机构还有刚度高、双向驱动、易于实现既定运动轨迹等特点，是目前假肢手尤其是商业假肢手常用的传动系统结构。连杆传动相比于绳索传动，具有灵活性较差、运动范围受限等缺点。这些特点也是假肢手设计中的关键考虑因素。

3.2 欠驱动假肢手的典型机构设计实例

3.2.1 全耦合欠驱动假肢手机构设计

全耦合欠驱动假肢手的独立运动手指关节的数目等于驱动器的数目，手指关节间呈现固定比例的耦合运动。本节主要以 HIT-IV 假肢手为例讲解两种典型的耦合欠驱动假肢手机构设计方法：耦合手指机构和耦合拇指机构。HIT-IV 假肢手以直流电机作为驱动器，采用刚性连杆作为传动机构。

1. 耦合手指机构

根据仿人设计原则，假肢手的每个手指分别设计有 1 个自由度、3 个活动关节，由单个直流电机驱动，通过耦合连杆机构实现手指运动轨迹的仿人化。根据 3.1 节所述，假肢手在机构设计过程主要考虑两方面问题：驱动方式、传动方式。

1) 驱动模块的设计

假肢手的功能在一定程度上依赖于驱动器，本案例选择直流电机作为驱动器，通过行星减速机构以及弧齿锥齿轮组成驱动模块实现手指 MCP 关节力矩的输出。以食指为例，如图 3-4(a) 所示，其电机采用 Faulhaber 的 1319SR 型，配合 14/1 型行星减速箱以及定制的零度弧齿锥齿轮，驱动模块的额定输出转矩可达 $0.67\,\mathrm{N\cdot m}$，MCP 关节转速可达 $87°/\mathrm{s}$。

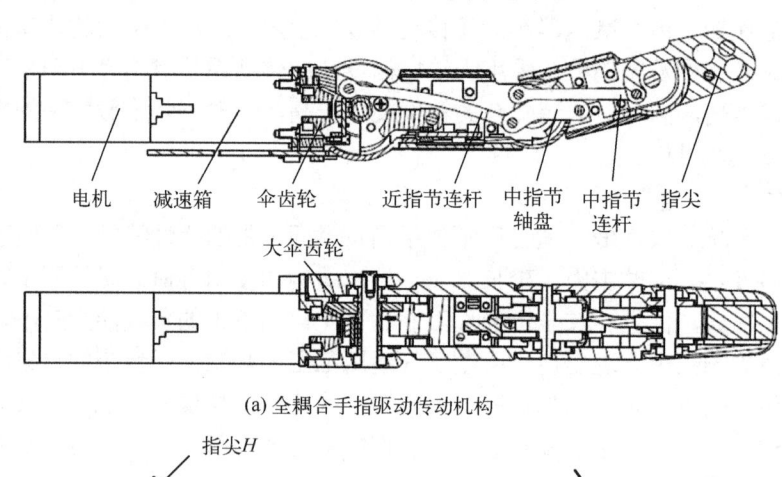

(a) 全耦合手指驱动传动机构

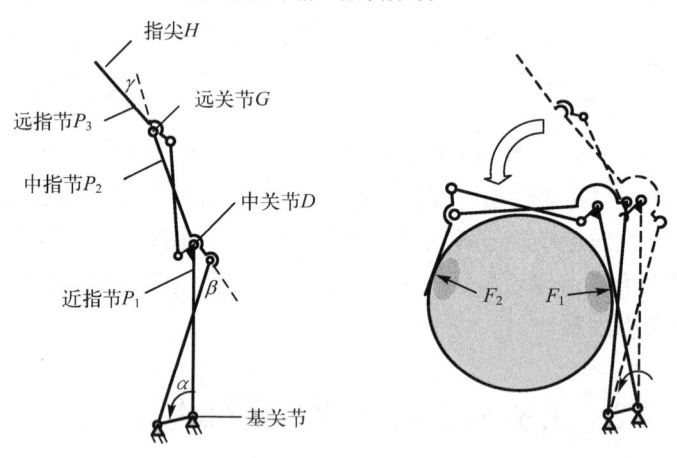

(b) 全耦合手指传动机构简图

图 3-4 手指机构简图

2) 传动机构的设计

全耦合手指机构的运动形式可以简化为图 3-5 所示的三连杆串联形式，三个指节按照设计的传动比同时弯曲。由全耦合手指的运动学关系可知，不需要配置过多的传感器，能耗少，结构简单，利于商品化。

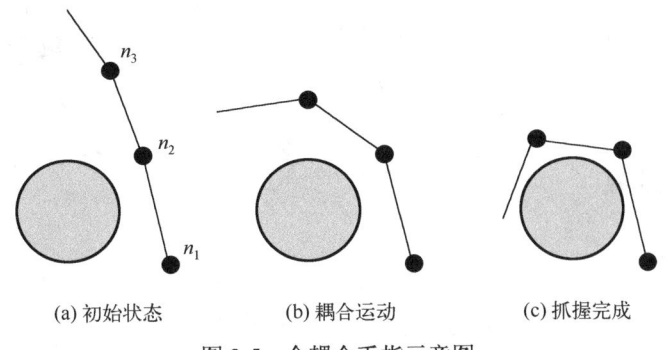

图 3-5 全耦合手指示意图

3) 连杆参数的设计

为实现手指的三关节耦合联动，典型的全耦合手指传动机构如图 3-4(b)所示。连杆参数设计的原则是保证关节角间的运动关系逼近于固定比例。各指节的长度 P_1、P_2、P_3 根据人手比例确定。四连杆各参数按照解析法求解，以近指节内的四连杆设计为例，中远指节中的连杆设计方法与其相同。设输入角 α 以及输出角 β 的初值分别为 α_0 以及 β_0，根据四连杆之间的几何关系，以 α、β 为自变量，定义 δ 为

$$\delta = f(\alpha, \beta, \alpha_0, \beta_0) = (\alpha_0 - \alpha) - (\beta - \beta_0) \tag{3-5}$$

计算 δ 的数学期望 $E(\delta)$ 和方差 $D(\delta)$，使得在 $E(\delta)$ 小于 $1°$ 的前提下，$D(\delta)$ 最小，从而可以确定 (α_0, β_0)，设计出近似满足定传动比的连杆机构。

2．耦合拇指机构

人的拇指具有 5 个自由度，在各手指中具有最大的灵活性，各种抓取模式的实现均需要拇指的参与。拇指的设计除了要保证实现常用的抓取功能，又要保证其运动轨迹仿人。由于人手拇指在自然状态下是与手掌倾斜的，在抓握运动时，通常是沿一锥面，即伸展/屈曲、外展/内收两个自由度的结合，而不是做单一方向的运动，为了模仿人手的这一特征，一方面，拇指的基关节轴倾斜于拇指的近指节布置，即拇指的运动轨迹为一空间锥面，该锥面从倾斜于手掌一定角度转到与手掌平行；另一方面，在手指的结构设计上，为了实现人手的这一特征，拇指的近指节采用了一平面四杆加空间四杆机构的设计。原理如图 3-6 所示，其中，l_1 为拇指基座，l_2 为近指节侧板，l_6 为中指节轴盘，s_1、s_2 为球铰。近指节侧板 l_2 的运动推动连杆轴 l_3 的运动，连杆轴 l_3 通过球铰连杆 l_5 推动中指节轴盘 l_6 运动，从而实现与中指节轴盘 l_6 连在一起的中指节运动。

对于图 3-6(b)所示的双球铰空间四杆机构，除去拇指所需的一个自由度，还有两个球铰之间的空间连杆自转。而对于拇指来说，其指节的空间较小，为消除 l_5 连杆的自转自由度，球铰 s_2 使用图 3-6(c)所示的两个转动副轴线垂直的球连杆代替。这样，球铰 s_2 的三个转动自由度转变为两个转动自由度，改进后的拇指空间四杆机构如图 3-7 所示。

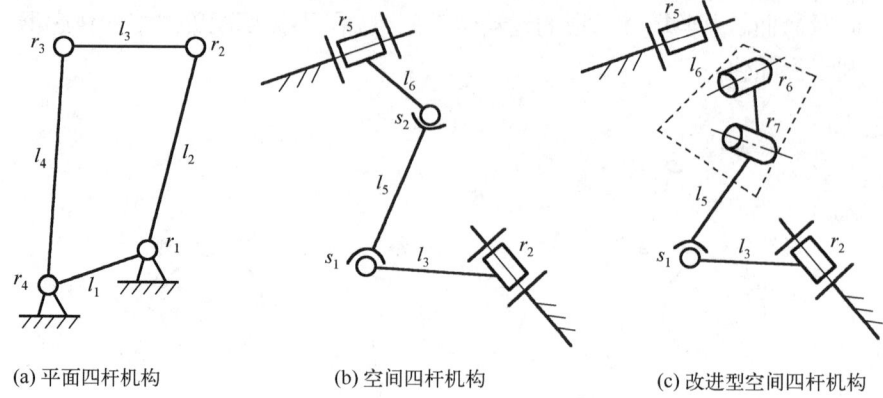

(a) 平面四杆机构　　(b) 空间四杆机构　　(c) 改进型空间四杆机构

图 3-6　拇指近指节连杆机构简图

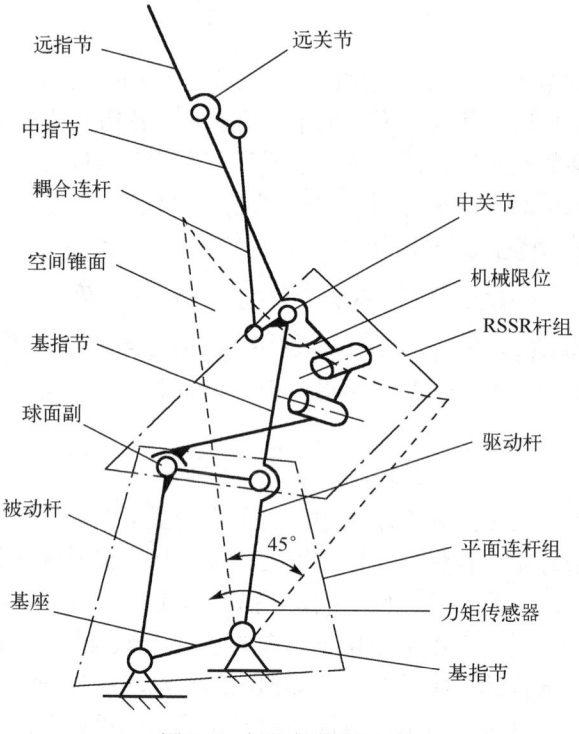

图 3-7　拇指机构组合图

3．拟人手掌设计

人手拇指的指骨被拇指肌群包裹，一般只露出末端两指节，在完成抓握的过程中，指骨仍然参与运动，且拇指的运动轨迹为一个空间锥面。如图 3-8 所示，ω 角定义为拇指正对中指时与手掌平面的夹角，其大小决定了假肢手的开手距离；φ 角定义为拇指在中指平面上的投影相对于中指轴线的外展角度；α 角定义为拇指基关节回转轴与中指基关节回转轴的夹角；β 角定义为拇指与手掌垂直平面的偏转角度。

人手手掌内外两侧均为一个比较复杂的曲面，可以提高抓取的稳定性和灵活性。人手四指呈弧形布置,具体特点如下:高度方向上,四指各基关节位置不同,中指基关节最高,食指和无名指次之,小指最低;厚度方向上,四指不在同一平面上,中指靠后,食指和无名指较中指向前,小指又较无名指向前;人手四指抓取时,各手指运动形成的平面并不平行,成一定角度,且此角度在小范围内变化。

因此,在设计假肢手的手掌形状及拇指安装位置时,均需考虑仿人化曲面设计。通常情况下,为简化假肢手的设计复杂度,在假肢手四指的布置上,以中指的基关节作为参考,其余各手指的基关节相对此参考进行调整,图 3-8 为仿人型手掌的典型设计案例。

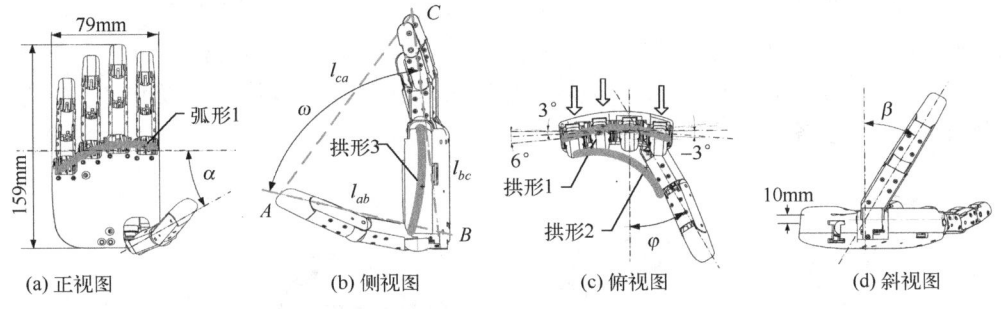

图 3-8 拇指安装位置与弧形手掌设计

3.2.2 自适应欠驱动假肢手机构设计

如 3.2.1 节所述,全耦合手指具有驱动数目少、刚度高、拟人运动等特点,但缺少自适应能力。而自适应欠驱动假肢手,相比于全耦合欠驱动假肢手,除具有少驱动、多输出特点外,还具有碰到物体以后的自适应包络特性。

图 3-9 为典型的基于腱绳传动的自适应假肢手机构。手指的驱动电机经过减速箱增矩,经锥齿轮副换向后通过大锥齿轮输出。锥齿轮与钢丝轮通过销钉固联,腱的一端通过固定块与钢丝轮固联,从钢丝轮引出后,穿过近指节和中指节的弹簧套管,另一端与远指节固联。

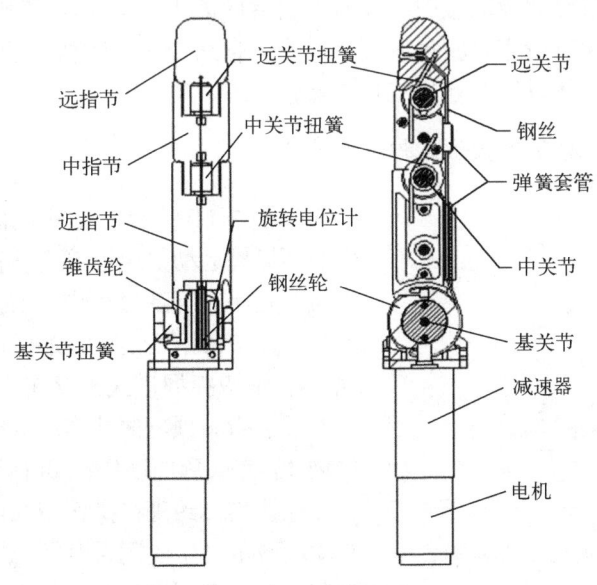

图 3-9 手指结构图

由于腱的路径不通过各指节的旋转中心,因而腱的张力对各关节产生弯曲力矩,驱动各关节向安装有腱的一侧转动。各关节处安装有扭簧,产生与弯曲力矩反向的力矩,该力矩可在腱放松时将手指恢复到伸直状态。3 个关节处的扭簧刚度通常设计为不同的,以此实现各指节按照特定的顺序及规律转动。各手指基关节处安装有与关节同轴的旋转电位计,用于测量钢丝轮的转角,并以此确定手指的弯曲状态。

图 3-10 为典型的基于连杆传动的自适应欠驱动假肢手机构。欠驱动功能的实现主要在于关节处弹性器件的作用。L_2 为驱动杆,假设转动方向为逆时针,在手指未接触物体时,由于关节处弹性器件的作用,L_4 不足以克服其弹力,各指节保持伸直状态,随基关节同步转动,此时 L_4 相当于机架。当 L_1 接触物体后,L_2 持续施加驱动力,L_4 克服弹力驱动下一指节转动,此时 L_1 相当于机架。同样的原理,各指节依次与物体接触,最终实现对物体形状的包络。

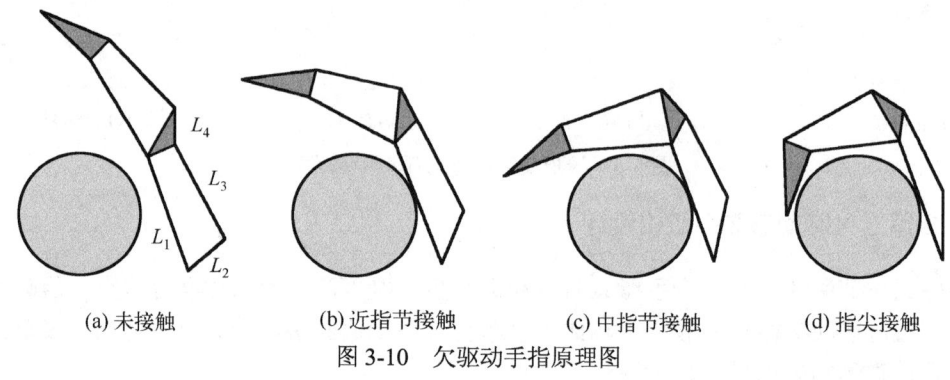

(a) 未接触　　(b) 近指节接触　　(c) 中指节接触　　(d) 指尖接触

图 3-10　欠驱动手指原理图

3.2.3　耦合-自适应欠驱动假肢手机构设计

如 3.2.1 节和 3.2.2 节所述,全耦合手指具有驱动数目少、刚度高、拟人运动等特点,但缺少自适应能力。自适应欠驱动假肢手具有了自适应能力,但无法实现预抓握运动。相比于全耦合欠驱动假肢手和自适应欠驱动假肢手,耦合-自适应欠驱动假肢手除具有拟人的耦合运动以外,还具有碰到物体以后的自适应包络特性。

1. 耦合-自适应欠驱动手指仿人构型设计

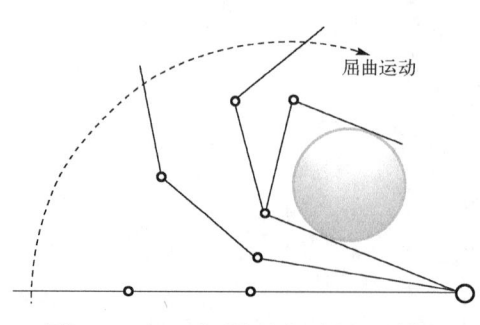

图 3-11　欠驱动手指的自适应运动模式

如图 3-11 所示,人的手指可以通过在自由空间内的预抓握运动快速地接近被抓握物体,然后再调整肌肉以完成对复杂形状物体的抓握操作。在欠驱动手指的设计中,此种预抓握模式又称作笼状抓握模式或耦合-自适应抓握模式,存在三方面优点:①能够模拟人手手指的预弯曲动作;②能够更快速地接近被操作物体,完成弯曲动作;③可以使欠驱动手指有效地将被抓握物体约束在操作空间内,使它们无法逃离欠驱动假肢手产生的闭合空间,然后再调整手指构型和关节角度,直至完成对被操作物体的稳定抓握。

2. 耦合-自适应欠驱动连杆机构的型综合

机构的型综合是按照给定的机构自由度要求,把一定数量的构件和运动副进行排列搭配,组成多种可能的机构类型。然后在系列组合机构中进行择优选择,分析出最符合设计目标的拓扑结构。

平面四杆机构是设计自适应型仿人手指的常用机构,交叉四杆机构是设计耦合型仿人手指的常用机构。如图 3-4 所示,传统的耦合手指的驱动源一般安装于掌指关节处,用于驱动近指节 AF 旋转,从而带动其他指节执行耦合运动,实现拟人的预抓握运动功能。本案例所设计的 HIT-VI 假肢手以全耦合型交叉四杆机构作为基础单元进行型综合研究,设计符合欠驱动假肢手需求的欠驱动手指构型。

为使手指具有自适应解耦运动能力,围绕驱动连杆位置、解耦关节位置和弹性器件安装位置三个关键元素,对传统交叉耦合四杆机构的运动链(图 3-12(a))进行拆解并重构,得到如图 3-12(b)~(h)所示的能够实现耦合和自适应两种运动模式的欠驱动手指传动系统拓扑结构。其中图 3-12(b)~(g)为七杆运动链,图 3-12(h)为五杆运动链。为了清晰地表示不同类型的拓扑结构,下面在描述中用加粗的编号 **SA**~**SH** 代表图 3-12 中所示的拓扑结构。

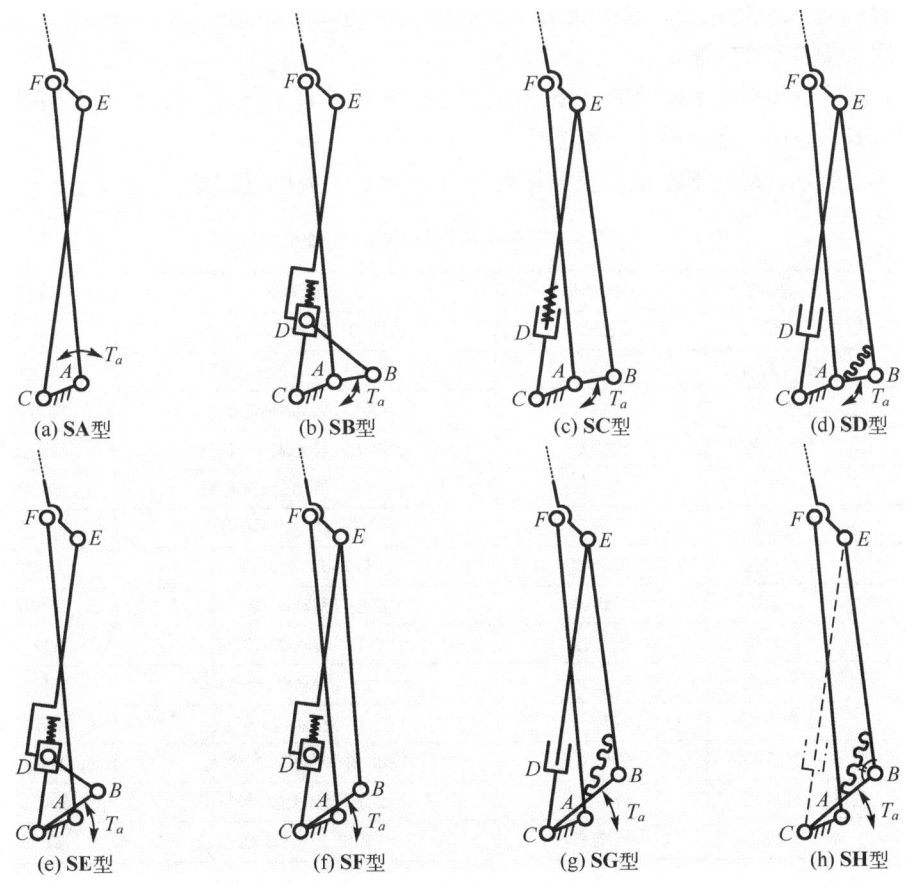

图 3-12 连杆机构型综合

SA 型拓扑结构为传统的交叉四杆机构构型。

SB 型拓扑结构的设计原理是首先在 **SA** 型交叉四杆机构的耦合连杆 CE 内嵌入移动关节 D，使得耦合四杆机构具有了能够在一定条件下执行解耦运动的能力。然后在拆分耦合连杆 CE 的基础上增加闭式运动链 $A\text{-}B\text{-}D\text{-}C\text{-}A$，构成复合铰链 D（移动副与转动副的复合），并将弹性器件安装于复合铰链 D 处，将驱动杆由连杆 AF 改为连杆 AB，构成新的七杆机构，从而实现耦合-自适应运动功能。

SC 型拓扑结构是在 **SB** 型拓扑结构基础上将铰链 D 与铰链 E 复合，从而构成新的七杆机构。相比于 **SB** 型拓扑结构，**SC** 型拓扑结构中的复合铰链 E（两个转动副的复合）更容易在结构上实现。

SD 型拓扑结构是 **SC** 型拓扑结构的同构体。两者的区别在于 **SD** 型拓扑结构的弹性器件安装在铰链 B 处。移动关节一般适合于安装拉伸-压缩类弹性器件，旋转关节一般适合于安装扭矩类弹性器件。因此，可根据不同的设计需求选用不同类型的拓扑结构。

SE 型拓扑结构是在 **SB** 型拓扑结构基础上将驱动位置由铰链 A 改为铰链 C。

SF 型拓扑结构是在 **SE** 型拓扑结构基础上将铰链 D 与铰链 E 构成复合铰链。

SG 型拓扑结构是在 **SF** 型拓扑结构基础上将弹性器件的安装位置由移动关节 D 处改到铰链 B 处。

SH 型拓扑结构是对 **SG** 型拓扑结构的精简，去掉 **SG** 型拓扑结构中的自适应连杆 CE，并在铰链 B 处增加机械限位以替代连杆 CE 在结构中的耦合限位作用，从而构成新的五杆机构，以实现精简结构的目标。

此外，还可以将以上 **SB**～**SH** 型拓扑结构中的弹性器件安装于铰链 F 处以构成新的对应的同构体 **SBI**～**SHI**，此处不再绘图描述。

如表 3-1 所示，**SB**～**SH** 型拓扑结构可以分为以下 3 类进行讨论。

表 3-1 不同类型拓扑结构比较

拓扑结构	机构类型	驱动铰链位置	复合铰链位置	弹簧安装位置
SB	七杆机构	铰链 A	铰链 D：移动副+转动副	移动关节 D 处
SC	七杆机构	铰链 A	铰链 E：转动副+转动副	移动关节 D 处
SD	七杆机构	铰链 A	铰链 E：转动副+转动副	旋转关节 B 处
SE	七杆机构	铰链 C	铰链 D：移动副+转动副	移动关节 D 处
SF	七杆机构	铰链 C	铰链 E：转动副+转动副	移动关节 D 处
SG	七杆机构	铰链 C	铰链 E：转动副+转动副	旋转关节 B 处
SH	五杆机构	铰链 C	铰链 E：转动副	旋转关节 B 处
SBI	七杆机构	铰链 A	铰链 D：移动副+转动副	旋转关节 F 处
SCI	七杆机构	铰链 A	铰链 E：转动副+转动副	旋转关节 F 处
SDI	七杆机构	铰链 A	铰链 E：转动副+转动副	旋转关节 F 处
SEI	七杆机构	铰链 C	铰链 D：移动副+转动副	旋转关节 F 处
SFI	七杆机构	铰链 C	铰链 E：转动副+转动副	旋转关节 F 处
SGI	七杆机构	铰链 C	铰链 E：转动副+转动副	旋转关节 F 处
SHI	五杆机构	铰链 C	铰链 E：转动副	旋转关节 F 处

1）原动连杆位置

SB～**SD** 型拓扑结构的原动件 AB 绕铰链 A 旋转，**SE**～**SH** 型拓扑结构的原动件 CB 绕铰

链 C 旋转。主要区别是手指在耦合运动阶段(自适应运动产生前),**SB**~**SD** 型拓扑结构的旋转关节 B 的角位移即开始增加,移动关节 D 的移动偏距则保持不变,而 **SE**~**SH** 型拓扑结构的旋转关节 B 的角位移和移动关节 D 的移动偏距都无变化。因此 **SE**~**SH** 型拓扑结构的弹性器件无论安装在 B 处或者 D 处,在自适应发生前都可以保持弹簧力的恒定。此外,主动杆绕铰链 A 旋转,更有利于减少手指在厚度方向的尺寸,有利于实现手指的集成设计。

2) 复合铰链位置

SC 型、**SD** 型、**SF** 型、**SG** 型和 **SH** 型拓扑结构的传力点在复合铰链 E 处,**SB** 型和 **SE** 型拓扑结构的传力点在复合铰链 D 处。两类方案比较,**SB** 型和 **SE** 型拓扑结构的传动杆 BD 与连杆 CE 的压力角较大而传动角较小。**SC** 型、**SD** 型、**SF** 型、**SG** 型和 **SH** 型拓扑结构的传动杆 BE 与连杆 CE 的压力角较小而传动角较大。因此 **SB** 型和 **SE** 型拓扑结构对机构间力的传递更加有利。

3) 弹簧安装位置

SB 型、**SC** 型、**SE** 型和 **SF** 型拓扑结构的弹性器件安装于移动关节 D 处,**SD** 型、**SG** 型和 **SH** 型拓扑结构的弹性器件安装于旋转关节 B 处。安装于移动关节 D 处的弹性器件在耦合运动过程中无压缩量的变化,可以获得较好的力学特性,同时无能量损耗,也利于手指的集成设计。**SBI**~**SHI** 型拓扑结构是将 **SB**~**SH** 型拓扑结构中的弹性器件安装于铰链 F 处。

综合以上分析,本节采用 **SB** 型拓扑结构设计仿人手指的 MCP 关节和 PIP 关节的传动系统,以实现耦合-自适应功能。同时为了精简手指设计,PIP 关节与 DIP 关节采用 **SA** 型交叉耦合四杆机构,以实现 PIP 关节与 DIP 关节的拟人耦合运动。

采用 **SA** 型和 **SB** 型拓扑结构混合设计的耦合-自适应九连杆机构如图 3-13 所示。根据机构的连杆组成和机械运动传递方式可将耦合-自适应九连杆机构拆解成三个闭式运动链:驱动端四杆机构 A-B-D-C、自适应五杆机构 A-C-D-E-F 和耦合四杆机构 F-G-I-H。首先,驱动端四杆机构与自适应五杆机构并联构成耦合-自适应七杆机构,其中复合运动副 D 是移动副和转动副的复合。其次,耦合-自适应七杆机构与耦合四杆机构串联构成耦合-自适应九连杆机构。因此,耦合-自适应九连杆机构是一个串、并联复合的运动系统。由于弹性关节 D 的存在,基于此耦合-自适应九连杆机构的仿人手指需在特定外界干扰条件下才会执行两个自由度的输出。

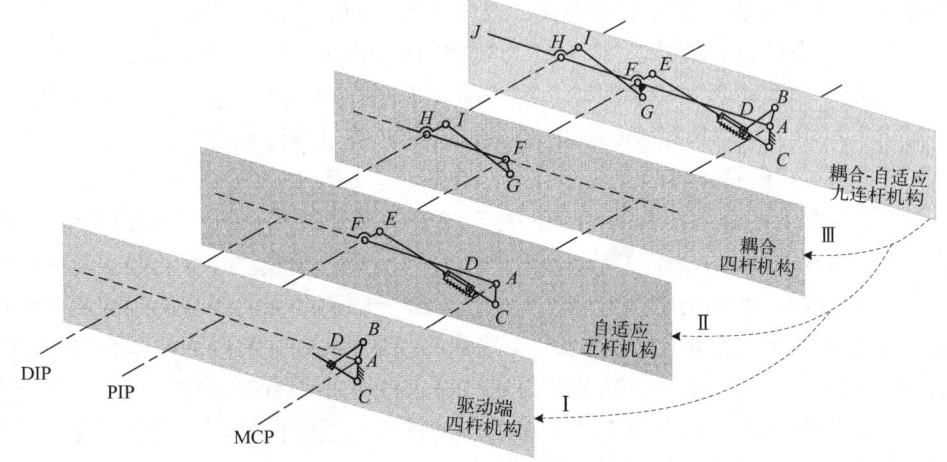

图 3-13 九连杆机构组成

图 3-13 中铰链 A、铰链 F 和铰链 H 分别对应仿人手指的 MCP 关节、PIP 关节和 DIP 关节，连杆 AF、连杆 FH 和连杆 HJ 分别对应手指的近指节、中指节和远指节。AC 为固定于基关节的固定连杆，AB 是与驱动源相连的原动连杆，BD 是用于传递运动和力的从动杆，CE 是由曲柄 CD 和滑动连杆 DE 通过移动副 D 相连而构成的自适应连杆机构。弹性器件安装于 CD 和 DE 之间，并设计有一定的预压缩力，用于保持手指在自由空间内构型的稳定，防止手指在自由空间内产生不期望的运动，即在近指节 AF 接触物体之前，可以保持移动关节 D 的偏距 $\delta = 0$，如图 3-14(a) 和 (b) 所示。

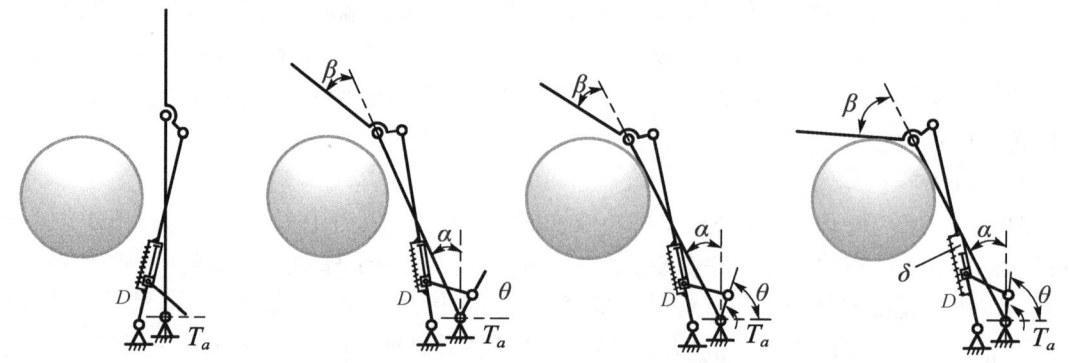

图 3-14　耦合-自适应运动过程

压缩弹簧的另一个作用是使得手指在自适应过程中产生可控的解耦运动，如图 3-14(c) 和 (d) 所示，在仿人手指的近指节 AF 接触物体后首先停止运动，PIP 关节与 DIP 关节将继续运动，直至仿人手指完全包络被操作物体，此时关节 D 处将产生 δ 的关节偏距，同时弹簧的压缩增量为 δ。PIP 关节与 DIP 关节之间无自适应行为，DIP 关节与 PIP 关节通过耦合杆 GI 实现关联运动的传递，其关节角传动比根据需求设计为 2:3，以此实现在模拟人手的抓握运动行为和简化假手复杂度中间取得一个平衡。

3.2.4　指间协同欠驱动假肢手机构设计

指间协同一般指的是手指为独立模块，通过手指之间的差动机构设计，实现多个手指指间具有协同运动关系的设计方式。图 3-15 为典型的指间协同设计方案。拇指的 ROT 关节单独作为一个模块，由驱动器 3 单独驱动。拇指的 MCP 关节与 IP 关节作为一个模块，驱动器 4 内置于拇指中，用于驱动拇指 MCP 关节，然后 MCP 关节通过耦合机构带动拇指 IP 关节。食指的 MCP 关节、PIP 关节与 DIP 关节作为一个模块，驱动器 2 驱动食指的 MCP 关节，然后 MCP 关节通过耦合自适应机构带动 PIP 关节，PIP 关节通过耦合机构带动 DIP 关节。中指、无名指与小指的 MCP 关节、PIP 关节、DIP 关节作为最后一个模块，驱动器 1 首先驱动指间差动机构，差动机构一端驱动中指的 MCP 关节，另一端驱动无名指与小指的耦合机构，再由耦合机构驱动无名指与小指的 MCP 关节，之后三指的 MCP 关节再通过耦合自适应机构带动三指各自的 PIP 关节，三指的 PIP 关节再通过耦合机构带动各自的 DIP 关节。从整手的传动链可以看出，四指 MCP 关节与 PIP 关节之间的耦合自适应机构，以及中指与无名指和小指之间的差动机构是本节讲解的重点与难点。

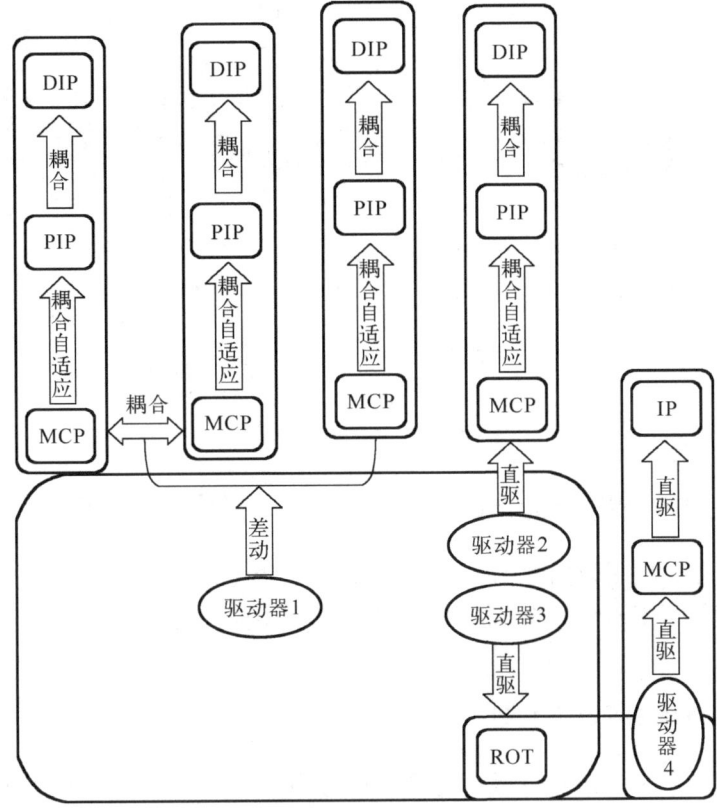

图 3-15　指间协同设计方案

手掌的结构主要包括三指间的差动机构、食指的驱动结构及拇指的侧摆机构。

食指的驱动结构较为简单，主要包括直线电机及其固定的结构。拇指的侧摆机构由电机经蜗轮蜗杆及减速器进行驱动，蜗轮蜗杆的自锁特性使得手指无法被反向驱动，因此在抓握物体后，即使电机不再继续供电，手指也可以保持抓握的形状。这样可以节省假肢手电池电量，并且能使手指承受较大的负载。中指与无名指、小指之间利用连杆差动机构来实现它们之间的耦合自适应运动特性，由一个驱动器同时驱动。

如图 3-16 所示，指间差动机构主要包括直线驱动器、直线电机推杆、平衡连杆、左推杆、右推杆、导轨、拉簧等结构。直线驱动器通过直线电机推杆推动平衡连杆做直线运动。平衡连杆左侧安装有左推杆，通过左推杆驱动小指与无名指，平衡连杆右侧安装有右推杆，通过右推杆驱动中指。由于平衡连杆在运动过程中两侧受到的阻力是不同的，所以将平衡连杆左侧与右侧长度之比设为 1∶2，这样可以平衡抓握时两侧的阻力。平衡连杆支点两侧对称的地方装有平衡拉簧，平衡拉簧主要有三个功能：一是保持平衡连杆的平衡，可以使三指在未接触物体时同时运动；二是可以增加手指抓握时的抓握力；三是补偿手指因为加工装配所产生的间隙。三指差动机构的使用有效减少了假肢手驱动器的数量，提高了假肢手适应物体形状的能力。

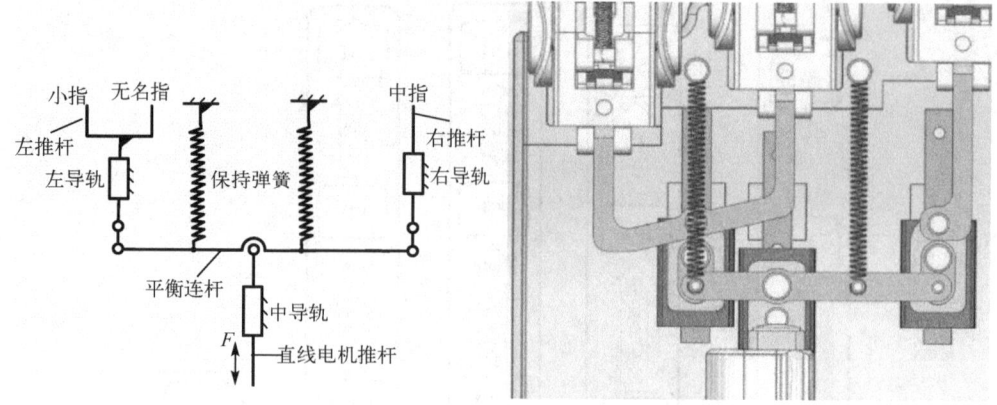

图 3-16 连杆差动机构

3.2.5 全局协同欠驱动假肢手机构设计

姿势协同理论强大的降维能力，是降低仿人手系统复杂性的主要手段之一，近年来，被广泛应用在假肢手机构设计领域。本节主要讲解如何将姿势协同概念应用于假肢手的小型化和集成化设计。

1. 欠驱动假肢手全局协同构型

根据第 2 章关于人手结构及运动功能解析方面的学习可以总结出以下三点：①拇指的指骨和驱动肌腱与其他几根手指的指骨和驱动肌腱相对独立，运动灵活，活动空间较大。②食指和小指位于四指的边缘，此两指的外展运动更加灵活。食指更加靠近于拇指，因此与小指相比，食指的外展运动所实现的功能更加丰富。③从解剖图中人手的肌腱布局可知，食指与中指的肌腱、中指与无名指的肌腱、无名指与小指的肌腱在结构上分别具有相关联性。

综合第 2 章关于人手解剖学分析与人手抓握姿势库的结果，在独立性方面，拇指的侧摆、IP 关节，食指的 MCP、PIP 关节和小指的 MCP 关节独立性最强，中指的 MCP 关节独立性略强，无名指的 MCP、PIP 关节和小指的 PIP 关节独立性一般，其他关节的独立性很弱。独立性强的不同关节应该划分为不同的模块。在相关性方面，首先，所有 MCP 关节与 PIP 关节的相关性都很弱，PIP 关节与 DIP 关节的相关性都很强。其次，食指与中指的 PIP 关节相关性较强，中指与无名指的 MCP 关节相关性较强，无名指与小指的 PIP 关节相关性较强。相关性强的关节应该划分为同一模块。基于以上分析结果，可以将假肢手的关节分为 6 个模块，如图 3-17 所示，其中拇指为一个独立模块，其余四指分为 A、B、C、D、E 五个模块。这种模块划分的方式打破了以单手指为模块的传统设计方式，基于对人手抓握的分析结果，与人手更加类似。单个模块内深色的是主动关节，其他关节为被动关节，被动关节与主动关节耦合连接在一起。假肢手的分模块驱

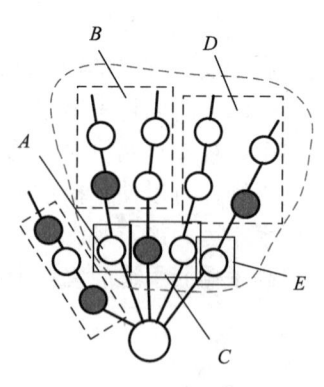

图 3-17 假肢手的模块划分

动策略如图 3-18 所示,其中,拇指的伸展/屈曲关节和侧摆关节由两个驱动模块分别驱动。其他模块由一组全局协同机构驱动。

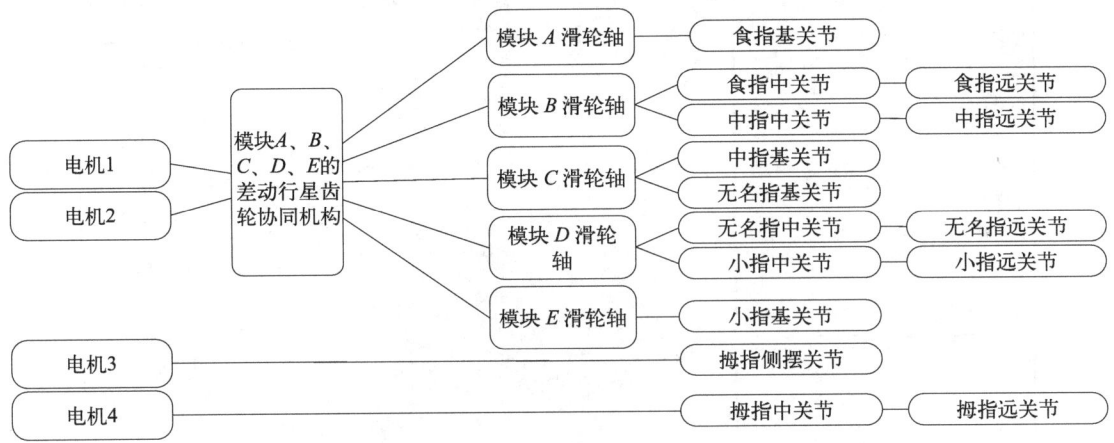

图 3-18　假肢手分模块驱动策略

2. 差动行星齿轮组协同运动复现机构

双输入差动行星齿轮结构如图 3-19 所示。太阳轮作为一号输入,内齿圈作为二号输入,行星架作为唯一的输出。模块间协同机构设计与实现原理如图 3-20 所示。齿轮传动链机构是传动链运动 C1 和 C2 的实现机构。分别从手掌和手背平面上,将驱动器机构输出的运动同步且成比例地分别传递到 5 个行星轮差动机构。通过调整齿轮传动链中各模块的运动输入端的齿轮齿数,实现对不同模块运动的成比例输入。

1) C1 传动链

如图 3-21 所示,由于要求所有齿轮的转向相同,传动链上模块间的齿轮中心距大于两齿轮半径之和,需要加入过渡齿轮进行运动传递。为了减少齿轮总数,并方便输入 2 的齿轮配比,选用两个过渡齿轮,分别为 T1′和 T2′,安装在模块 F、E、D 之间和模块 D、C、B 之间。C1 传动链在行星轮差动机构贴近手背的一侧,具体的传动路线如图 3-21 所示。

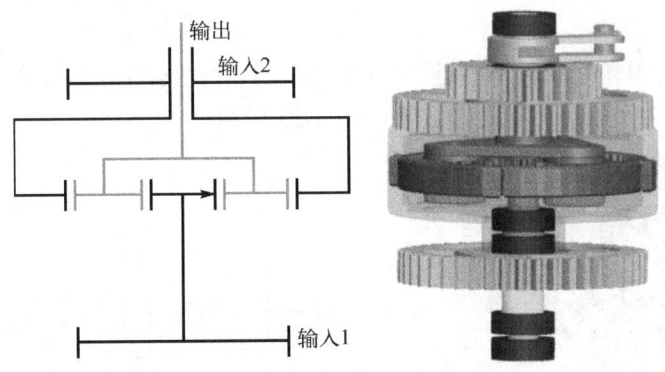

图 3-19　单组差动行星齿轮

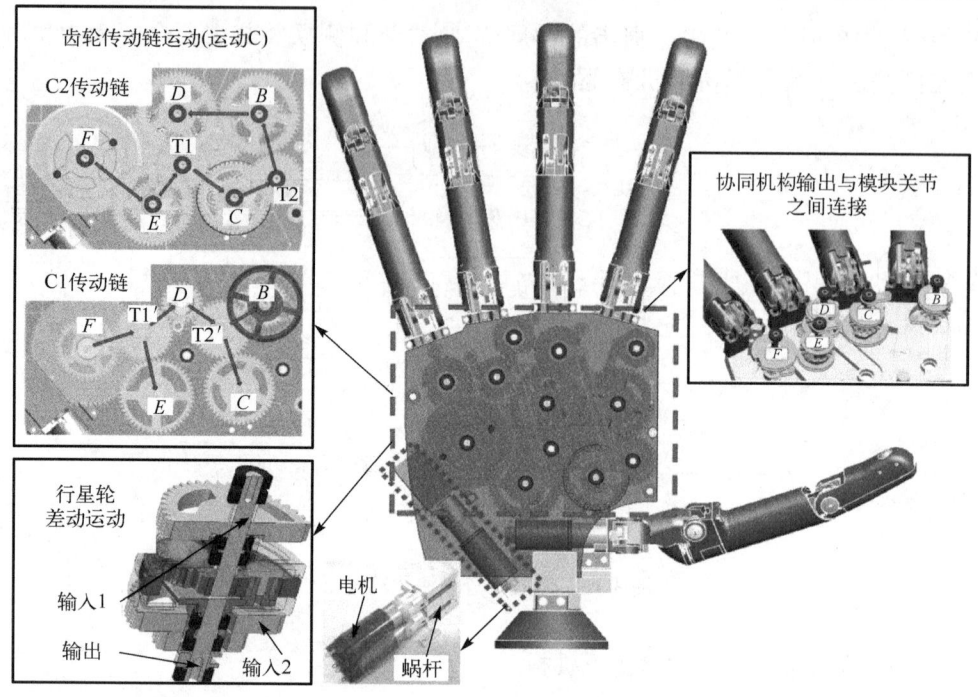

图 3-20 模块间协同机构设计与实现原理

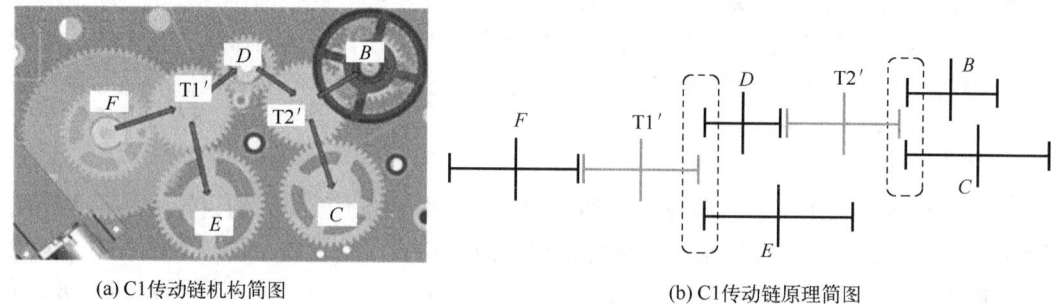

图 3-21 传动链 C1

2) C2 传动链

C2 传动链在行星轮差动机构贴近手掌的一侧，具体的传动路线如图 3-22 所示。最终装配的行星轮差动机构及齿轮传动链的实物如图 3-23 所示。

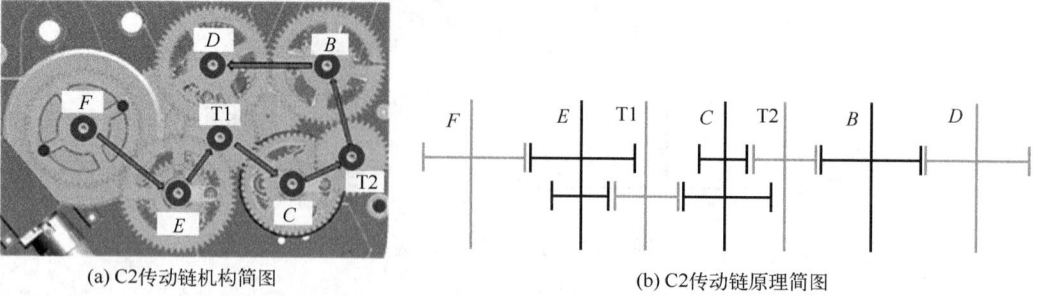

图 3-22 传动链 C2

第 3 章 生机电一体化机器人的机构设计

图 3-23 行星轮差动机构及齿轮传动链 C1 和 C2 装配实物图

3) 协同机构输出与模块关节之间连接

手掌模块间协同运动的最后一个环节是将行星轮差动机构的输出,通过滑轮机构,分别传递到四指各个模块的主动关节和耦合被动关节。如图 3-24 所示,通过平行四连杆将差动行星齿轮的输出传递至各关节的驱动滑轮。滑轮的结构以及滑轮轴和差动行星齿轮输出轴的连接方式如图 3-24 所示。

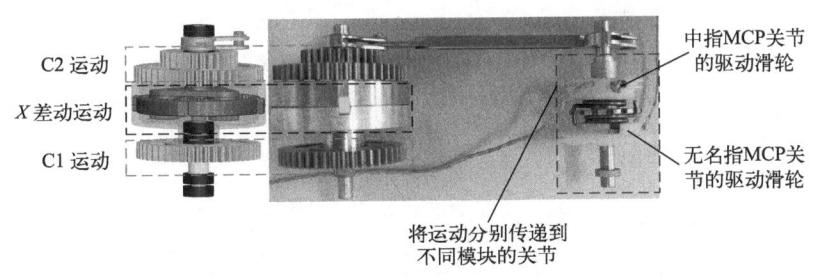

图 3-24 模块 C 关节运动的机械实现实物图

本 章 小 结

本章以智能假肢手为例,详细探讨了生机电一体化机器人机构设计的方法与实践,重点阐述了假肢手设计中涉及的机械结构、驱动系统以及人机共融理念的实现路径。本章内容分为欠驱动假肢手机构设计概述、欠驱动假肢手的典型机构设计实例等几个部分,这些设计实例通过将理论与实践结合,系统性地呈现了从理论到应用的设计思路,证明了欠驱动思想在假肢手设计中的可行性与优势。

参 考 文 献

程明, 2022. 欠驱动假肢手机构设计及其自适应抓握特性研究[D]. 哈尔滨: 哈尔滨工业大学.
戴景辉, 2021. 具有耦合自适应运动特性的欠驱动假肢手设计[D]. 哈尔滨: 哈尔滨工业大学.

高一夫, 2010. 基于腱驱动方法的残疾人假手本体的研究[D]. 哈尔滨: 哈尔滨工业大学.
黄琦, 2013. 仿生假手双向生机接口系统及交互控制的研究[D]. 哈尔滨: 哈尔滨工业大学.
姜力, 2001. 具有力感知功能的机器人灵巧手手指及控制的研究[D]. 哈尔滨: 哈尔滨工业大学.
刘宏, 姜力, 2010. 仿人多指灵巧手及其操作控制[M]. 北京: 科学出版社.
刘宏, 杨大鹏, 姜力, 等, 2017. 仿人型假手及其生机交互控制[M]. 哈尔滨: 哈尔滨工业大学出版社.
刘源, 2018. 人手抓取运动解析及姿势协同仿人手研究[D]. 哈尔滨: 哈尔滨工业大学.
孟鑫, 2021. 假肢手/腕的电气系统及控制研究[D]. 哈尔滨: 哈尔滨工业大学.
王新庆, 2012. 基于肌电信号的仿人型假手及其抓取力控制的研究[D]. 哈尔滨: 哈尔滨工业大学.
张庭, 2014. 仿人型假手指尖三维力触觉传感器及动态抓取研究[D]. 哈尔滨: 哈尔滨工业大学.

第4章 生机电一体化机器人的传感及控制

视频

传感系统是机器人的"感觉器官",为机器人提供感知周围环境与自身状态的关键信息。它不仅负责将各种外界刺激(如温度、压力等)转化为可处理的信号,也能实时监测机器人的内部运动状态(如关节角度、转速、力矩等),从而为后续的控制决策提供支撑。有效的传感系统及控制系统能够帮助机器人在复杂环境中灵活行动并完成精细操作,是生机电一体化机器人得以高效运作的根本保障。

作为生机电一体化机器人的典型代表,假肢手的传感与控制系统具有高度集成、多模态感知和实时人机交互等特性。基于这些特性,假肢手能够更好地模拟人手进行强力抓取和精细操作,并在与人体神经肌肉系统相结合时,形成更加自然的交互体验。本章以假肢手为例介绍生机电一体化机器人的传感系统及控制系统的设计方法,主要包括机器人传感器概述、假肢手传感器设计实例、假肢手控制系统设计及集成和假肢手控制方法。

4.1 机器人传感器概述

根据传感信息的来源不同,常见的机器人传感器可分为内部传感器与外部传感器两类。内部传感器用来检测机器人的自身状态,如关节位置、关节速度和电机位置等;外部传感器用来识别环境情况和物体与机器人之间的关系。外部传感器可以使机器人对外界环境具有一定的适应能力。本节将对机器人常用的外部及内部传感器进行介绍。

4.1.1 机器人外部传感器

1. 测距传感器

测距传感器既可用于机器人的导航和避障,也可对机器人工作空间内的物体进行定位,确定物体的形状特征等。测距传感器的测量范围从零点几毫米到十几米。目前常用的测距方法包括光电测距法和超声测距法。

1) 光电式测距传感器

光电式测距传感器一般包括发光元件和接收元件。按照测距原理,光电式测距传感器可以分成以下三种:光强法、相位法和光学三角法。光强法的原理是:通过检测接收元件的光强来计算距离信息,采用同步调制和强脉冲的方法避免其他外界光源的干扰,从而获取高信噪比的输出信号和测量结果。相位法的基本原理是:通过检测接收元件接收到的光信号和发光元件发出的调制光信号之间的相位移来计算距离信息。光学三角法的基本原理是:采用位置敏感元件(PSD)、CCD和光电管等接收元件,检测照射在被测物体表面光束的部分反射光在接收元件表面上成像的光点位置,通过几何关系计算被测物体的距离。

由于激光具有方向性强、亮度高、单色性好等优点，激光测距成为应用最广泛的测距方法。下面对激光测距传感器进行介绍。

激光测距的基本原理是：通过测量激光往返于目标之间所需要的时间，来确定被测目标之间的距离。如果光以速度 c 在空气中传播，在 A、B 两点间往返一次所需的时间为 t，则 A、B 两点间的距离 D 可以表示为

$$D = ct/2 \tag{4-1}$$

式中，D 是 A、B 两点之间的距离；c 是光在大气中传播的速度；t 是激光往返 A、B 一次所需的时间。可以看到，A、B 两点之间距离 D 的检测转化为光传播时间 t 的测量问题。根据测量时间方法的不同，激光测距分为脉冲式和相位式两种测量形式。

相位式激光测距是采用无线电波段的频率，对激光束进行幅度调制并测量调制光往返一次所产生的相位延迟。根据调制光的波长，将此相位延迟换算为两点之间的距离，这是测量时间的一种间接方法。

设调制光的角频率为 ω，在待测量距离 D 上往返一次产生的相位延迟为 φ，则对应时间 t 可表示为

$$t = \varphi/\omega \tag{4-2}$$

将式(4-2)代入式(4-1)，距离 D 可以表示为

$$D = \frac{ct}{2} = \frac{c\varphi}{2\omega} = \frac{c(N\pi + \Delta\varphi)}{4\pi f} = \frac{c(N + \Delta N)}{4f} = U(N + \Delta N) \tag{4-3}$$

式中，φ 为信号往返一次测线产生的相位延迟；ω 为调制信号的角频率，$\omega=2\pi f$；U 为单位长度，数值等于 1/4 调制波长；N 为测线包含的调制半波长个数；$\Delta\varphi$ 为信号往返测线一次产生的相位延迟中不足 π 的部分；ΔN 为信号往返测线一次所包含的调制波不足半波长的小数部分，$\Delta N=\Delta\varphi/\pi$。

在给定调制参数和标准大气条件下，频率 $c/(4\pi f)$ 是一个常数，此时距离的测量变为测线所包含半波长个数的测量和不足半波长的小数部分的测量，即 N 和 ΔN 的测量。由于精密机械加工技术和无线电测相技术的发展，φ 的测量可以达到很高的精度。可以采用不同的方法检测不足 π 的相角 $\Delta\varphi$，应用最为广泛的是延迟测相和数字测相方法。目前，短程激光测距仪均采用数字测相方法检测 $\Delta\varphi$。

2) 超声测距传感器

超声波是指频率高于 20kHz 的机械波，指向性强，能量消耗缓慢，在介质中传播的距离较远，所以超声波非常适于距离测量。

为了采用超声波检测距离，必须产生超声波和接收超声波，完成这种功能的装置就是超声波传感器，习惯上称为超声波换能器或超声波探头。超声波传感器包括发送器和接收器，一个超声波传感器也可具有发送和接收超声波的双重作用。基于压电效应可以将电能和超声波相互转化，在发射超声波的时候，将电能转换为超声波并进行发射；在接收超声波的时候，则将超声振动转换成电信号。

超声测距的原理是：超声波发射器向某个方向发射超声波，在发射时刻开始进行计时，超声波在空气中传播，遇到障碍物以后立即返回，超声波接收器收到反射波后立即停止计时。距离的计算一般采用渡越时间法，即测量超声波经目标反射后沿原路返回的时间，根据渡越

时间和介质中的声音传播速度计算目标物体与传感器的距离。渡越时间的测量方法包括脉冲回波法、调频法、相位法和频差法。

2．触觉传感器

触觉传感器能使机器人获取环境信息，识别物体的形状和表面纹理，确定物体空间位置和姿态参数等。因此，触觉传感器的研究被列为智能机器人感知系统最需要解决的问题和研究重点之一。需要说明的是，滑觉感知功能一般集成在触觉传感器中，或者直接从触觉信息提取滑动特征，所以触觉和滑觉传感器统称为触觉传感器。

触觉传感器可以分成两大类：二值传感器和模拟触觉传感器。二值传感器主要用来检测物体接触与否，相当于一个开关的作用。模拟触觉传感器是一种柔顺器件，传感器输出的信号与物体之间的局部接触力成正比，下面主要针对模拟触觉传感器进行介绍。

模拟触觉传感器可以分成单点和阵列式两种。按照敏感材料和感知机理，模拟触觉传感器包括压阻式、压容式、压电式和光纤式等。

压阻式触觉传感器通常采用柔性导电橡胶或者半导体敏感材料，柔性导电橡胶包括导电硅橡胶和压阻聚合物薄膜等。半导体敏感材料的特点是噪声小，图像接近于视觉，然而半导体敏感材料较脆且不容易发生变形，难以安装在形状复杂的曲面上。导电硅橡胶的迟滞和噪声比较大，容易疲劳。压阻聚合物薄膜的优点是响应快，但是存在接触颤动噪声和磨损造成响应下降的问题。

压容式触觉传感器通过检测橡胶局部变形所产生的电容变化实现触觉感知。该传感器的灵敏度高、动态范围大、结构简单、坚固耐用，但是橡胶层的均匀性、杂散电容引起的干扰往往影响传感器的性能。

压电式触觉传感器的敏感单元由具有压电效应和热释电效应的新兴敏感材料 PVDF 压电薄膜构成，具有灵敏度高、迟滞小、线性度好和动态范围大等优点，最大的缺点是无静态响应。

光纤式触觉传感器采用了纤维光学、反射材料和光扫描等光学技术。光纤式触觉传感器包括由一束光纤构成的光缆和一个可以变形的反射表面。光通过光纤束投射到可变形的反射材料上，反射光按照相反的方向通过光纤束返回。如果反射表面是平的，则通过每条光纤所返回的光强度相同。如果反射表面因为与物体接触受力而发生变形，则通过每条光纤返回的光强度不同，与反射表面的受力情况有关。光纤式触觉传感器具有分辨率高、抗电磁干扰能力强等优点；缺点是柔性差、成本高、体积大。

目前，人们研究比较多的是压容式触觉传感器和压阻式触觉传感器。

3．力/力矩传感器

力/力矩传感器用来检测机器人或末端操作器与环境的相互作用力/力矩，是机器人感知系统中重要的传感器之一。力/力矩传感器可以分成单维和多维两种类型。在机器人系统中，使用单维的关节力矩传感器实现关节的力矩感知，该方式具有以下优点。

(1)传感器的结构简单，测量精度较高。

(2)可以根据关节力矩计算手指尖上的作用力，还可以感知手指其他部位的受力情况。

使用关节力矩传感器的缺点如下。

(1)运用力雅可比进行关节力矩和末端力的转换时存在奇异问题。

(2) 由关节力矩传感器的测量力矩计算末端作用力必然存在一定的误差，主要原因是：关节力矩传感器的测量值不仅包括末端作用力在相应关节上产生的力矩，还包括重力、惯性力、离心力、科氏力以及摩擦力等对于关节的作用。在这种情况下，尽管可以基于动力学模型进行补偿，但是由于动力学建模误差等因素，末端作用力的计算精度难以有很大的提高，同时影响测量和控制的实时性。

六维力/力矩传感器能够检测三维空间内力/力矩的全部信息，包括三个力分量和三个力矩分量。国内外许多公司和科研单位对多维力传感器进行了研究，在市场上有很多系列化的传感器产品，并且在多维力传感器的弹性体设计、信号处理、静态和动态解耦等方面初步形成了理论和技术体系。与关节力矩传感器相比，多维力传感器的研制难度较大、周期较长和成本较高，但是多维力传感器的力测量结果更为直接。另外，作为一个独立的力测量装置，多维力传感器具有很好的通用性，可以很方便地安装在机器人系统中。机械加工水平和集成电路水平的提高，为多维力传感器的微型化和集成化提供了条件，微型多维力/力矩传感器是当前机器人多维力传感器的研究热点之一。

4．视觉传感器

为了识别被抓取物体的形状与位姿，机器人系统通常会借助视觉传感器。与人眼类似，视觉传感器能够提供远比其他传感器更丰富的信息。但正因为视觉数据量庞大、信息复杂，要让视觉传感器完全达到人眼的水平目前仍不现实。因此，视觉传感器的研制往往针对特定作业需求，集中实现核心功能。

视觉传感器主要有电视摄像机、CMOS 图像传感器和 CCD 图像传感器等几种，其中 CCD 固体摄像机具有体积小、重量轻、抗振动等优点，广泛应用于各类机器人视觉系统中。

5．接近觉传感器

接近觉传感器一般用来检测在一定距离内有没有物体，常用二值输出表示物体的有无，主要用于物体的抓取和避障。常用的接近觉传感器包括以下几种。

(1) 感应式接近觉传感器和霍尔效应式接近觉传感器：当磁性材料接近时，通过传感器检测磁场强度的变化。

(2) 电容式接近觉传感器：当一个物体接近传感器时，传感器的电容值发生变化，电容的改变可以由振荡器起振，或者通过产生的相位移来检测。

(3) 超声式接近觉传感器：利用超声回波的有无实现检测。

(4) 光电式接近传感器：通过是否接收到反射光信号来检测物体的有无。

4.1.2 机器人内部传感器

机器人内部传感器是检测机器人自身状态的元件，检测对象包括机器人关节的角位移等几何量，速度、角速度、加速度等运动量，还涉及倾斜角、方位角、振动等物理量。机器人内部传感器的技术要求是精度高、响应速度快、测量范围宽。在机器人内部传感器中，位置传感器和速度传感器是实现机器人反馈控制不可缺少的元件，目前已经具有系列化的传感器产品。相比之下，倾斜角、方位角与振动传感器等在机器人信息检测领域的应用时间较短，其性能仍有较大提升空间。下面按照功能介绍机器人的内部传感器。

1. 位置感知

测量机器人关节线位移和角位移的传感器是实现机器人位置反馈控制的关键元件。当前,机器人位置检测的方法多种多样,下面将对此作简要介绍。

1) 电位计

电位计将机械位移转换成与之呈线性关系的电阻或电压输出,可以作为角位移和线位移的检测元件。通常在电位计上通以电源电压,把电位计的电阻变化转换为电压输出。为了使电位计能够线性输出,应保证等效负载电阻远远大于电位器的总电阻。电位计测量关节位置具有如下优点:结构简单,成本低,稳定度高,线性度好,灵敏度高,可通过提高工作电压来改善灵敏度,甚至不用放大器也能直接推动指示仪表。但由于电刷和电阻丝之间存在摩擦,故有如下缺点:外形尺寸较大;只能在较低频率下工作;使用寿命短,需要维护;电噪声大。

2) 旋转变压器

旋转变压器由铁心、两个定子线圈和两个转子线圈组成,是测量旋转角度的传感器。定子和转子由硅钢片和坡莫合金叠层制成。当各定子线圈施加交流电压时,由于交链磁通的变化,在转子线圈中就会产生感应电压。感应电压和励磁电压之间的耦合系数随转子的转角而改变。根据测得的输出电压,就可以得到转子的转角大小。旋转变压器可以看成是由随转角 θ 变化、耦合系数为 $K\sin\theta$ 或 $K\cos\theta$ 的两个变压器构成的。

定子上两个绕组的励磁电压为

$$E_{s1} = E\cos\omega t \tag{4-4}$$

$$E_{s2} = E\sin\omega t \tag{4-5}$$

转子上两个绕组的输出电压为

$$E_{r1} = K(E_{s1}\cos\theta - E_{s2}\sin\theta) = KE\cos(\omega t + \theta) \tag{4-6}$$

$$E_{r2} = K(E_{s2}\cos\theta - E_{s1}\sin\theta) = KE\sin(\omega t - \theta) \tag{4-7}$$

可见,转子绕组输出电压的幅值与励磁电压的幅值成正比,相对于励磁电压的相位移等于转子的转动角度 θ。检测出相位 θ,就可以计算出关节的角位移。

3) 编码器

根据检测原理的不同,编码器可分为光电式、磁式、感应式和电容式等。根据刻度方法和信号输出形式,又可以分为绝对式编码器和增量式编码器。作为机器人位移传感器,光电编码器的应用最为广泛。

在光电编码器圆盘上规则地刻有透光和不透光的线条,在圆盘两侧安放发光元件和光敏元件。当圆盘旋转时,光敏元件接收的光通量随着透光线条同步变化,光敏元件的输出波形经过整形后变为脉冲,同时在码盘上每转一圈输出一个清零脉冲 Z。此外,为了判断旋转方向,通常光电编码器同时提供相位差为 90º 的两路脉冲信号 A 和 B。

绝对式编码器与增量式编码器的区别在于圆盘上透光和不透光线条的图形。绝对式编码器可有若干编码,根据读出的编码可以得到绝对位置。编码的设计可以采用二进制码、循环码和二进制补码等。

磁编码器是在强磁性材料表面上刻录等间隔的磁化刻度标尺,标尺旁放置磁阻效应元件或霍尔元件,可以检测出磁通的变化。与光电编码器相比,磁编码器的刻度间隔大,但它具有耐油污、抗冲击等特点。

4) 电容式位置传感器

电容式位置传感器的测量头通常是电容器的一个极板,而另一个极板是物体本身,当物体移向传感器时,物体和传感器间的介电常数发生变化,等效电容随之变化,由此便可测量出物体的位置。虽然电容式位置传感器结构简单,易于实现,但是其输出呈现非线性的特性、分辨力不高,且由于边缘效应的存在,在实际应用中面积和电容的对应关系很不确定,稳定性较差。

5) 磁传感器

磁传感器是应用磁敏感元件感应磁场、电流等物理量的变化,并按某种确定的关系转换为电压或电阻输出。用于位置检测的磁传感器主要包括霍尔位置传感器和巨磁阻式位置传感器。

霍尔位置传感器是一种磁敏器件,以霍尔效应为工作基础,它可以检测磁场及其变化,可在各种与磁场有关的场合中使用。霍尔位置传感器具有结构牢固、体积小、重量轻、寿命长、安装方便、功耗小、频率高(可达 1MHz)、耐振动、不怕污染或腐蚀等优点。但是与磁阻传感器相比,其灵敏度和分辨率较低,一般不采用其作为高性能位置传感器。

巨磁阻式位置传感器的检测原理是巨磁阻效应(2007 年诺贝尔物理学奖被授予发现巨磁阻效应的法国物理学家 Albert Fert 和德国物理学家 Peter Grünberg)。巨磁阻效应是指铁磁材料和非磁性金属组合成的材料在足够强的磁场中电阻发生突然改变的现象。当相邻材料中的磁化方向平行的时候,电阻会变得很低;而当磁化方向相反的时候电阻会变得很大。由于巨磁阻式位置传感器对磁场的微小变化很敏感,因此与磁性材料配合可精确地测量直线运动或转动系统的位置或位移。在 HIT/DLR I 手和 HIT/DLR II 手的关节位置检测中均采用了巨磁阻式位置传感器。

2. 速度和角速度的检测

速度和角速度的检测是驱动器反馈控制中必不可少的环节。最常用的速度/角速度传感器是测速发电机。当恒定磁场中的线圈发生位移时,线圈两端的感应电压 E 与线圈内交链磁通 φ 的变化率成正比,输出电压为

$$E = -\mathrm{d}\varphi/\mathrm{d}t \tag{4-8}$$

根据构造,测量角速度的测速发电机可分为直流测速发电机、交流测速发电机和感应式交流测速发电机。

3. 加速度的检测

在机器人系统中,由机构刚性不足引起的振动问题是非常重要的。特别是对于空间机器人来说,为了实现较大的负载自重比,机器人的连杆和关节部分具有较大的柔性,从而使机器人的固有频率降低,这极大地限制了空间机器人运动控制器的带宽和高速运动时的性能。基于加速度的控制成为解决机器人振动问题的一种有效途径。加速度传感器可以分为以下几种。

(1) 应变式加速度传感器:应变式加速度传感器是由一个板簧支承重锤所构成的振动系统。在板簧两面分别贴两个应变片,应变片受振动产生应变,其电阻值的变化通过电桥电路的输出电压被检测出来。

(2) 伺服加速度传感器：伺服加速度传感器中，振动系统重锤的位移变换为成正比的电流，把电流反馈到恒定磁场中的线圈，使重锤返回到原来的零位移状态。这样，根据检测的电流就可以计算出加速度。

(3) 压电感应加速度传感器：压电感应加速度传感器是利用具有压电效应的物质，将加速度转换为电压输出。

4.2 假肢手传感器设计实例

4.1 节对机器人中常用的外部及内部传感器种类进行了整体介绍，本节则以 HIT 系列假肢手为例，聚焦生机电一体化机器人中四种具有代表性的传感器设计方案：位置传感器、六维指尖力/力矩传感器、接近觉传感器以及三维力触觉传感器。通过这些不同类型的传感器，假肢手可在多层次、多维度上获取外部及自身信息，为后续的运动控制与功能实现提供必要的数据支撑。

4.2.1 基于巨磁阻效应的位置传感器

假肢手在进行抓取时需要获取手指的关节位置信息来实现准确可靠的操作。根据测量原理不同，可用于测量关节位置的传感器主要有磁敏感元件、编码器和电位计等。其中编码器由于其体积大、成本高、安装复杂，不适合集成于空间狭小的假肢手基关节内。而电位计具有信号线性度好、幅值高、结构简单、成本低等优点。但其体积较大，结构上依靠电阻丝与电刷相互接触产生信号，使用时电刷与电阻丝反复摩擦，造成信号噪声大和使用寿命短等缺点。

相比较而言，磁敏感元件以非接触的空间磁场为敏感源，不存在磨损的缺点，使用寿命长。另外，采用微电子加工工艺制造的传感器芯片具有体积小、功耗低以及工作温度范围宽的优点。在 HIT-IV 假肢手上，选用了基于 GMR 效应的磁性敏感传感器来进行关节位置测量，与传统的霍尔效应传感器相比，GMR 传感器具有信号幅值大，灵敏度高，温度稳定性好的优势。该传感器芯片采用超小型贴片式封装，在旋转磁场的作用下产生按正余弦变化的两路电压信号，可实现对磁场旋转角较精确的测量。另外，芯片内部的保护功能可避免外部磁场很大时对芯片造成损害。当假肢手动作时，固定在电机减速器轴端的圆柱形磁钢随转轴一起旋转，其旋转磁场与 GMR 元件表面平行。GMR 元件在旋转磁场的作用下，输出相位相差 90°的正弦信号 Sin_out 和余弦信号 Cos_out。对于传感器的输出信号，通过有源低通滤波器进行放大和滤波处理，然后送入 DSP 的 AD 采样通道进行模数转换。基于 GMR 的基关节绝对位置传感器的测量原理如图 4-1 所示。

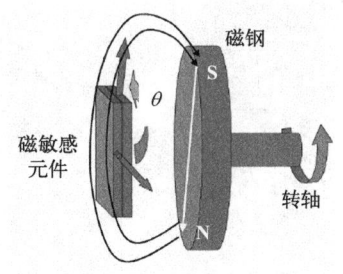

图 4-1 GMR 传感器测量原理图

对传感器信号 Sin_out 和 Cos_out 完成采样之后，还需要对其进行归一化处理，从而得到幅值为[−1，1]的信号数据 $V_{\sin}$ 和 $V_{\cos}$，然后再使用下式进行计算，

$$\theta = \arctan(V_{\sin} / V_{\cos}) \tag{4-9}$$

$$\begin{cases} V_{\cos} > 0, V_{\sin} \geq 0, & \alpha = \theta \\ V_{\cos} < 0, & \alpha = \pi + \theta \\ V_{\cos} > 0, V_{\sin} < 0, & \alpha = 2\pi + \theta \\ V_{\cos} = 0, V_{\sin} > 0, & \alpha = \pi/2 \end{cases} \quad (4\text{-}10)$$

即可得到旋转角 α。

4.2.2 基于 MEMS 的微型六维指尖力/力矩传感器

指尖力/力矩传感器可以测量仿人手与外界环境交互时指尖所受到的外力,本节介绍一款由哈尔滨工业大学与德国宇航中心联合研制的微型六维力/力矩传感器。该传感器以应变测量为核心原理,采用全平面的微型弹性体结构,基于 MEMS 工艺实现应变片的全自动粘贴和激光阻值校正。基于表面贴装元件设计高性能的微型信号处理电路,基于微型的数字信号处理器(DSP)实现传感器信号的采集、处理和数字化输出。所有电路板都放置在传感器内部,实现了传感器系统的集成化、微型化、智能化和数字化。传感器的实物照片如图 4-2 所示,直径为 19.7mm,高度为 15.8mm,结构紧凑且具备出色的测量性能。

1. 全平面的弹性体结构

全平面的微型六维力/力矩传感器弹性体如图 4-3 所示。这是一种整体式结构,有九个弹性梁,形成九个应变区,其中外部的六个应变区(11,12;21,22;31,32)布置直角应变计,组成三个全桥。内部的三个应变区(41,42;51,52;61,62)布置双轴 45°应变计,组成三个半桥。弹性梁中部或者背部掏空,以提高弹性体的灵敏度。该弹性体的最大特点是所有的应变敏感区处于同一个平面上,这种全平面形式的弹性体结构为采用 MEMS 薄膜工艺进行应变片的全自动粘贴和激光阻值校正提供了条件。

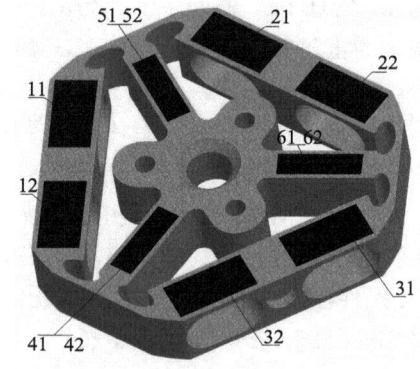

图 4-2 基于 MEMS 的微型六维力/力矩传感器　　图 4-3 全平面的微型六维力/力矩传感器弹性体

在传感器坐标系 $\{O\text{-}XYZ\}$ 中,当力/力矩作用在弹性体上时,由于力/力矩大小和方向的不同,在各个弹性梁和壁上产生不同的变形,力分量与应变之间的关系如下:

$$F_x = k_1 \left\{ (\varepsilon_{21} - \varepsilon_{22}) + \frac{1}{2}[(\varepsilon_{21} - \varepsilon_{22}) + (\varepsilon_{31} - \varepsilon_{32})] \right\} + \frac{\sqrt{3}}{2} k_2 [(\varepsilon_{41} - \varepsilon_{42}) + (\varepsilon_{51} - \varepsilon_{52})] \quad (4\text{-}11)$$

$$F_y = \frac{\sqrt{3}}{2}k_1[(\varepsilon_{21}-\varepsilon_{22})-(\varepsilon_{31}-\varepsilon_{32})] + k_2\left\{\frac{1}{2}[(\varepsilon_{41}-\varepsilon_{42})+(\varepsilon_{51}-\varepsilon_{52})]+(\varepsilon_{61}-\varepsilon_{62})\right\} \quad (4\text{-}12)$$

$$F_z = k_1[(\varepsilon_{11}-\varepsilon_{12})+(\varepsilon_{21}-\varepsilon_{22})+(\varepsilon_{31}-\varepsilon_{32})] \quad (4\text{-}13)$$

$$M_x = \frac{1}{2}k_1[(\varepsilon_{21}-\varepsilon_{22})-(\varepsilon_{31}-\varepsilon_{32})] + k_2\left\{\frac{\sqrt{3}}{2}[(\varepsilon_{41}-\varepsilon_{42})-(\varepsilon_{51}-\varepsilon_{52})]+(\varepsilon_{61}-\varepsilon_{62})\right\} \quad (4\text{-}14)$$

$$\begin{aligned}M_y = &\, k_1\left\{(\varepsilon_{21}-\varepsilon_{22})+\frac{\sqrt{3}}{2}[(\varepsilon_{21}-\varepsilon_{22})+(\varepsilon_{31}-\varepsilon_{32})]\right\} \\ &+ k_2\left\{\left[\frac{1}{2}(\varepsilon_{41}-\varepsilon_{42})+(\varepsilon_{51}-\varepsilon_{52})\right]+(\varepsilon_{61}-\varepsilon_{62})\right\}\end{aligned} \quad (4\text{-}15)$$

$$M_z = k_2[(\varepsilon_{41}-\varepsilon_{42})+(\varepsilon_{51}-\varepsilon_{52})+(\varepsilon_{61}-\varepsilon_{62})] \quad (4\text{-}16)$$

式(4-11)~式(4-16)中，$\varepsilon_{11},\varepsilon_{12},\cdots,\varepsilon_{61},\varepsilon_{62}$ 是在力和力矩的作用下第 11,12,$\cdots$,61,62 个应变计处产生的应变；k_1、k_2 是由弹性体的材料、形状和尺寸决定的敏感系数。

弹性体背面均匀分布六个销钉孔，其中外部的三个销钉孔通过销钉与施力部件相连，中间的三个销钉孔通过销钉与基座相连。中间螺孔与基座相连，同时用于固定电路板。这样，当传感器受到载荷后，通过销钉将力传递到弹性体，使弹性体在力的作用下产生变形。

在设计弹性体应变梁的尺寸时，除从结构上保证弹性体具有较好的灵敏度和足够的刚度以外，另一个需要兼顾的目标是弹性应变梁的总体尺寸应满足空间要求，以布置电阻应变计。

2．微型六维力/力矩传感器的静态解耦

由于弹性体结构、加工工艺和检测方式等多方面因素的影响，对于间接输出型的多维力传感器，几乎每个作用在传感器上的力分量都对传感器的各路输出产生影响，即存在维间耦合。耦合使多维力传感器的测量精度相对于单维力传感器明显降低，因此，对多维力传感器必须进行有效的解耦。由于维间耦合的存在，多维力传感器对应着一个多输入多输出的系统，其输入/输出关系难以从理论上进行精确的描述，通常采用实验的方法进行静态标定。

1) 基于最小二乘的静态解耦

假设多维力传感器是一个多输入多输出的线性系统，则传感器各通道的输出与作用在传感器坐标系原点上的多维力/力矩之间的关系可以描述为

$$\boldsymbol{F} = \boldsymbol{C} \times \boldsymbol{U} \quad (4\text{-}17)$$

式中，$\boldsymbol{F}$ 为在传感器坐标系中表示的作用在传感器上的力向量，$\boldsymbol{F} \in R^n$；$\boldsymbol{U}$ 为传感器的输出向量，$\boldsymbol{U} \in R^m$；$\boldsymbol{C}$ 为传感器的标定矩阵，$\boldsymbol{C} \in R_{n \times m}$。

标定矩阵 $\boldsymbol{C}$ 是将传感器的输出量转换为作用力的常数矩阵，n 和 m 分别是传感器所测力的维数和输出通道的个数。本节以具有 6 个输出通道的六维力/力矩传感器为例进行说明，即 $n = m = 6$。

传感器静态线性解耦的过程是：根据施加在传感器上的已知标定力 F 和传感器的输出 U，求解标定矩阵 C；然后运用模拟电路对传感器的输出模拟量进行解耦，或者通过微处理器对传感器的输出数字量进行解耦。随着微处理器速度和精度的提高，数字量解耦得到了更为广泛的应用。

根据标定力向量数目的不同，六维力传感器标定矩阵 C 的求解可以分为以下两种情况。

(1) 选取 6 个线性无关的力向量作为标定力，通过标定实验得到对应的 6 个传感器输出向量，然后采用矩阵直接求逆法获得标定矩阵 $C_{6\times6}$。该方法原理简单，但由于在实验中传感器各通道输出的测量值存在随机误差，所以使用该方法难以达到很高的标定精度。

(2) 当标定力向量的数目 $k>6$ 时，标定力矩阵的相对误差在标定误差中被放大，如果从获得最小标定误差的角度考虑，不宜采用 6 个以上的标定力向量。但是为了减小随机误差对标定矩阵求解的影响，需要采用 6 个以上的标定力向量。在这种情况下，可以基于最小二乘理论求解传感器的标定矩阵，下面给出简要推导。

由于传感器的线性模型存在误差，并且在测量数据中混有噪声，所以传感器系统的输入、输出和参数之间更确切的关系式为

$$F_{6\times k} = C_{6\times 6} \cdot U_{6\times k} + E_{6\times k} \tag{4-18}$$

式中，k 为标定力向量的数目，$k>6$；$F_{6\times k}$ 为由标定力向量组成的标定力矩阵；$U_{6\times k}$ 为传感器的输出矩阵；$C_{6\times 6}$ 为标定矩阵；$E_{6\times k}$ 为误差矩阵。

取 $F_{6\times k}$ 的第 i 行并转置，构成第 i 维标定力列向量 F_i，即 $F_i = [F_{i1} \quad F_{i2} \quad F_{i3} \quad \cdots \quad F_{ik}]^T$；取 C 的第 i 行并转置，构成第 i 维标定向量 C_i，即 $C_i = [C_{i1} \quad C_{i2} \quad C_{i3} \quad \cdots \quad C_{i6}]^T$；取 $E_{6\times k}$ 的第 i 行并转置，构成第 i 维误差向量，即 $E_i = [E_{i1} \quad E_{i2} \quad E_{i3} \quad \cdots \quad E_{ik}]^T$，$i=1,2,\cdots,6$。于是，以下关系式成立：

$$F_i = U^T \cdot C_i + E_i \tag{4-19}$$

根据最小二乘的原理，确定 C_i 的目标是使误差向量 E_i 中各分量的平方和最小，即 $J_i = E_i^T \cdot E_i$ 最小。J_i 达到最小时，C_i 应满足的条件为

$$\left.\frac{\partial J_i}{\partial C_i}\right|_{C_i = \overline{C}_i} = 0 \tag{4-20}$$

当矩阵 $(U \cdot U^T)$ 为非奇异矩阵时，第 i 维标定向量 C_i 的最小二乘估计为

$$\overline{C}_i = (U \cdot U^T)^{-1} \cdot U \cdot F_i \tag{4-21}$$

式中，$i=1,2,\cdots,6$。

标定矩阵 C 的最小二乘估计 $\overline{C}$ 为

$$\overline{C} = \left[\overline{C}_1 \middle| \overline{C}_2 \middle| \overline{C}_3 \middle| \overline{C}_4 \middle| \overline{C}_5 \middle| \overline{C}_6\right]^T = F \cdot U^T \cdot (U \cdot U^T)^{-1} \tag{4-22}$$

2) 基于人工神经网络(ANN)的静态解耦

多维力传感器的维间耦合通常表现出一定的非线性特性，采用基于最小二乘的线性静态解耦方法虽然可以使维间耦合明显减小，但是由于原理模型的局限性，线性解耦的效果并不是很理想，主要表现为解耦不彻底和解耦效果时好时坏，不是很稳定。因此，为了进一步改善线性静态解耦的效果，采用非线性静态解耦方法是十分必要的。

近年来,人工神经网络在模式识别、系统辨识、自动控制等领域得到了广泛的应用。具有 Sigmoid 非线性函数的三层前向神经网络可以以任意精度逼近任何连续函数,这个定理为使用前向神经网络描述非线性系统提供了理论基础。由于前向神经网络中权值和阈值的调整通常采用反向传播(back propagation)学习算法,所以常称前向网络为 BP 神经网络。采用 BP 神经网络描述非线性系统具有以下几个优点:经过训练以后的 BP 神经网络,具有一定的泛化能力,即对于不是样本集中的输入也能给出合适的输出;适当调整 BP 神经网络的结构、权值和阈值,可以达到很高的逼近精度,同时计算量没有明显地增加;MATLAB 提供了丰富的神经网络工具箱函数,为神经网络的设计和应用提供了极大的方便等。

这里采用包括输入层、隐含层和输出层的三层 BP 神经网络描述六维力传感器,后一层的每一个神经元与上一层的各神经元通过一定的权连接起来,改变权值和阈值就可以改变神经网络输入与输出之间的映射关系。对于六维力传感器来说,可以将由传感器六个通道输出电压所组成的列向量 $U=[U_1, U_2, U_3, U_4, U_5, U_6]^T$ 作为传感器系统 BP 神经网络的输入向量,将对应的作用在传感器坐标系原点上的六个等效力分量所组成的列向量 $F=[F_x, F_y, F_z, M_x, M_y, M_z]^T$ 作为传感器系统 BP 神经网络的输出向量。BP 神经网络的隐含层采用单层神经元,神经元的个数 s_1 由实验来确定。BP 神经网络模型中隐含层神经元的变换函数采用 Tansig 型函数,而输出层神经元的变换函数采用 Purelin 型函数。六维力传感器系统的神经网络模型见图 4-4。

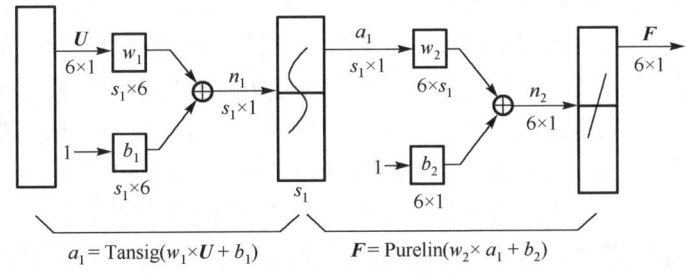

图 4-4 神经网络解耦模型

运用标定实验数据 F 和 U 进行基于 BP 神经网络的非线性静态解耦。首先对标定力矩阵进行归一化处理,然后使用基于 MATLAB 的神经网络解耦程序进行计算,得到传感器的 BP 神经网络模型,从而完成传感器的非线性解耦。

4.2.3 基于红外反射的接近觉传感器

假肢手在进行自主抓取时利用接近觉传感器可以获取手指指尖到物体表面的距离,进而对抓握手势进行预测或控制多根手指同时接触物体以实现更稳定的抓握。本节介绍一款集成在 HIT-V 假肢手指尖上的接近觉传感器,该传感器选择 Vishay 公司的 VCNL4040 芯片作为测量芯片,该芯片具有工作电压低、尺寸紧凑、使用简单和测量精确的优点;该芯片集成了一个红外发射极、接收极,其中发射极以一定角度向物体发射红外线,接收极接收物体表面反射回的红外线,根据接收的红外线强度测量物体的距离,物体的距离越近,反射的红外线强度越高,最大测量距离为 200mm。此外,该芯片内还集成了 16 位的 ADC 模块和信号处理模块,自动完成采样、测量、滤波等功能,将测量的红外线强度直接通过数字通信端口输出;

芯片集成有标准的 I^2C 接口，可以方便地接收控制指令和发送测量结果。可以通过配置相关寄存器设置芯片的测量距离、测量频率和测量精度等参数。

如图 4-5 所示，一个 VCNL4040 芯片被集成在定制的印刷电路板上，该电路板的尺寸为 10mm×6.5mm×3mm（长×宽×高），可以安装在仿人型假肢手的指尖内部。整个传感器只需要外接 4 根线缆（2 根电源线和 2 根数据线）即可正常工作，为了便于安装与拆卸，在电路板上设计了一个标准插座。

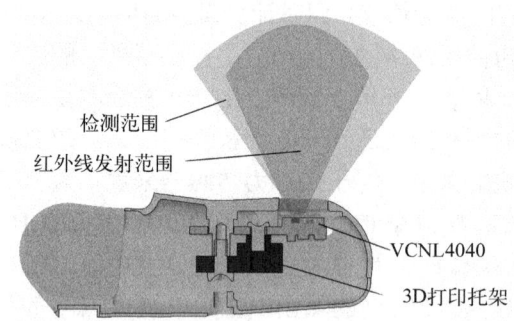

图 4-5 红外式指尖接近觉传感器的安装与测量示意图

VCNL4040 芯片的最小测量距离为 1.5mm，同时，芯片的发射极和接收极前方需要空间作为红外线的传输通道，如图 4-5 所示。由于发射极以一定角度发射红外线，为了避免指尖机械结构遮挡红外线，指尖表面上需要开孔，发射极距离指尖表面越远，所需开孔的尺寸越大。如图 4-6(a)所示，假肢手手指的指尖开孔作为接近觉传感器的红外线传输通道。根据假肢手指尖的机械结构和电路板的尺寸，设计了一个 3D 打印的托架，托架通过安装孔固定在假肢手的指尖内，如图 4-6(b)所示，将电路板安装在托架上。根据传感器的最小测量距离限制和假肢手指尖的尺寸，VCNL4040 芯片与指尖表面的偏置距离设置为 3.5mm，根据芯片技术手册，此时传感器所需的红外线传输通道的直径为 6mm，此外，考虑到传感器的安装误差等因素，传感器前方的指尖表面的开孔直径设计为 6.5mm。

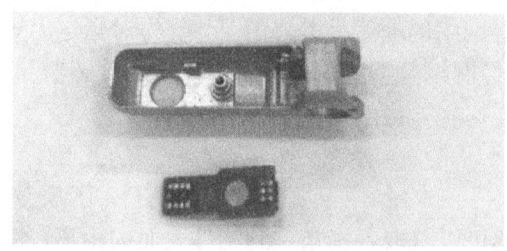 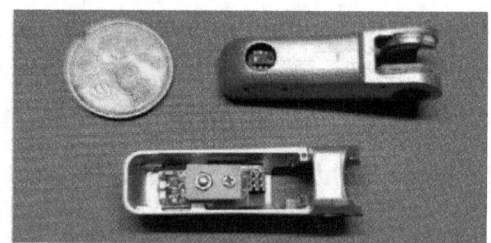

(a) 假肢手指尖和接近觉传感器电路板　　　　(b) 安装了接近觉传感器的指尖和尺寸对比

图 4-6 红外式接近觉传感器与假肢手指尖的集成

VCNL4040 芯片的测量范围和灵敏度可以通过发射的红外线脉宽调节。增加发射的红外线脉宽，能够增加传感器的测量范围并且提高灵敏度，但是会增加测量周期。同时，为了检测表面反射率较低的物体，也需要较大的红外线脉宽；另外，考虑到假肢手的控制频率，红外线的脉宽不能太大，因此，综合考虑传感器的测量频率和测量范围，将传感器发射的红外线脉宽设置为 125μs。

4.2.4 基于量子隧道效应的三维力触觉传感器

触觉传感器是假肢手与外界环境交互的关键元件,能够直接测量假肢手与物体之间的接触力及接触位置信息。本节主要介绍一款基于量子隧道效应的指尖柔性三维力触觉传感器设计方法,该传感器不仅可以获取三维方向的接触力数据,还能通过阵列式设计识别指尖与物体的具体接触位置,为假肢手的稳定抓握与精准控制提供更全面的感知反馈。

1. 结构设计及原理分析

指尖柔性三维力触觉传感器阵列的结构示意图如图 4-7 所示,该结构示意图不包括模拟人手皮肤的表皮结构。传感器本体主要包括四层结构,从上到下依次为传力半球层 1、上层电极层 2、QTC 层 3 和下层电极层 4。每个触觉单元包括硅橡胶制作的传力半球、四个环形阵列的扇形镀金顶层电极、圆形 QTC 片和圆形镀金底层电极。其中,传力半球底层采用硅橡胶制作为一体结构,电极层基于柔性电路板技术制作。上层电极层和下层电极层的厚度为 0.1mm,QTC 层的厚度为 1mm,传力半球的直径为 3mm,传力半球层的薄膜厚度为 0.4mm。

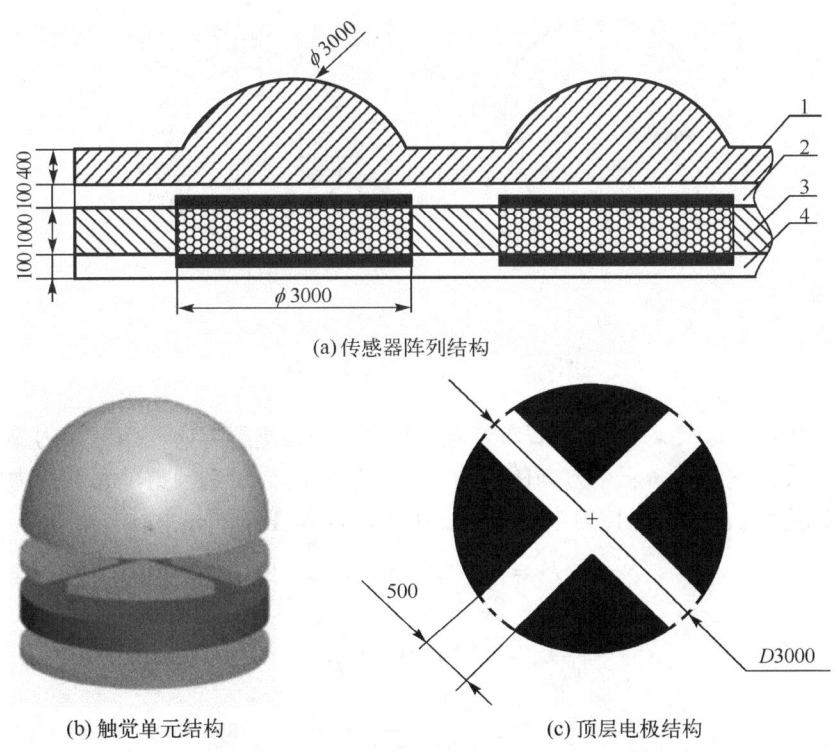

(a) 传感器阵列结构

(b) 触觉单元结构 (c) 顶层电极结构

图 4-7 三维力触觉传感器结构示意图(单位:μm)

当传力半球受到压力时,由量子隧道效应原理可知,夹在上层电极和下层电极间的 QTC 由于受到压力作用发生形变,QTC 的电阻值相应发生变化。四个扇形电极、圆形电极以及夹在中间的 QTC 在受到压力的情况下可以等效为四个电阻 R_1、R_2、R_3、R_4。

建立如图 4-8 所示的坐标系，当传力半球受到法向力时，四个电阻的电阻值变化相同；当传力半球受到 x 正方向的切向力时，传力半球产生 x 正方向的扭矩，电阻 R_1 的电阻值变化较电阻 R_3 的大，而电阻 R_2 和 R_4 的电阻值变化相等；当传力半球受到 y 正方向的切向力时，传力半球产生 y 正方向的扭矩，电阻 R_2 的电阻值变化较电阻 R_4 的大，而电阻 R_1 和 R_1 的电阻值变化相等。

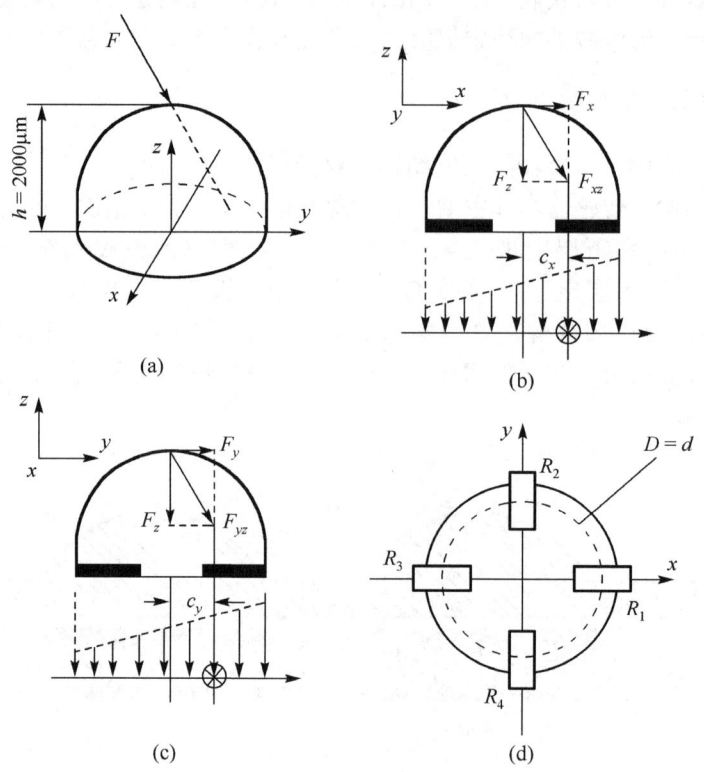

图 4-8　触觉传感器原理示意图

如图 4-8 所示，定义 x、y 轴为横向方向，定义 z 轴为垂直方向。当三维力施加在传力半球上时，该三维力被分解为三个方向的分力 F_x、F_y 和 F_z。定义触觉单元的受力中心在 x、y 平面内的坐标为 (c_x, c_y)。当传力半球受到三维力时，存在如下关系：

$$F_z = F_{z1} + F_{z2} + F_{z3} + F_{z4} \tag{4-23}$$

$$c_x = (F_{z1} - F_{z3})\frac{d/2}{F_z} \tag{4-24}$$

$$c_y = (F_{z2} - F_{z4})\frac{d/2}{F_z} \tag{4-25}$$

式中，F_{z1}、F_{z2}、F_{z3} 和 F_{z4} 分别为四个扇形电极所受的法向力分量。定义四个等效电阻的输出电压为 V_i，式(4-23)～式(4-25)可以改写为

$$F_z = S_1 V_1 + S_2 V_2 + S_3 V_3 + S_4 V_4 \tag{4-26}$$

$$c_x = (S_1V_1 - S_3V_3)\frac{d/2}{F_z} \quad (4\text{-}27)$$

$$c_y = (S_2V_2 - S_4V_4)\frac{d/2}{F_z} \quad (4\text{-}28)$$

式中，S_1、S_2、S_3 和 S_4 为单个触觉单元的四个电阻 R_1、R_2、R_3、R_4 的标定系数。

如图 4-8 所示，力矢量方向可以由受力点的坐标估算得到，切向力 F_x 和 F_y 可以由力矢量方向和法向力 F_z 计算得到。因此，施加在传力半球上的两个切向力（F_x 和 F_y）可以用如下公式计算得到：

$$F_x = \frac{F_z \cdot c_x}{h} = \left(\frac{S_1 d}{2h}\right)V_1 - \left(\frac{S_3 d}{2h}\right)V_3 \quad (4\text{-}29)$$

$$F_y = \frac{F_z \cdot c_y}{h} = \left(\frac{S_2 d}{2h}\right)V_2 - \left(\frac{S_4 d}{2h}\right)V_4 \quad (4\text{-}30)$$

定义 $\eta_i = S_i d/(2h)$，其中 i 表示单个触觉单元的第 i 个扇形电阻。为了计算三维力矢量，将式 (4-26)、式 (4-29) 和式 (4-30) 改写为

$$F_x = \eta_1 V_1 - \eta_3 V_3 \quad (4\text{-}31)$$

$$F_y = \eta_2 V_2 - \eta_4 V_4 \quad (4\text{-}32)$$

$$F_z = t_i(\eta_1 V_1 + \eta_2 V_2 + \eta_3 V_3 + \eta_4 V_4) \quad (4\text{-}33)$$

式中，系数 t_i 为法向力矢量的标定系数。电极、QTC 片、传力半球存在加工和装配误差，这些误差可以改变每个触觉单元的边界条件，可以通过标定实验估计标定系数 η_1、η_2、η_3、η_4 和 t_i 的值。

2．指尖机械结构设计

指尖三维力触觉传感器采用并行设计思想，在设计触觉传感器的同时设计指尖机械结构，使得触觉传感器和机械本体实现高度集成化。根据假肢手的自由度配置以及手指的构型设计，假肢手可以实现圆柱抓取、球形抓取、两指捏取、三指捏取、侧边抓取模式。根据假肢手的各种抓取模式，为了保证在各种抓取模式中指尖和物体有有效的触觉接触点，将指尖分为如图 4-9 所示的几个区域：A、B、C、D、E、F、G，其中 A、B、C、D 区域各有一个触点，E、F、G 区域各有三个触点，每个指尖共集成 13 个触点。A 区域的触点主要面向指尖精确抓取；B、C、D 区域触点主要面向三指捏取和球形抓取；E、F、G 区域触点主要面向强力抓取。其中 A 区域触点的直径为 4.5mm，其余 12 个触点的直径为 3mm，触觉阵列的空间分辨率大约为 3.5mm。

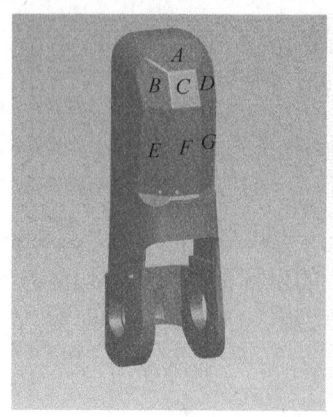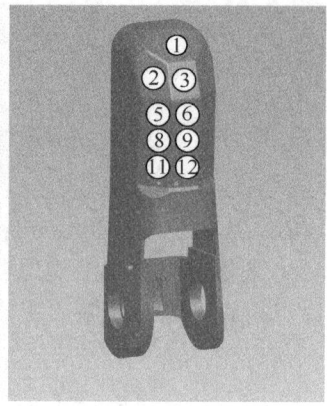

图 4-9 基于抓取模式的指尖表面

3．触觉传感器本体设计

指尖三维力触觉传感器采用集成化设计思想，主要包括假肢手指尖机械机构设计和传感器本体的设计。关于指尖机械结构的设计在前面部分已经介绍，本部分主要介绍指尖三维力触觉传感器本体的设计、加工和装配。

指尖三维力触觉传感器本体包括四层结构，从外到内依次为由硅橡胶制成的传力半球层、上层电极层、QTC 层和下层电极层。由于指尖表面不是平面，是由多个平面组成的三维曲面结构，因此，在设计指尖结构和触觉传感器时需要考虑三维曲面展开问题。

为了实现假肢手外形的拟人化，其指尖表面被设计成空间三维曲面，该曲面由多个平面组合构成，由于受柔性 PCB 的加工工艺限制，只能制作出平面式柔性 PCB，因此为使触觉传感器很好地贴敷在假肢手指尖的三维面上，采用 ProE 三维设计软件将指尖触觉传感器粘贴面提取出来，将三维面展开为二维平面，以此作为柔性 PCB 的外形。

传感器三维力之间的耦合受传感器加工工艺和装配精度的影响非常大，为了保证传感器的装配精度，在指尖机械机构以及传感器的四层结构上设计了定位孔，其中传力半球增加圆柱来实现四层结构和指尖机械结构的精确定位。传感器的加工工艺和装配工艺对传感器的性能具有很大的影响。通过前面对传感器三维力采集原理的分析可以得出上层四个扇形电极和下层圆形电极的加工精度以及传力半球、上层四个扇形电极、QTC 圆片和下层圆形电极装配的同轴度对触觉传感器三维力的检测具有非常大的影响。加工精度和装配精度会引起三维力的耦合，对三维力触觉传感器的标定、解耦和传感器的性能造成巨大的影响。指尖力触觉传感器的装配过程如下。

第一步：将下层电极层的背面粘贴在指尖表面，构成触觉传感器接地电极，保证各个触觉单元的定位孔对齐，如图 4-10(a)所示。第二步：将上层电极层的背面粘贴在硅橡胶制成的传力半球层的背面,保证传力半球层背面各个触觉单元处的圆柱穿过上层电极层的定位孔，如图 4-10(b)所示。第三步：将打好定位孔的 QTC 圆片穿过第二步的圆柱，如图 4-10(c)所示。第四步：将第三步的结果粘贴在第一步的结果上，保证各个触觉单元的定位孔对齐，指尖力触觉传感器完成，如图 4-10(d)所示。

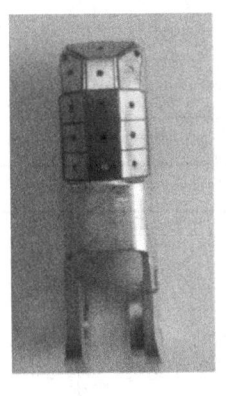   

(a) 第一步　　　　(b) 第二步　　　　(c) 第三步　　　　(d) 第四步

图 4-10　传感器制作过程

4.3　假肢手控制系统设计及集成

为了实现假肢手的控制，需要进行假肢手控制系统设计，常见的控制系统包括分布式控制系统与集成式控制系统，集中式控制系统仅有一个主控制器，因此功耗较低，但其难以扩展，并且一旦主控制器损坏，系统便无法工作。分布式控制系统包含多个控制器，因此便于模块化设计，同时便于扩展与维修，但其功耗较大。

本节首先介绍基于 DSP+FPGA 的分布式控制系统以及基于 MCU 的集中式控制系统这两种典型的控制系统方案，最后以 HIT-VI 假肢手为例重点介绍其机电集成设计方法。

4.3.1　分布式控制系统

HIT-V 假肢手采用了基于 DSP+FPGA 的分布式控制系统，并引入了模块化设计思路，使每根手指都由独立的控制器进行驱动与管理。接下来将首先介绍该分布式控制系统的整体架构，随后对控制系统各个组成部分的具体设计进行深入阐述，包括电源系统、驱动控制系统、传感器系统以及多路肌电信号采集系统。

1．控制系统架构

HIT-V 假肢手各个手指为模块化设计，各个手指有独立的控制驱动系统，可以实现"自算自控"。整个假肢手的控制系统采用分布式结构，包括指尖触觉传感器信号采集系统、手指控制系统和手掌控制系统，控制系统结构如图 4-11 所示。

手指控制系统采用 TI 公司的 TMS320F28027 作为主控芯片，主要负责电机控制、手指位置传感器和电流传感器信号采集与处理以及与触觉传感器系统的通信；指尖触觉传感器信号采集系统通过 SPI 与手指控制系统进行通信；手掌控制系统采用 FPGA 作为主控芯片，主要负责多路肌电信号的采集和处理、协调五个手指的运动。手指控制系统与手掌控制系统采用 RS-485 通信协议进行通信，各个手指采用四根线与手掌进行电气连接，其中包括两根电源线和两根差分信号线。所设计的假肢手控制系统将肌电信号采集系统和运动控制系统全部集成在假肢手本体中，其中手指控制系统电路和指尖触觉传感器信号采集系统电路放置在指尖中，手掌控制系统电路放置在手掌中。为了方便假肢手与 PC 以及其他设备通信，手掌控制系统集成了 USB3.0 接口、CAN 总线接口、高速串行通信接口。

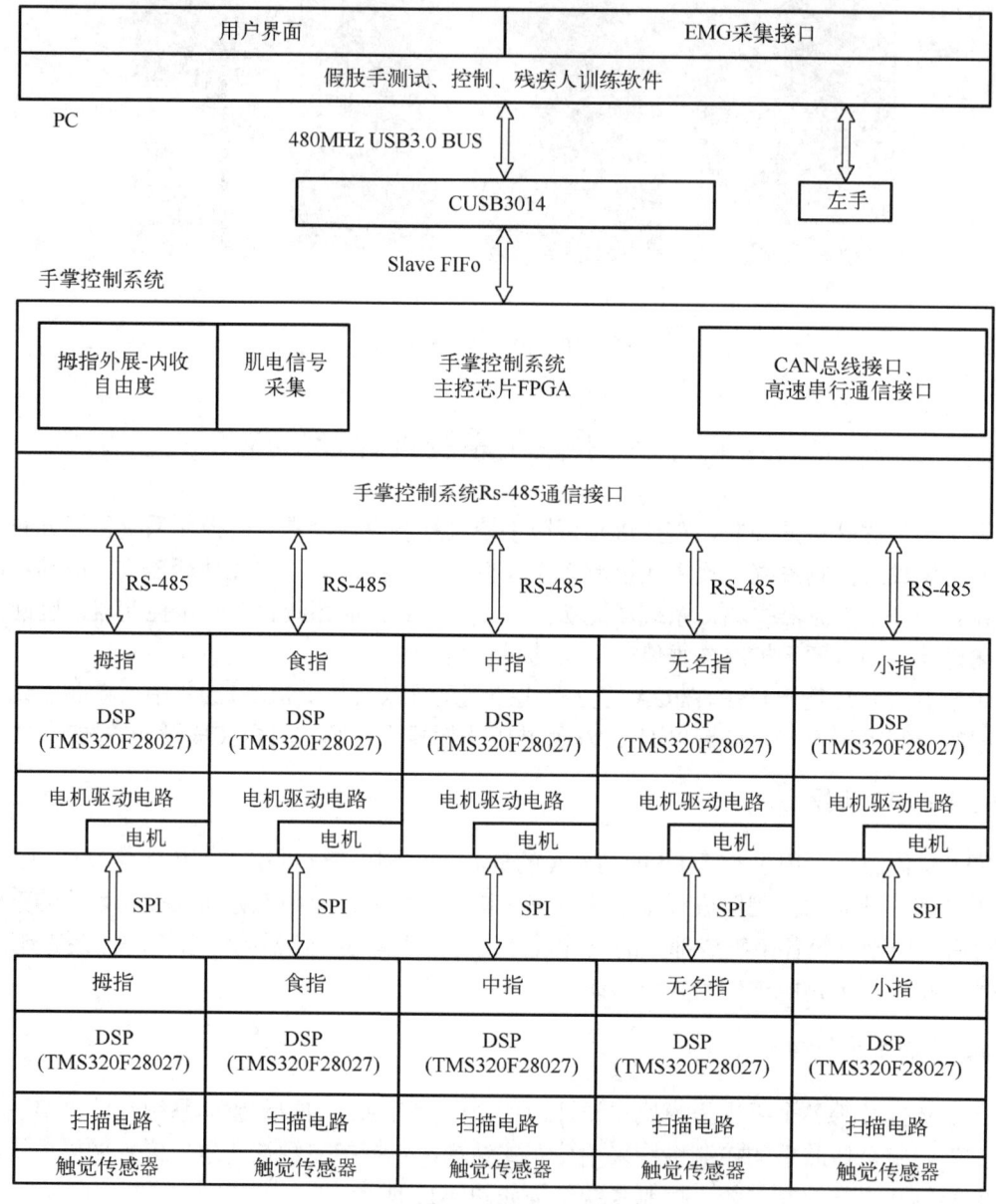

图 4-11　假肢手分布式控制系统

2．电源系统

假肢手采用直流电源或者电池供电，分为手指控制电路板和手掌控制电路板的供电。假肢手采用 DSP+FPGA 分布式控制系统结构，其中手指电机驱动、传感器信号采集、控制系统电路集成在指尖中。假肢手的电源系统设计非常重要，如果设计不当会引起传感器数据采集精度降低、手指控制系统和手掌控制系统通信受到干扰以及电机控制出错等问题。另外，假肢手指尖空间较小，电源系统需要考虑电路散热问题。结合以上问题，采取分级的方法设计了假肢手的电源系统。

(1) 手指电路和手掌电路分别采用独立的电源系统。

(2) 为了保证电机驱动时产生的噪声不会对数字电路造成耦合干扰，手指电路和手掌电路分别采用二极管将电机驱动电源和数字电路电源隔开。

(3) 对于数字电路使用的 6V 电源采用二级电压转化，首先将 6V 电源通过开关电源 LM2734 芯片的 DC/DC 模块转化为 4V，并用 LC 滤波手段消除 DC/DC 转换中产生的固有高频噪声。手指采用的 DSP 使用 3.3V 和 1.8V 双电源供电，由于 1.8V 供电电流约为 60mA，3.3V 供电电流约为 10mA，供电电流较大，考虑到节约电路板空间的要求（通常开关电源系统需要占用更大的电路板空间），故采用 LDO 电源稳压器将 4V 转化为 3.3V，采用 DC-DC 将 4V 转化为 1.8V。

(4) 假肢手集成的传感器输出信号都为模拟信号，需要经过 AD 转换为数字信号进入控制系统，为了减少数字系统对模拟信号的干扰，模拟系统与数字系统电源采用磁珠及 RC 滤波电路隔开，并用 0Ω 电阻实现模拟系统与数字系统接地信号的隔开以及单点接地。

(5) 假肢手手指集成 USB 接口，可以通过 USB 供电。USB2.0 接口电源通过二极管与假肢手输入电源连接，保证 USB2.0 接口引进的 5V 电源可以通过二极管给假肢手供电，而假肢手的 6V 电源不能通过 USB2.0 接口流入计算机的 USB 接口，形成对计算机 USB 接口的过压保护。

3．驱动控制系统

1) 手指驱动控制系统

假肢手五个手指采用模块化设计思想，无论机械结构还是电气系统都采用模块化，五个手指可以互相替换。所设计的模块化多感知假肢手各个手指的控制和驱动完全独立，每个手指有独立的控制系统和驱动系统。各个手指可以独立地完成电机驱动、传感器信号采集，每个手指相当于一个独立的机器人系统。

手指控制系统的主要任务是：驱动手指电机，采集手指位置传感器、力矩传感器、电流传感器、温度传感器信息，与触觉传感器系统进行通信，以及与手掌控制系统通信。此外，手指控制系统需要完成传感器信息的标定运算、位置控制、轨迹规划等运动。为了提高手指控制系统的运算能力以及减小手指控制电路的尺寸，手指采用 TI 公司型号为 TMS320F28027 的微型 DSP 作为主控芯片负责手指传感器信号的采集、处理，手指电机的驱动以及与手掌 FPGA 之间的通信。该芯片每秒执行指令高达 100 万条，为手指控制系统的快速计算提供了必要条件，并且该芯片具有 9mm×9mm×1.2mm（长×宽×高）的封装，可以实现手指电路在指尖的集成。此外，该芯片含有丰富的外设资源，其中增强型脉宽调制(PWM)模块用于电机驱动，12 路模数转换(ADC)模块用于传感器信号采集，高速串行外设接口(SPI)模块用于与触觉传感器系统通信，串行通信接口(SCI)模块用于与手掌 FPGA 进行 RS-485 通信，并且芯片内部集成了温度传感器用于对电路温度的实时监测，手指控制系统结构如图 4-12 所示。

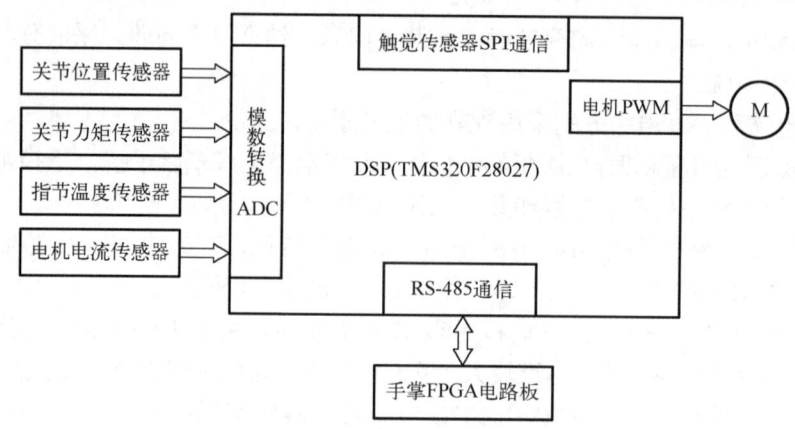

图 4-12 手指控制系统

手指驱动系统包含位置控制器、电流检测、PWM 控制器、H 桥电机驱动电路。受限于手指的高度集成，驱动元件的体积选择标准为能够可靠进行工作的同时体积越小越好。有刷直流电机以其小体积、易控性和高效率成为假肢手手指的首选驱动元件，采用高集成度的专用 H 桥驱动芯片 MPC17531A 来构建有刷直流电机驱动系统。该芯片采用超小的 QFN 封装，大小仅为 4mm×4mm×1mm（长×宽×高），而其内部集成了两套 H 桥电路。

为了实现电流环控制和电流过载保护，在手指驱动系统中加入了电流环。采用 MAX 公司的 MAX4071 芯片作为电流传感器，该芯片为双边电流采集芯片。在电机驱动电路中串联精密电阻，电流传感器采集该电阻两端的电压后将压差放大 10 倍，通过 DSP 的 ADC 模块对该电压信号进行模数转换后在 DSP 中实现电机驱动电流过载软件保护。另外，电流传感器 MAX4071 芯片将采集到的电压信号与参考电压进行比较，同时电流传感器的过流保护信号输出连接到 DSP 的电机故障保护发生端口，实现电机过流硬件保护。在采集电机电流信号时，纹波电流产生的噪声是电流测量的难点。通过示波器观测到纹波电流产生于 PWM 导通/关断瞬间，因此通过设置 DSP 在 PWM 波形中点时刻进行电机电流 AD 采集，实现对纹波电流的消除。

2) 手掌驱动控制系统

假肢手采用模块化设计思想，由五个模块化手指和手掌组成。各个手指的机械结构、传感器配置、电气系统相同。每个手指相当于一个独立的机器人系统，具备独立的机械结构、传感器系统、控制系统。手掌控制系统相当于大脑，作为整个假肢手的主控系统，负责与五个手指的通信、拇指外展-内收自由度的电机驱动、肌电信号的采集与处理、与 PC 以及其他外设的通信以及多指控制算法和轨迹规划等任务。

手掌控制器的主控芯片选用 Altera 公司生产的 EP3C256I7 芯片，该芯片具有 24264 个逻辑模块、157 个用户可配置的 I/O 接口数和 132 个嵌入式乘法器等，具有足够的能力实现后续复杂的控制算法。FPGA 上电工作时，首先由串行配置器件 EPCS16 将配置数据加载到片内 SRAM 中，完成 FPGA 的配置。在 FPGA 程序设计时，采用通用的 IP 核可以节省设计的时间，然而，由于现有的 IP 核无法满足日益增长的设计要求，尤其是对于新产品的开发，因此，自定义 IP 核在 FPGA 设计中至关重要。同时，FPGA 内部集成了 32 位嵌入式处理器 Nios Ⅱ，用户可以在搭建的可编程片上系统(system-on-a-programmable-chip，SOPC)上采用 C 语言开发，增加了系统设计的灵活性。Nios Ⅱ 处理器和 IP 核在 SOPC 环境下集成，建立底层

IP 核与软核处理器的联系。可编程片上系统采用 Avalon 交换式总线实现处理器、外围设备和接口电路之间的网络连接,提供了高带宽数据路径、多路和实时处理能力。

所设计的以 FPGA 为核心的假肢手手掌控制系统硬件结构如图 4-13 所示,主要包括如下几个模块。

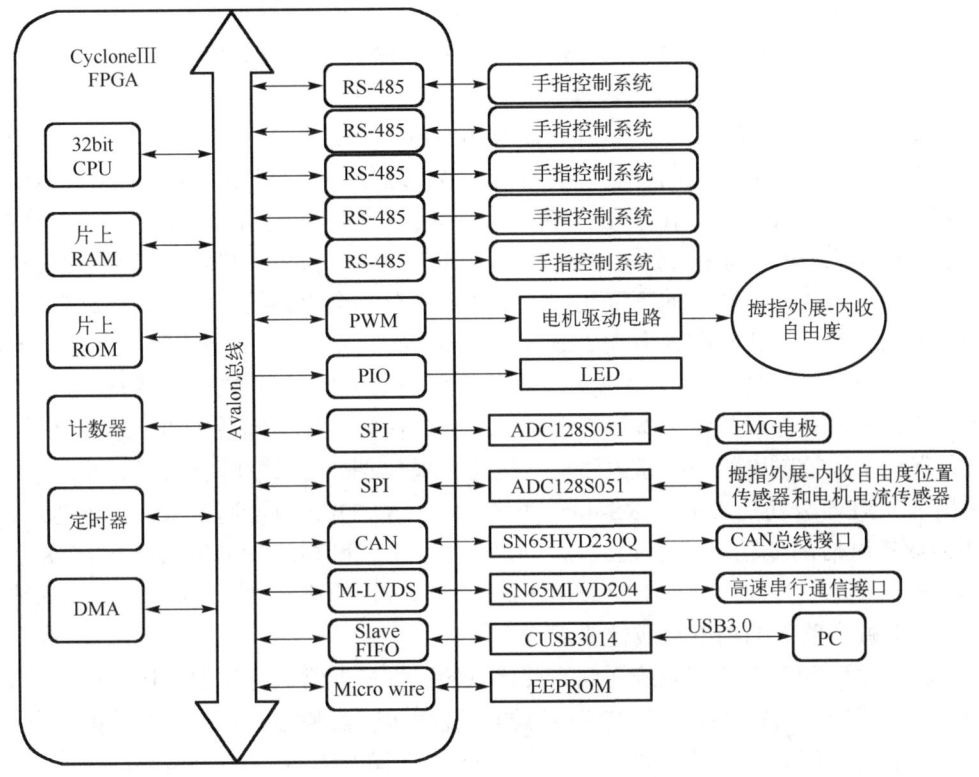

图 4-13 手掌控制系统硬件结构

主控制器 FPGA 模块:采用 Cyclone Ⅲ 系列的 FPGA 芯片。

配置芯片 EPCS16:用以在上电时,对 FPGA 的配置。

外部存储器 SBRAM:容量 2M Byte,用以存放控制算法。

RS-485 模块:用于与手指控制系统进行通信。

CAN 模块:用于外部通信。为缩短开发时间,使用 IFI 公司的 IP 核及 TI 公司的外部接口芯片。

M-LVDS 模块:用来实现假肢手与其他设备,如机械臂的高速串行通信,速度可达到 25Mbit/s。

USB3.0 通信模块:FPGA 通过 FIFO 控制 USB 芯片实现假肢手与 PC 的 USB3.0 高速通信。

肌电信号采集模块:采用高速 AD 芯片实现 8 路肌电信号的采集,实现假肢手的肌电控制。

拇指外展-内收自由度驱动模块:FPGA 产生的 PWM 信号经过直流电机驱动芯片实现对拇指外展-内收自由度的驱动。

传感器信号采集模块:负责拇指外展-内收自由度位置传感器、电机电流传感器、手掌电路温度传感器信号的采集。

LED 模块：通过 FPGA 的并行接口控制 8 路 LED，实现控制系统状态的显示。

软件部分采用 VHDL 编写各个对应于以上各硬件模块的软件模块，这些软件模块负责控制硬件模块进行工作，所有的软件模块都连接至 Avalon 总线，由 FPGA 的嵌入式软核 Nios Ⅱ 来协调这些软件模块之间的工作，从而达到对硬件的控制。由于手掌尺寸有限，手掌控制电路采用两块电路板叠加在一起，两块电路板通过两个微型的插针进行电气连接，五个手指通过 4 针连接头与手掌电路板进行电气连接，包括两根电源线和两根通信线。

3) 手指控制系统与手掌控制系统通信

手指控制系统采用微型化数字信号处理器(DSP)作为主控芯片，手掌控制系统采用 FPGA 作为主控芯片。关于这两种芯片的通信有多种通信协议，包括 SPI、CAN、RS-232、RS-485/422、I^2C 等通信方式。由于手指控制系统和手掌控制系统需要实时传递大量数据，因此要求手指控制系统和手掌控制系统具有较高的通信速率；再者，模块化多感知假肢手手指是机械、传感器、控制、驱动的高度集成，走线数量对整个手指的集成化设计具有很大的影响，为此在选择通信方式时需要考虑走线数量的多少，其中 SPI 通信需要 4 根线，CAN、RS-232、RS-485/422、I^2C 通信方式需要 2 根线，但是 CAN、RS-232、I^2C 的通信速率较低。综合考虑通信速率和走线数量，本设计选择 RS-485 作为手指控制系统和手掌控制系统的通信方式，保证手指控制电路与手掌电路连接线为 4 根(两根电源线和两根通信线)。

采用 MAXIM 公司的半双工 RS-485 收发芯片 MAX3362 设计通信系统，该芯片是一款用于 RS-485 通信的低功率高速收发器，收发数据速率可高达 20Mbit/s，采用 8 引脚的 3mm×3mm(长×宽)大小的 SOT23 封装，在保证传输过程的稳定性、增强电路抗干扰特性的同时，可以兼顾电路板的高度集成化要求。

手指控制系统和手掌控制系统之间需要传输的数据量非常大，其中包括手指向手掌传送的手指位置传感器、力矩传感器、电流传感器、温度传感器和触觉传感器的数据信息；手掌向手指传送的电机使能、电机转动方向、PWM 值、刹车等信息。为了实现高速、可靠的通信，采用 FPGA 灵活的硬件设计方法设计了多中断的 RS-485 通信系统。设计思想是将数据进行打包，采用 FIFO 模式、中断方式读写数据，在主任务中进行数据处理，整个通信周期在 200μs 内。由于假肢手采用电池进行供电，为了减少电路的功耗，各个手指控制系统在空闲时处于休眠状态，只有在接收到手掌主控芯片 FPGA 发送过来的特定数据时才唤醒休眠模式进行工作。通信数据采用 16 级 FIFO 进行打包处理，接收数据包中的第一个字节地址为包头，用来确定数据接收的开始标志，以防数据包中位置的窜动。通过设置 DSP 的寄存器位 RXBKINTENA 产生中断，将接收模式设定为在 RXBKINTENA 中断服务程序中读取地址字节，并且同时启用 16 级接收 FIFO 中断，在 FIFO 的中断服务程序中读取数据字节。

4．传感器系统

为了提高假肢手的智能化水平，仿人型假肢手集成了多个微型传感器，每个手指集成了关节力矩传感器、关节位置传感器、电机电流传感器、指尖触觉传感器和指尖温度传感器。所有传感器的放大电路与传感器集成，并就近转化为数字信号，以减小信号长距离传输引起的噪声干扰，具体的传感器配置如表 4-1 所示。手指关节位置传感器集成在手指的第一关节处；电机电流传感器集成在手指控制电路中；指尖温度检测采用手指控制芯片 DSP 自带的温度传感器；触觉传感器粘贴在手指尖表面，信号处理电路集成在手指尖中。

表 4-1　HIT-V 假肢手手指传感器配置

传感器名称	传感器数量	测量原理
关节力矩传感器	1	应变原理
关节位置传感器	1	电位计
指尖触觉传感器	1	量子隧道效应
电机电流传感器	1	高压电阻
指尖温度传感器	1	DSP 芯片内部集成

关节力矩传感器是手指力控制的基础，在 HIT-V 假肢手中设计了一款基于应变原理的关节一维力矩传感器，将弹性体与手指指尖作为一体，测量中关节的一维力矩。弹性体内壁粘贴一个反映指尖切应变的应变片，作为惠斯通半桥的桥臂电阻。弹性体材料采用超硬铝 LC4，具有高的弹性极限以及强度极限，且易于机加工。弹性体的尺寸通过 ANSYS 应变分析确定，使其应变为 1/1000～6/5000，并在其应变最大处贴应变片，通过提高放大倍数来提高灵敏度，弹性体结构及应变分布如图 4-14 所示。

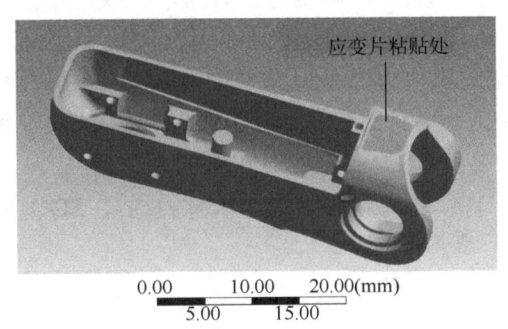

(a) 弹性体应力分析　　　　　　(b) 弹性体应变分析

图 4-14　关节力矩传感器

当手指转动时，驱动力引起指尖的弹性体产生扭矩，引起弹性体变形，即可促使其表面的应变片的两个电阻的阻值发生不同变化。应变片采用中航电测仪器有限公司 ZF1000-2HA-W(23) 型号的微型高阻金属应变片，所选的阻值和应变系数分别为 $1k\Omega$ 和 2.04%，具有灵敏度高、温漂小、功耗低等特点。

假肢手拇指外展-内收自由度的驱动和控制集成在手掌电路板中，手掌电路中集成了拇指外展-内收自由度位置传感器、拇指外展-内收自由度力矩传感器、拇指外展-内收自由度电机电流传感器、手掌电路温度传感器和假肢手电气系统电压监控传感器，具体的传感器配置如表 4-2 所示。

表 4-2　HIT-V 假肢手手掌传感器配置

传感器名称	传感器数量	检测原理
拇指外展-内收自由度位置传感器	1	电位计
拇指外展-内收自由度力矩传感器	1	应变原理
拇指外展-内收自由度电机电流传感器	1	高压电阻
手掌电路温度传感器	1	专用温度传感器芯片
假肢手电气系统电压监控传感器	1	高压电阻测电流

5. 多路肌电信号采集系统

手臂表面未经放大处理的原始肌电信号的电压只有-5~5mV，均方根为 0~1.5mV，带宽为 500Hz，平均谱频率为 70~130Hz，特别容易受到其他噪声的干扰而导致非常低的信噪比。EMG 的质量对抓取动作的获取具有决定性意义，因此，肌电信号采集系统对整个假肢手系统意义重大。一般采用独立式干电极采集手臂处的肌电信号控制假肢手动作，这类电极一般具有低的畸变放大特性，采用 Ag-AgCl 极片来提高信号的稳定性，采用多级放大并且在初级放大后进行低频、高频以及工频陷波滤波处理以提高信噪比；独立式干电极内集成电极极片、供电模块、信号放大、调制以及噪声屏蔽等电路，直接输出放大滤波后的模拟肌电信号。

为了保证对多路肌电信号的同步、高速采集，本节采用 FPGA 结合高速 AD 芯片设计了多路肌电信号采集系统。由于商业的电极输出为 5V，而 FPGA 的 I/O 引脚供电为 3.3V，因此，需要将经过 AD 转换后的肌电信号转换为 3.3V 后再进入 FPGA 进行运算处理。采用 TI 公司的 ADCS128S102 芯片搭建多路肌电信号采集系统，该芯片是具有 8 个模拟量输入通道的 12 位 AD，FPGA 芯片采用 VHDL 编写 SPI 程序控制 8 路信号的采集，转换速率高达 1Msps(samples per second)。FPGA 通过 SCLK、CS、SDI 和 SDO 四根信号线控制 ADCS128S102 芯片进行各路信号循环采集。FPGA 根据用户设定的肌电信号采集频率对晶振倍频后的频率进行分频处理，通过 SCLK 向 ADCS128S102 芯片提供串行时钟；FPGA 通过片选信号 CS 控制数据传输和转换开始；FPGA 通过串行数据输入端口 SDI 向 ADCS128S102 芯片输入 16 位控制指令的串行数据，控制各路模拟通道的顺序采样；各路模拟通道的采样值通过 SDO 端口写入 FPGA 寄存器，Nios II 定时读取寄存器中的多路信号值。

4.3.2 集中式控制系统

基于 DSP+FPGA 的分布式控制系统采用模块化设计思想，每根手指都由单独的控制器进行驱动控制，这样虽然便于维修与更换，但却造成假肢手功耗过大。因此为了降低控制系统的功耗，新一代 HIT-VI 假肢手采用了基于 MCU 的集中式控制系统，仅手掌电路板内包含一块主控制器，手指的传感信息利用指尖的 AD 转换芯片进行就近采集并转换为数字信号传输给手掌板，下面首先介绍该集中式控制系统的整体架构，然后介绍控制系统的各个部分，包括电源系统、主控系统、驱动系统、通信接口以及手指传感系统的详细设计方案。

1. 控制系统架构

HIT-VI 假肢手的控制系统为集中式控制系统，由 1 个主控制板和 5 个模块化的传感信息处理单元组成，如图 4-15 所示。模块化的传感信息处理单元安装于四指和拇指中，使用 ADS7952 作为采集芯片，用于采集和处理四指和拇指中的力和位置信号，并将其传递给主控制板。主控制板选用 32 位的 STM32F427 芯片作为其中央处理单元。该芯片为 BGA 封装，尺寸较小。同时最高主频可达 180MHz，包含浮点运算单元，具有较高的浮点运算速度和较快的中断响应能力。此外，主控制板上还设计有 CAN 总线接口和 RS-485 接口，CAN 总线接口用于假肢手与 EMG 控制器之间的通信，RS-485 接口用于假手与上位机之间的通信。

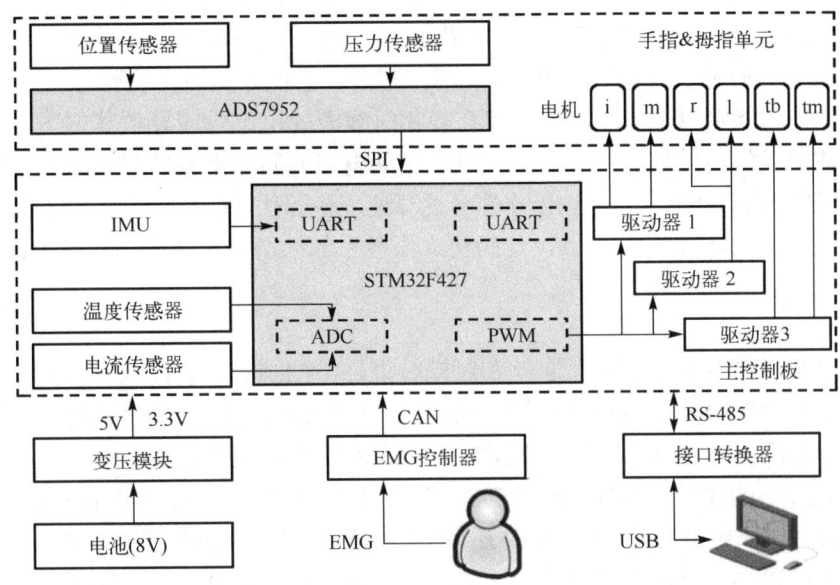

图 4-15 假肢手集中式控制系统

2．电源系统

在假肢手电气系统中，电池供电电压为 8V，微处理器、RS-485 通信芯片、角度传感器、姿态传感器、温度传感器、电流传感器等为 3.3V 用电设备，霍尔传感器等为 5V 用电设备，因此需要设计 3.3V 和 5V 的直流稳压网络。稳压方案可采用线性稳压器，如 LM1117 等芯片，也可采用 DC-DC 稳压器。稳压系统需要满足板子上各类用电芯片的功耗需求，并保证稳压网络设计尺寸较小，同时拥有较高的转化效率。基于上述各项指标，稳压系统采用德州仪器公司生产的型号为 LMZ21701 的 DC-DC 芯片，采用该芯片设计的稳压网络的最小占用面积为 $48mm^2$，效率高达 95%，最大可提供 1A 电流，可以满足设计需求。

3．主控系统

微处理器具有通信、运算、存储等重要功能，是假肢手控制系统的核心元件，选择处理器时需要考虑其成本价格、封装尺寸、运算速度、存储空间及外设支持等诸多因素。根据 HIT-VI 假肢手所需完成的实际任务需求，选择 32 位 Cortex-M4 内核的 STM32F427AIH6 芯片作为核心处理器。该芯片是意法半导体(ST)公司生产的一款嵌入式单片机，拥有 130 个 I/O 口的同时，长宽均仅为 7mm，使其在提供丰富的外设资源的同时能保持较小的设计尺寸。该芯片具有较高的运算速度，从而可以满足执行先进的控制算法以及传感器数据处理等复杂操作所需的算力要求。自带高达 2MB 闪存(Flash)和 256+4KB 随机存取存储器(RAM)，使其不仅可以存储大量参数、下载复杂程序，还可以满足在程序运行过程中产生的临时数据的存储要求。该芯片带有多达 24 通道的 12 位模拟/数字转换器，转换速率高达 2.4Msps，足以满足电位计和温度传感器的采样精度和采样频率。同时，该芯片带有的通用异步收发传输器(UART)可用于控制直线电机运动、实现手腕控制板与手掌控制板之间的通信、获取姿态传感器数据等功能，此外，该芯片所自带的串行外设接口(SPI)可用于手掌控制板接收手指信号采集系统传来的多路模拟传感器数据。在电机驱动方面，此芯片带有的高级定时器可控制 I/O 口发出不同频率的脉冲宽度调制(PWM)波形。同时，它们还具有带可编程插入死区的互补 PWM 输出，此功能可用于防止无刷电机在换相时线圈的电感效应导致其定子电流过大，烧毁电机等事故的发生，此外，也可以防止电机驱动电路的同一半桥的 MOSFET 管同时导通，发生短路而烧毁 MOSFET 管。除功能丰富、运算速度快等优势外，这款芯片还提供了三种低功耗模式，最低消耗电流不足 1mA，这为仿人假肢手的续航提供了有力的支持。

4．驱动系统

直流有刷电机具有运行平稳，起动和制动效果好，控制简单且控制精度高等诸多优点。因此，在假肢手中采用 Faulhaber 公司生产的 1224 系列直流电机来为欠驱动手指提供动力。该电机的额定电压为 6V，峰值电流可达 1.3A。为保证电路设计紧凑，同时满足上述功率需求，选用东芝公司生产的 TC78H660FTG 双 H 桥电机驱动芯片，该芯片的工作电压在 2.5～16V，最大输出电流可达 2A，同时还有故障检测、过流保护等多项功能。

在假肢手抓握物体时，电机堵转会使电机产生较大的输出电流，当假肢手的电气系统消耗的电流超过电源的最大放电能力时，会导致电源的电压骤降，发生危险。因此假肢手中的直流电机设计了电流检测功能，一方面可以限制其输出电流，另一方面可以完成电机的转矩控制。为了实现对直流电机的转矩控制，可采取建立电机模型，利用电机电枢电流计算电机转矩的方法，也可通过标定，制作电流-转矩查询表的方式实现。无论上述哪种方法，实时获取电机的电枢电流是问题的关键。目前比较常见的方法是在电机的电源线上安放采样电阻，通过测量电阻两端的电压来间接获取通过电机的电流。若安放在电机电源线上的采样电阻阻值过大，则会过多地分走电机电枢两端的电压，因此，通常的方法是使用低阻值、高精度的采样电阻，对该电阻两端的电压进行放大，将放大后的电压传入 AD 转换模块，进而间接计算通过采样电阻和电机电枢的电流。本设计中选用阻值为 0.02Ω，阻值偏差为 1% 的高精度电阻作为采样电阻。选用 ADI 公司生产的高分辨率、共模抑制电流检测放大器 AD8417。该芯片差模放大倍数为 60 倍，且增益误差保持在 ±0.3% 以内。

5．通信接口

为满足假肢手能够与外界以多种方式进行通信的需求，在电气系统上除留有 RS-485 通信接口的设计外，还增加了另外一种通信接口的冗余设计。在当今各类现场总线中，CAN 总线具有通信速率高、容易实现、性价比高、采用双线串行通信方式、抗干扰能力强、具有可靠的错误处理和检错机制等诸多特点，同时，在 STM32F427 微处理器中带有 CAN 2.0B 通信接口，这为其软件编程带来极大的便利。因此，在假肢手掌电气系统中增设 CAN 通信接口。由于 STM32F427 微处理器只提供 CAN 通信协议，其 I/O 口的输出信号并不满足 CAN 的电气标准，因此需选用专门的 CAN 收发器，并设计其外围电路才能完成假肢手掌系统的 CAN 通信，本系统选用的是恩智浦公司生产的 TJA1050 芯片来完成 CAN 通信接口电路的设计。

6．手指传感系统

人手之所以能完成各种各样复杂的工作，与它带有丰富的感知单元息息相关。为使假肢手尽量具有人手所具备的感知压力和位置的功能，在假肢手手指表面的远指节、中指节以及近指节分别贴了 3 个、2 个和 3 个 FSR 压力传感器来感受手指各个部分所承受的压力，并在远指节和近指节关节处安装旋转电位计，以此来获取手指的弯曲状态。

手指中电气系统由安装在近指节、中指节和指尖的三块电路板组成。在手指信号采集系统中，中指节和近指节分别就近连接其周围传感器，并将传感器的模拟信号向上传输至指尖电路板，在指尖电路板中将所有传感器的模拟信号转化为数字量后，再以数字通信的方式将所有传感器数据传输至手掌电气系统。采用这样的电气系统设计方式可以大大减少关节处零散走线的数量，从而减小假肢手指发生故障的概率。同时，采用专门的 AD 转换芯片将大量的模拟信号转化为数字量，也大大缓解了手掌板中微处理器 AD 模块资源的紧张。由于指尖电路板是手指信号采集系统的核心，所以其设计尺寸难以保持在较小范围内，因此将指尖电路板设计成刚柔结合板，通过折叠的方式来减小其所占的平面面积。

基于以上需求，选用德州仪器公司生产的 ADS7952 芯片作为模数转换芯片。该芯片带有 12 路 12 位 AD 转换器，转换速率可达 1Msps，并将转换结果通过全双工的 SPI 进行数据传输。为提高转换芯片的输入阻抗，通过电压跟随器分别与传感器相连。所设计的手指信号采集系统电路板实物如图 4-16 所示。

  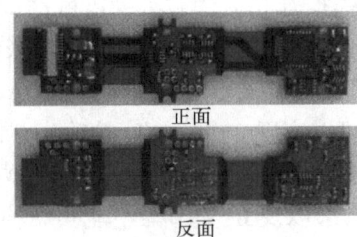

(a) 近指节板　　　　　　　(b) 中指节板　　　　　　　(c) 指尖板

图 4-16　手指信号采集系统电路板

中指节板和近指节板均为尺寸较小的双层刚性板，在功能上起着数字信号中继与模拟传感器信号采集的作用。模数转换芯片和其输入通道前置的电压跟随器均位于指尖电路板上。因元器件的种类和数量较多，占用面积较大，所以将指尖板设计成为三折的刚柔结合板。各电路板之间采用 FPC 软排线进行连接，以便于更换维修、降低成本。

4.3.3　假肢手控制系统集成

4.3.1 节和 4.3.2 节介绍了基于 DSP+FPGA 的分布式控制系统以及基于 MCU 的集中式控制系统这两种典型的控制系统方案，本节将以 HIT-VI 假肢手为例重点介绍如何进行控制系统集成，实现假肢手的机电一体化设计。

1．欠驱动假肢手机电总体设计

一个典型的机电一体化假肢手系统主要由五个部分组成：人体层、肌电信号采集层、模式识别层、假肢手层和信息反馈层，构成一个控制闭环。仿人假肢手的抓握运动功能是多个手指协同运动的表现形式，因此面向残疾人对多感知欠驱动假肢手的应用需求，设计了具有高集成度的模块化 HIT-VI 机电假肢手，如图 4-17 所示。

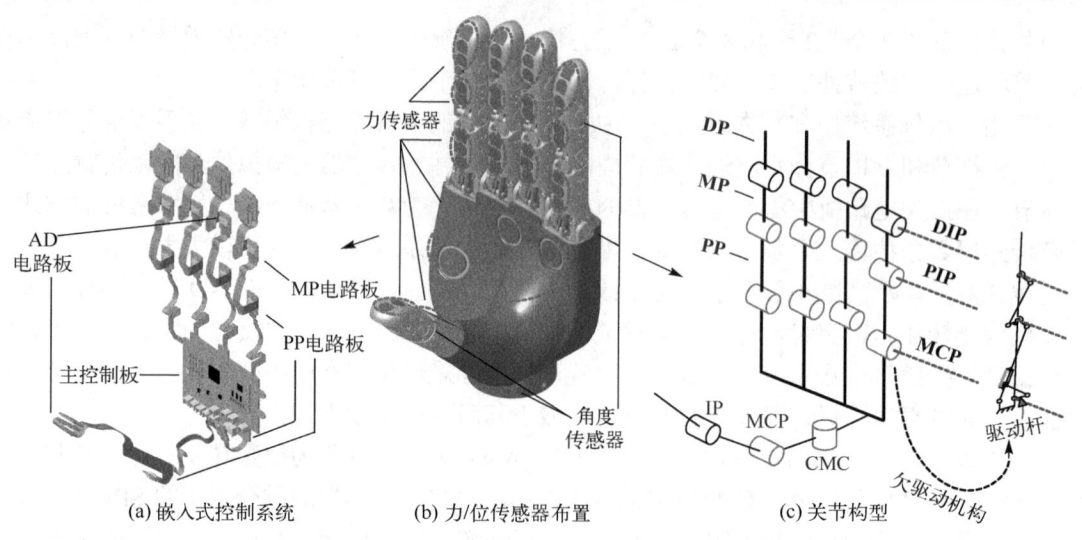

(a) 嵌入式控制系统　　(b) 力/位传感器布置　　(c) 关节构型

图 4-17　欠驱动假肢手机电一体化集成设计

HIT-VI 仿人假肢手的机械结构由 4 根模块化的欠驱动手指和 1 根双自由度拇指组成。每个欠驱动手指含有 3 个指节和 3 个活动关节，由 1 个电机驱动。拇指包含 2 个弯曲关节和 1 个对掌关节，分别由 1 个电机驱动。基于耦合-自适应九连杆机构的欠驱动特性，每个欠驱动手指可以实现 2 个自由度的输出，因此，HIT-VI 仿人假肢手含有 15 个活动关节、10 个自由度。如图 4-17 所示，图中的 MCP 关节、PIP 关节以及 CMC 关节为能够实现独立运动的关节，DIP 关节以及 IP 关节为不能实现独立运动的耦合关节。

HIT-VI 仿人假肢手的电气系统硬件结构由 1 个手掌主控制板和 5 个模块化的手指传感信息处理单元组成。模块化的传感信息处理单元安装于四指及拇指中，用于采集和处理四指和拇指中的力和位置信号，并将其传递给手掌主控制板。手掌主控制板则负责与手指传感信息处理单元通信、电机驱动、手掌传感信号采集与处理、与其他设备通信以及抓握控制算法的实现等任务。

HIT-VI 仿人假肢手的传感系统包含 39 个压力传感器、10 个位置传感器、6 个电流传感器、1 个温度传感器和 1 个 IMU。如图 4-17 所示，每个四指表面设计有 8 个压力传感器，拇指表面设计有 4 个压力传感器，手掌表面设计有 3 个压力传感器。手指的 MCP 关节和 DIP 关节分别设计有一个角度传感器，拇指的 IP 关节和 CMC 关节设计有一个角度传感器。电流传感器、温度传感器和 IMU 嵌入在主控制板上。

HIT-VI 仿人假肢手的主要特点可总结为以下四个方面。

（1）模块化：HIT-VI 假肢手具有模块化的欠驱动手指和模块化的传感信息处理单元。模块化的设计可以有效地简化假肢手结构、增加假肢手零件和组件的互换性、降低假肢手加工成本和装配复杂度。

（2）欠驱动：HIT-VI 假肢手具有基于耦合-自适应九连杆机构的欠驱动手指。欠驱动机构的特点是利用储能元件的能量转换特性，使仿人假肢手具有了嵌入式的机械智能结构，在无须控制系统干涉的情况下，可以实现对外界环境干扰的快速反应，在硬件层面实现对被操作物体的自适应包络抓握。

(3) 多传感：HIT-VI 假肢手具有丰富的力/位/电流等传感器单元。设计有多种传感器的假肢手控制系统可以有效提高假肢手的智能化水平，增强假肢手的人机交互能力，为智能控制和感觉反馈提供硬件基础。

(4) 高集成：HIT-VI 假肢手手掌的宽度为 85mm，手腕到中指指尖的长度为 180mm，手指 MCP 关节到指尖的长度为 90mm，质量共 475g。在拟人的手指尺寸内，设计有高精密的耦合-自适应机构、电气处理单元和传感器单元。高度集成的机电一体化系统使假肢手在大小、重量和外观上与人手相似，提高了假肢手的应用能力。

2. 模块化欠驱动手指集成设计

机械手指是仿人假肢手实现抓握运动功能最直接的组件，本节介绍 HIT-VI 假肢手欠驱动手指的机电一体化集成设计方案，如图 4-18 所示。

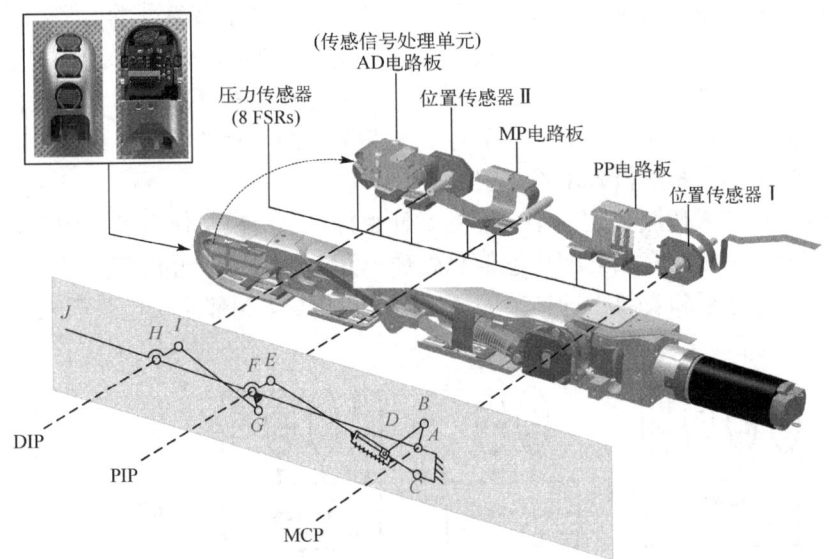

图 4-18 模块化欠驱动手指机电集成设计

1) 驱动模块设计

仿人假肢手的最主要功能是抓握操作，而抓握速度的快慢、抓握力的大小、抓握质量的好坏，在很大程度上依赖于驱动系统的设计。此外，除了输出特性方面的需求，驱动模块的尺寸、形状和零件种类也都影响着假肢手的集成度与可靠性。因此，如何在小空间内设计驱动结构是驱动模块设计中亟须解决的关键技术难题之一。

机械臂关节中通常设计有抱闸机构。该机构可以在电机停止工作时保持机械臂的位置不变，在电源发生故障时可起到保护机械臂的作用。在假肢手设计中，由于尺寸方面的限制，多采用微型直流电机作为驱动源件，因此很难找到与电机匹配的微型抱闸机构。如何设计和使用自锁机构也是假肢手设计中的关键技术难题之一。

为了满足假肢手对集成设计在尺寸方面的需求，选用 Faulhaber 公司的微型直流电机（1224M006SR）作为驱动源件。设计蜗轮蜗杆机构为欠驱动手指提供自锁功能。

电机-行星齿轮-伞齿轮-蜗轮蜗杆传动链的设计方案有如下三方面优点。

(1) 相比于直接将电机与蜗杆相连，利用伞齿轮将电机和蜗轮蜗杆连接在一起的设计方案，可以有效地减小手指在厚度和宽度方面的尺寸。

(2) 蜗轮蜗杆为仿人假肢手提供自锁能力的同时，也为手指驱动系统提供了高的减速比，从而减少了对行星齿轮箱的级数需求。

(3) 齿轮箱采用一体化设计，将齿轮箱体设计为单个零件，可以有效地减少零件的种类和数量，增加了手指的可靠性。

1224M006SR 微型直流电机的额定电压为 6V，堵转力矩为 5.31mN·m，空载转速为 13600r/min。伞齿轮的减速比设计为 1∶1。蜗轮蜗杆的减速比设计为 16∶1。通过计算可得指尖的输出力达 10N。

2) 传感单元设计

模块化欠驱动手指设计有8个压力传感器(FSR400 Short, Interlink Electronics)和2个位置传感器(SV01A103AEA01, muRata)。压力传感器嵌入于三个指节表面的微型凹槽内，用于检测手指与物体之间的力信息。两个位置传感器分别安装于 MCP 关节与 DIP 关节处，用于检测手指的关节位置信息。由于所设计的欠驱动手指包含两个能够独立运动的自由度，因此需要有两个传感器的设计。又因为 PIP 关节与 DIP 关节为两个耦合关节，所以 PIP 的关节位置可以通过关节角逆向关系解析式求得。

为了能够满足仿人假肢手的高集成度的设计目标，采用模块化电气结构单元。如图 4-19 所示，假肢手手指中设计有独立的传感信息处理单元，由安装于近指节的 PP 电路板、安装于中指节的 MP 电路板和安装于远指节的 AD 电路板组成。相邻两块电路板采用 FPC 柔性线进行连接。

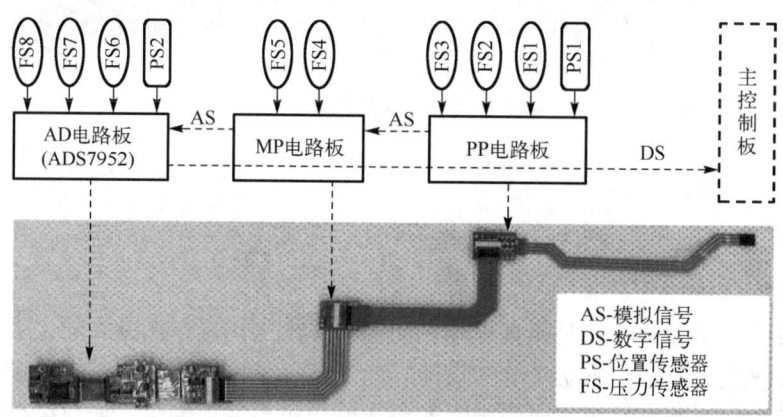

图 4-19　手指的传感电气系统设计

PP 电路板用于连接三个安装于近指节表面的三个压力传感器(FS1、FS2、FS3)与安装于近指节中 MCP 关节处的位置传感器(PS1)，并将采集到的模拟信号经 MP 电路板传输至 AD 电路板。MP 电路板用于连接安装于中指节表面的两个压力传感器(FS4、FS5)，并将采集到的模拟信号向上传输至 AD 电路板。AD 电路板用于连接安装于远指节表面的三个压力传感器(FS6、FS7、FS8)与安装于远指节中 DIP 关节处的位置传感器(PS2)，通过模数转换芯片将整个手指上的传感器的模拟信号转换为数字信号，再通过 SPI 总线将数字信号传输至手掌的主控制板中进行处理。

采用就近原则的手指传感电气系统集成设计方案,可以有效地减少手指内部零散导线的数量,从而增强信号传输稳定性,同时增加手指机电系统的可靠性,减小欠驱动假肢手手指的故障率。同时,采用 ADS7952 模数转换芯片对传感器信息在手指内进行处理,也极大地缓解了主控制板上微处理器 AD 模块资源的紧张。

此外,由于手指指尖的集成设计需求,而 AD 电路板上又集成有模数转换芯片、运放芯片等多种大型元件,因此将 AD 电路板设计为刚柔混合多层结构,以此来减少 AD 电路板所需的空间尺寸。

3. 电机内置式拇指及拟人手掌机电集成设计

人手和假肢手的抓握都不仅仅由拇指和四指的参与完成,而常常是由四指、拇指和手掌共同参与完成。拇指与其他四个手指相比,有一个更为复杂的大多角骨结构,无论抓取还是提、推、拉、支撑物体,都需要拇指多个自由度的参与,在假肢手的设计中,称为 CMC 关节(或 TM 关节)。CMC 关节多设计在手掌中。因此将拇指与手掌作为一个整体研究其设计方法。

拇指设计由三个关节(CMC 关节、MCP 关节和 IP 关节)和两个指节(PP 和 DP)组成。与模块化手指相比,拇指有一个额外的关节,称为 CMC 关节,它使拇指在笛卡儿空间内具有更宽的运动范围。同时,为了复现人手的复杂功能,拇指设计有两个驱动单元,TM 驱动单元安装于手掌内部,用于驱动 CMC 关节的对掌运动。TB 驱动单元内置于拇指指节内部,用于驱动 MCP 关节运动。IP 关节由拇指 MCP 关节处的旋转通过耦合连杆驱动。TM 驱动单元与 TB 驱动单元具有相同的传动链,其中包含一个直流微电机、行星齿轮减速箱和一组蜗轮蜗杆自锁单元。

基于模块化的电气系统设计目标,所设计的电机内置式双自由度拇指采用与欠驱动手指相同的电气系统结构,又因为 CMC 关节安装于手掌之中。因此将手心外壳当作拇指的 CMC 关节的一部分进行传感电气系统的布局设计。如图 4-20 所示,拇指和手掌共设计有 7 个压力传感器(FSR400 Short, Interlink Electronics)和 2 个位置传感器(SV01A103AEA01, muRata)。两个位置传感器分别安装于拇指的 IP 关节与 CMC 关节处,用于检测拇指的关节位置信息。由于所设计的拇指设计有两个电机驱动,因此需要有两个传感器的设计。又因为拇指的 IP 关节与 MCP 关节为两个耦合关节,因此 MCP 的关节位置可以通过关节角之间的耦合关系求得。压力传感器嵌入于拇指两个指节表面的微型凹槽内和手掌表面的凹槽内,用于检测拇指和手掌与物体之间的力信息。

与模块化手指的设计方式相似,拇指的 CMC 关节内集成有 PP 电路板,用于连接三个安装于手掌表面的压力传感器与安装于手掌中的 CMC 关节处的位置传感器Ⅰ,并将采集到的模拟信号经 MP 电路板传输至 AD 电路板。MP 电路板用于连接安装于拇指近指节表面的一个压力传感器,并将采集到的模拟信号向上传输至 AD 电路板。AD 电路板用于连接安装于拇指远指节表面的三个压力传感器与安装于拇指远指节中 IP 关节处的位置传感器Ⅱ,同时,通过模数转换芯片将整个手指上的传感器的模拟信号转换为数字信号,再通过 SPI 总线的通信方式将数字信号传输至手掌的主控制板中进行处理。

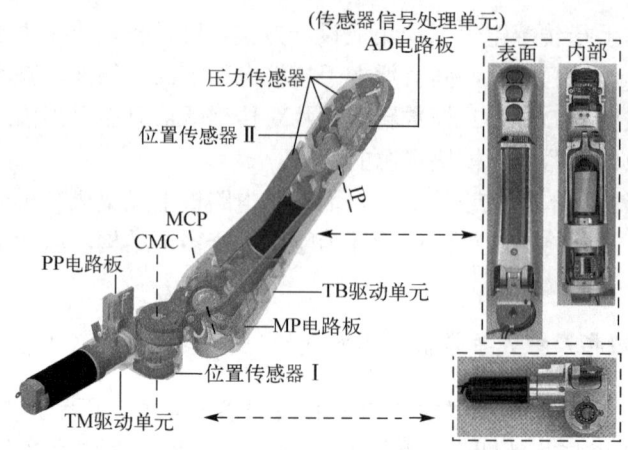

图 4-20 电机内置式双自由度拇指

此外,拇指的鱼际肌在人手在抓握操作过程中起到了不可或缺的作用。因此在拇指与手掌之间设计有波纹管结构,利用软胶材料加工而成,可以有效地增加假肢手与物体的接触面积和摩擦力,同时也使得假肢手更加美观,如图 4-21 所示。

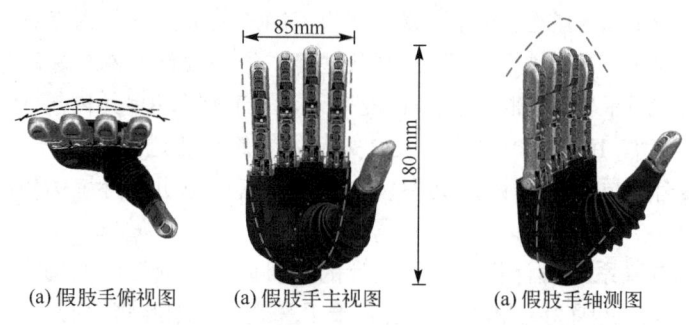

(a) 假肢手俯视图　　(a) 假肢手主视图　　(a) 假肢手轴测图

图 4-21 欠驱动假肢手拟人外观设计

解剖学研究发现人类手掌并不是平面的,而是呈中间凹陷的形状,其本质相当于手掌的自由度。从抓取的角度分析,弧形的手掌结构对日常生活中的大多数物体具有较好的包络性,对提高抓取稳定性具有重要意义。因此,HIT-VI 假肢手设计中含有几个弧度,以中指为中心,两侧手指在横向和纵向各有一定的弧度设计。四个手指、拇指以及主控制板都安装于手掌框架上,因此可通过手掌框架的结构设计实现手指之间不同安装角度的设计。

4.4　假肢手控制方法

4.3 节重点介绍了控制系统的硬件设计及集成,本节则重点介绍控制系统的控制算法设计,主要包括位置控制、力控制以及阻抗控制。在位置控制方面,针对摩擦力问题设计一种简单、实用的高精度位置控制算法。在力控制方面,采用基于事件的并行位置/力矩控制策略实现关节从自由空间到约束空间的稳定过渡和约束空间中的力控制。在阻抗控制方面,对阻抗控制进行概述,介绍基于位置的阻抗控制以及基于力的阻抗控制方案,最后以基于位置的阻抗控制为例介绍其具体实现。

4.4.1 位置控制

1. 摩擦力及其补偿

摩擦力及其补偿是机器人控制的难点。在机械系统中,摩擦力发生在两个相互接触的物体表面,对机械系统的运动性能具有十分重要的影响,众多学者采用理论分析、仿真和实验等方法对摩擦力的模型、参数辨识及补偿进行了多方面的深入研究。其中,Armstrong 等的工作具有代表性。他们根据物体的运动速度,把物体运动过程中的摩擦力分为 3 个阶段:速度为零时的静摩擦(static friction)、速度很小时的负摩擦(negative friction)和速度足够大时的动摩擦(dynamic friction),完整的摩擦力模型如图 4-22 所示。

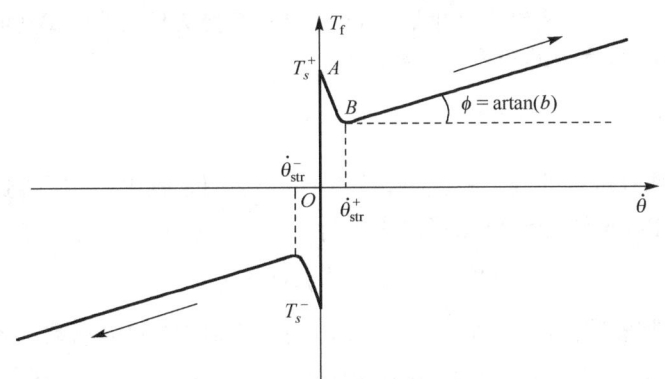

图 4-22 摩擦力模型

图 4-22 中,$\dot{\theta}$ 是角速度,T_s^+ 和 T_s^- 分别表示正向运动和反向运动时的最大静摩擦力矩,$\dot{\theta}_{str}^+$ 和 $\dot{\theta}_{str}^-$ 分别是正向运动和反向运动时的角速度阈值,b 是黏滞摩擦系数。图中,OA 表示静摩擦阶段,AB 表示负摩擦阶段,B 点以后是动摩擦阶段。假设正向运动和反向运动的摩擦特性相同,即 $\dot{\theta}_{str} = \left|\dot{\theta}_{str}^+\right| = \left|\dot{\theta}_{str}^-\right|$,$T_s = \left|T_s^+\right| = \left|T_s^-\right|$,则摩擦力的数学描述如下。

(1) 静摩擦力矩 T_{stick} 可以表示为

$$T_{stick} = \begin{cases} T_e, & |T_e| < T_s, \dot{\theta} = 0, \ddot{\theta} = 0 \\ T_s \, \text{sgn}(T_e), & |T_e| > T_s, \dot{\theta} = 0, \ddot{\theta} \neq 0 \end{cases} \quad (4\text{-}34)$$

式中,T_e 表示物体受到的外力矩;sgn() 是符号函数。

(2) 负摩擦力矩 T_{slip} 和动摩擦力矩 T_{dyn} 可以统一表示为以下的指数模型:

$$T = [T_{coulomb} + (T_s - T_{coulomb}) e^{-\left(\frac{\dot{\theta}}{\dot{\theta}_{str}}\right)^2}] \cdot \text{sgn}(\dot{\theta}) + b \cdot \dot{\theta} \quad (4\text{-}35)$$

式中,$T_{coulomb}$ 是库仑摩擦力矩。

摩擦力对机械系统的运动性能有很大的影响,为了实现高精度的运动,必须在位置控制系统中进行摩擦力补偿。Tataryn 等系统地总结了位置控制系统中的摩擦力补偿方法,并且进行了实验比较。具有摩擦力补偿的位置控制方法可以分为基于模型和不基于模型两类,代表性工作如下。

(1) 1986 年，Canudas de Wit 等提出了高比例增益和速度增益的 PD 高刚度控制方法。Armstrong 指出，这种方法存在稳定性问题，特别是在低刚度驱动系统的情况下。

(2) Radcliffe 和 Southward、Townsend 和 Salisbury 等引入积分控制消除摩擦力引起的稳态误差，不需要采用很高的比例增益。Radcliffe 等指出，这种方法虽然可以消除静态误差，但由于摩擦力具有时变性，该控制方法容易引起给定点附近的振荡和极限环。

(3) 线性化方法：对非线性摩擦力模型进行局部线性化处理，该方法容易导致系统的不稳定。

(4) 其他方法：包括自适应控制、bang-bang 控制、关节力矩控制、学习控制、非线性前馈和反馈补偿、查表补偿控制等。Cai 和 Song 等提出了在线辨识摩擦力的自适应控制方法，由于采用的摩擦力补偿信号是线性的，所以难以实现精确控制；Cai 和 Song 还提出了 bang-bang 控制方法，依靠电机方向的瞬间改变消除摩擦力的影响。Armstrong-Hélouvry 在 1994 年系统地总结了摩擦力的模型、分析和控制。

2．具有摩擦力补偿的关节位置 PD 控制方法综述

由于 PD 控制具有全局的渐近稳定性，因此在机器人位置控制领域得到了最广泛的应用。具有摩擦力补偿的 PD 位置控制算法可以表示为

$$u_c(t) = K_p \cdot \theta_e + K_d \cdot \dot{\theta}_e + u_{\text{comp}}(t) \tag{4-36}$$

式中，u_c 为位置控制器输出的控制量；K_p 为 PD 控制器的比例项系数；K_d 为 PD 控制器的微分项系数；$\theta_e, \dot{\theta}_e$ 分别是关节的位置误差和速度误差，$\theta_e = \theta_d - \theta$，$\dot{\theta}_e = \dot{\theta}_d - \dot{\theta}$，$\theta_d$ 和 θ 分别是关节的期望位置和实际位置，$\dot{\theta}_d$ 和 $\dot{\theta}$ 分别是关节的期望速度和实际速度；u_{comp} 为摩擦力补偿项，其设计方法主要包括以下几种。

1) 条件复位积分 (conditional reset integral，CRI) 法

$$u_{\text{comp}}(t) = \begin{cases} u_{\text{comp}}(t-T) + K_i \theta_e \cdot T, & |\theta_e| \leq \theta_{\text{ri}} \\ 0, & |\theta_e| > \theta_{\text{ri}} \end{cases} \tag{4-37}$$

式中，T 为控制周期；K_i 为控制器的积分系数；θ_{ri} 为位置误差阈值。

由于控制量的不连续和摩擦力的存在，该控制方法易产生极限环，进行给定点调节时在平衡位置附近易发生振荡。

2) 变速积分 (rate varying integral，RVI) 法

$$u_{\text{comp}}(t) = [u_{\text{comp}}(t-T) + K_i \theta_e \cdot T] \cdot \left(\frac{r}{r + \dot{\theta}^2} \right) \tag{4-38}$$

式中，r 是变速因子。

当运动速度较快时，整个积分项清零，这可以避免积分项的饱和。与 CRI 法相比，RVI 法的控制量是连续的，可以消除给定点附近的振荡，但是在运动速度较快时存在跟踪误差。

3) 非连续的非线性比例反馈 (discontinuous nonlinear proportional feedback，DNPF) 法

DNPF 法是一种 bang-bang 控制方法，表达式为

$$u_{\text{comp}}(t) = \begin{cases} K_p[\theta_b \operatorname{sgn}(\theta_e) - \theta_e], & \theta_e \neq 0 \text{ 且 } |\theta_e| \leq \theta_b \\ 0, & \text{其他} \end{cases} \quad (4\text{-}39)$$

式中，$\theta_b = u_s/K_p + \varepsilon$，$\varepsilon > 0$，$u_s$ 是对应于最大静摩擦力矩 T_s 的控制量。ε 是一个非常重要的量，如果 ε 过大，则产生过补偿，系统出现持续的振荡；如果 ε 过小，则补偿作用减弱，系统产生较大的静差。

4) 鲁棒的平滑非线性反馈(smooth robust nonlinear feedback，SRNF)法

SRNF 法的表达式为

$$u_{\text{comp}}(t) = u_{\text{ms}} \tanh(a \cdot \theta_e) \quad (4\text{-}40)$$

式中，$u_{\text{ms}} = u_s + \varepsilon$，$u_s$ 是对应于最大静摩擦力矩的控制量，ε 是一个很小的正数，用来保证关节的驱动力矩大于其静摩擦力矩，使关节向参考位置运动。双曲正切函数 $y = \tanh(x) = (e^x - e^{-x})/(e^x + e^{-x})$，$a > 0$ 是改变函数形状的常量，称为形状因子。

图 4-23 给出了不同 a 情况下的鲁棒的平滑非线性补偿函数曲线，这里 $u_{\text{ms}} = 0.10$。从图中可以看到，随着形状因子 a 的增大，双曲正切补偿函数的变化斜率逐渐增大，当 $a \to \infty$ 时，相当于非连续的开关控制。

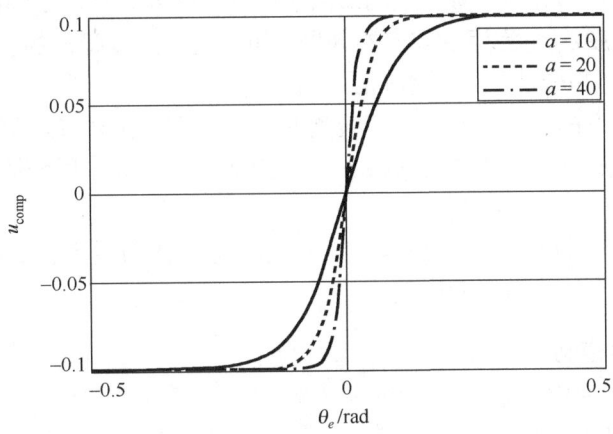

图 4-23 不同 a 情况下的补偿函数曲线

Cai 等学者基于以下 3 点假设：①摩擦力模型是对称的；②最大静摩擦力是常数；③负摩擦阶段是非常短的过程，证明了 SRNF 位置控制系统具有全局稳定性，能够全局地渐近收敛到半径为 $\theta_{\max}$ 的不变集内，$\theta_{\max}$ 描述了系统的静态误差范围。形状因子 a 是影响静差大小的重要参数，在理论上通过 a 的选择可以把静差控制在任意的范围内。

在以上四种具有摩擦力补偿的 PD 位置控制方法中，CRI 法和 RVI 法是基于积分的方法，DNPF 法和 SRNF 法是非线性的补偿方法。DNPF 法和 SRNF 法不依赖于更多的摩擦力模型知识，具有很好的理论支持和实验结果，并且可以在不改变原有控制器结构的情况下进行应用。与 DNPF 法相比，SRNF 法具有更加明显的优势：采用 Lyapunov 法直接证明了闭环系统的全局稳定性；能够通过补偿器参数的调整达到期望的静态精度；能够改善系统的定位精度和运动的平滑性，而平滑性对于机器人运动是非常关键的。

3. 具有摩擦力补偿的关节位置 PD 控制方法

本部分介绍一种具有摩擦力补偿的关节位置 PD 控制算法，该算法融合了 RVI 法和 SRNF 法的特点，基于 SRNF 法实现摩擦力的平滑非线性补偿，基于改进的 RVI 法提高系统的轨迹跟踪能力。该控制算法描述如下：

$$u_c(t) = K_p \theta_e + K_d \dot{\theta}_e + u_{\mathrm{ms}} \tanh(a \cdot \theta_e) + u_i(t) + \hat{g}(\theta_d) \tag{4-41}$$

$$u_{\mathrm{ms}} = \begin{cases} u_{\mathrm{ms}}{}^+ = u_s{}^+ + \varepsilon, & \dot{\theta}_d \geq 0 \\ u_{\mathrm{ms}}{}^- = u_s{}^- + \varepsilon, & \dot{\theta}_d < 0 \end{cases} \tag{4-42}$$

$$u_i(t) = [u_i(t-T) + K_i \theta_e \cdot T] \cdot \left(\frac{r}{r + \dot{\theta}_e{}^2} \right) \tag{4-43}$$

式中，$u_s{}^+$ 和 $u_s{}^-$ 表示正向运动和反向运动时最大静摩擦力对应的控制量；$\hat{g}(\theta_d)$ 为重力补偿项；$u_{\mathrm{ms}} \tanh(a \cdot \theta_e)$ 为 SRNF 项；$u_i(t)$ 为 RVI 项。

该算法具有以下特点。

(1) 一般情况下，驱动系统在正反两个方向运动时的摩擦特性是不同的，本算法的 SRNF 项充分考虑了这一特点，对两个方向上的最大静摩擦力分开处理，$u_s{}^+$ 和 $u_s{}^-$ 通过实验进行确定。同时，以期望速度 $\dot{\theta}_d$ 作为运动方向的判据，可以避免速度噪声的影响。

(2) 与传统的变速积分法不同，本算法根据速度误差 $\dot{\theta}_e$ 对变速积分项的大小进行调整。在给定点调节时，由于 $\dot{\theta}_d = 0$，$u_i(t)$ 与传统的 RVI 法相同；在轨迹跟踪，特别是快速的轨迹跟踪时，改进的 RVI 法可以克服传统 RVI 法在高速运动时积分作用变弱的缺点，从而提高系统的轨迹跟踪能力。

(3) 引入重力补偿项 $\hat{g}(\theta_d)$，并且以关节期望位置 θ_d 作为重力补偿函数的输入参量，以克服位置检测噪声对于计算结果的影响。

4.4.2 冲击控制和力控制

1. 冲击控制方法

冲击控制实现了机器人与环境的稳定、快速接触，是机器人柔顺运动的关键和难点。Hyde 和 Cutkosky 对机器人的冲击控制进行了系统的总结，典型方法包括以下几种。

(1) 采用柔性指尖增加系统被动阻尼的被动柔顺方法。

(2) Mills 提出的非连续冲击控制方法：在自由空间中采用比例位置控制，在过渡过程中采用阈值方法进行控制模式的切换，在约束空间中采用 PD 力控制。经过证明，该方法可以实现全局的渐近稳定。

(3) 阻抗控制方法：使用同一控制框架实现自由运动和约束运动，通过阻抗参数的合理选择实现系统的稳定过渡，其优点是不需要控制模式的切换。

(4) 主动阻尼方法：在过渡过程中增大阻尼，提高系统的过渡稳定性，但是过大的阻尼会使系统的响应变慢。

(5) Hyde 等提出的输入力命令预整形方法：这是一种前馈方法，根据对象的固有动力学特征对输入力命令进行预整形处理，从而达到抑制振动的目的。

(6) Pagilla 提出的分阶段控制方法：他把被控对象的运动分为自由运动、过渡运动和约束运动 3 个阶段，过渡运动开始于对象和环境的第 1 次接触，结束于对象和环境的稳定接触。在过渡运动阶段，把被控对象的法向位置调节到约束表面，并且达到零速。

(7) 谈自忠等提出的基于加速度反馈和开关控制策略实现稳定接触和力调节的方法：根据机器人动力学方程进行非线性解耦，自由运动阶段采用 PD 反馈控制，约束运动阶段采用具有加速度反馈的 PI 力控制，过渡阶段采用基于事件的切换策略。加速度反馈的引入可以消除系统动力学方程中加速度项的影响。韩建达等提出了类似方法，基于加速度反馈进行机器人的过渡控制，以解决纯积分力控制在软环境情况下的不稳定问题。

(8) Volpe 等提出的不同阶段采用不同控制策略的机器人运动控制算法：在自由空间中采用位置控制；在冲击过程中采用负反馈比例控制实现机器人的无反弹稳定过渡；在稳定接触以后的约束运动中采用纯积分控制实现高精度的力跟踪。各过程中的控制量采用低通滤波方法进行平滑。

2．力控制方法

在约束空间中，力控制系统可以使机器人表现为一个可编程的力发生源，跟踪期望力。机器人力控制的常用方法有以下几种。

1) P 控制

P 控制算法的表达式为

$$u = K_p(f_d - f) - K_d \dot{\theta} + f_d + \hat{g}(\theta) \tag{4-44}$$

式中，f_d 和 f 分别是期望力和实际力；K_p 是比例系数；K_d 是微分系数；$\hat{g}(\theta)$ 是重力估计值。

在式(4-44)中采用速度负反馈代替力的直接微分，以避免较大的力信号噪声引起控制系统的振动；期望力前馈项的引入可以减小系统的静态误差。P 控制的主要缺点包括与刚性环境接触时的稳定性不好，且在接触过程中如果环境的变形小于关节速度的检测分辨率，会影响力控制的效果。

2) 阻尼控制

阻尼控制的基本思想是：基于阻尼把期望力和实际力的误差转换成期望速度，对期望速度进行积分生成期望位置，利用高精度的位置控制间接地实现力控制。

3) 纯积分控制

Vople 认为，纯积分控制是最好的力控制策略。他系统地分析和实验比较了各种力控制方法，得出以下结论。

(1) 比例力控制和二阶阻抗控制是等价的。

(2) 高刚度机器人和硬环境接触时，负系数的比例力控制具有很好的过渡稳定性，但是控制精度很低。

(3) 高刚度机器人和硬环境接触时，纯积分控制具有最好的静态力跟踪指标，原因是：高刚度机器人和硬环境相接触时系统的固有频率很高，积分力控制器对力信号中的高频成分具有很好的滤波作用；同时积分控制可以消除系统的静差。

3. 基于事件的并行位置/力矩控制

本部分介绍一种基于事件的并行位置/力矩控制方法,可以实现关节的冲击控制和力矩控制。该方法的基本原理是:在自由空间中采用纯位置控制实现轨迹跟踪;与环境接触以后,采用基于事件的切换器实现控制模式的可靠切换,基于改进的纯积分力控制算法实现系统的稳定过渡和力控制。基于事件的并行位置/力矩控制系统由位置控制器、基于事件的切换器和改进的纯积分力控制器组成。位置控制器采用 PID 位置控制算法,这里不再赘述。

1) 基于事件的切换器

基于事件的切换器的原理如图 4-24 所示,输入变量是关节力矩 T,控制变量是任务模式 TaskMode,输出变量是控制模式 CtrlMode。CtrlMode = 1 和 0 分别表示力控制模式和位置控制模式,T_{thr}^+ 是位置控制模式切换到力控制模式时的力矩阈值,T_{thr}^- 是力控制模式切换到位置控制模式时的力矩阈值,$T_{\text{thr}}^+ > T_{\text{thr}}^-$。

为了适应不同的作业任务,在切换器中引入了任务模式 TaskMode 作为控制变量,TaskMode = 0 和 1 分别表示释放和抓取物体。当关节力矩 T 减小到 T_{thr}^- 时,如果 TaskMode = 0,则从力控制模式切换到位置控制模式;如果 TaskMode = 1,则保持力控制模式不变。具有滞回特性的切换器可以避免 TaskMode = 0 时力矩噪声引起的阈值附近控制模式的非期望切换。

2) 改进的纯积分力控制器

采用改进的纯积分力控制器实现手指与物体的稳定接触和约束环境中的力控制。纯积分力控制算法可以表示为

$$u_c = K_{\text{fi}} \cdot \int (T_d - T) \mathrm{d}t \quad (4\text{-}45)$$

式中,K_{fi} 是积分系数。为了改进纯积分力控制系统的性能,提出改进的纯积分力控制算法,表达式如下:

$$u_c = K_{\text{fi}} \cdot \int (T_d - T) \mathrm{d}t + u_{\text{thr}} + u_{\text{ms}} \tanh(a \cdot T_e) \quad (4\text{-}46)$$

对式(4-46)描述的改进的纯积分力控制算法说明如下。

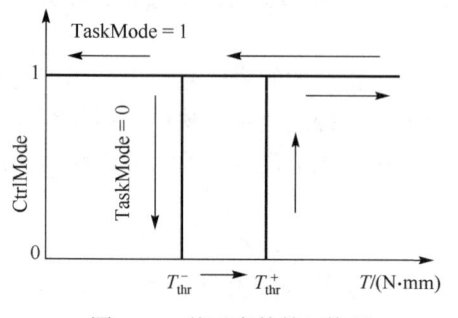

图 4-24 基于事件的切换器

(1) 期望力矩的轨迹插补。由于积分项的作用,如果对期望力矩 T_d 不进行轨迹插补,则系统会出现较大的冲击和力超调,容易在 T_d 附近发生振荡。因此,要对期望力矩 T_d 进行轨迹插补。

(2) 为了保持运动的平滑,在控制量中引入控制模式切换时刻的位置控制器输出量 u_{thr}。当关节以较小的速度和加速度接近并接触物体时,根据关节动力学方程,u_{thr} 与切换时刻的重力矩、接触力矩、摩擦力矩之和近似相等。引入 u_{thr} 项可以使切换前后的控制量保持连续;同时,由于约束运动中关节的位移很小,所以在积分力控制器中不需要再加入重力补偿项。

(3) 摩擦力补偿。由于关节的约束运动速度很低,所以摩擦力对于力控制系统的影响很大。采用 4.4.1 节介绍的 SRNF 法,在力控制算法中引入摩擦力补偿项 $u_{\text{ms}} \tanh(a \cdot T_e)$。其中,

$T_e = T_d - T$ 是力矩误差，a 是形状因子。较大的 a 有利于摩擦力补偿作用的加强，但是对力矩信号的噪声更加敏感，所以采用较小的形状因子，以保证系统的稳定性。

4.4.3 阻抗控制

1．阻抗控制综述

假肢手的基本任务是代替人手进行抓取，在抓取时假肢手通过控制各个手指的位置和抓取力实现对物体的稳定抓取。假肢手是一个串并联混合机器人，每个手指均相当于一个独立的串联机器人，多个手指并联安装在手掌上。假肢手采用位置控制可以实现对物体的抓取操作，但是位置控制不能确定各个手指对物体接触力的大小，容易造成接触脱离或者因为接触力过大而破坏物体。因此，假肢手需要对各个手指进行精确的力控制以保证抓取的成功率。

为了避免由于手指与物体冲击过大而造成抓取失败，假肢手各个手指需要具有一定的柔顺性。实现串联机器人柔顺性的方法主要分为主动柔顺和被动柔顺。其中，为了实现被动柔顺，需要机器人的结构具有柔性或者借助附加的柔顺装置，而主动柔顺可以通过自身传感器配置结合使用一些控制策略而使得整个机器人表现出柔顺性能。

业已研究的主动柔顺控制策略主要包括混合位置/力控制和阻抗控制。混合位置/力控制方法需要在自由空间采用高增益实现位置控制，而在约束空间机器人采用较低的刚度保持与环境的柔顺性，在机器人与环境接触的过程中需要位置控制和力控制的切换，容易引起系统的不稳定。Hogan 于 1985 年提出了阻抗控制的概念，在力和位置之间建立了一种期望阻抗关系，通过"目标阻抗"调整机器人的性能，实现自由空间的位置控制以及约束空间的柔顺性能，同时给出了阻抗参数的选择方法，指出目标阻抗需根据具体任务要求进行选择，并且应该随着机器人接触环境的不同而改变。Hogan 指出机器人与接触环境之间要具有互补特性，机器人和环境一方表现阻抗特性时，另一方需要具有导纳特性。例如，需要较高的位置控制精度时，阻抗参数的选择应该使得机器人具有较大的刚度；而机器人需要接触刚性较大的环境时，阻抗参数的选择应该使得机器人具有较大柔顺性以保证与环境的接触稳定性。

业已研究的阻抗控制方法，按照实现目标阻抗方式的不同主要分为两类：基于位置的阻抗控制和基于力的阻抗控制。基于位置的阻抗控制如图 4-25 所示，主要包括阻抗控制外环和位置控制内环，阻抗控制外环根据预设的阻抗关系通过力矩传感器反馈的接触力信息计算出位置修正量；位置控制内环以期望位置和阻抗控制外环计算出的位置修正量为输入控制机器人运动，实现阻抗控制。基于力的阻抗控制如图 4-26 所示，主要包括阻抗控制外环和力控制

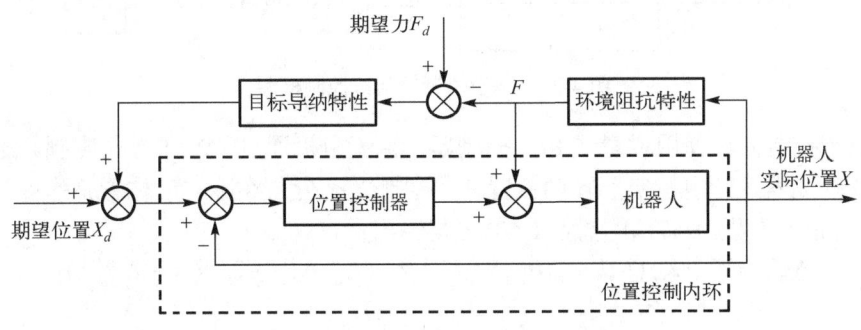

图 4-25　基于位置的阻抗控制策略

内环，阻抗控制外环根据预设的阻抗关系通过力矩传感器反馈的接触力信息计算出力信息后输入力控制内环实现阻抗控制。基于位置的阻抗控制可以实现机器人稳定的高刚度控制，但是不能实现非常"软"的目标阻抗；基于力的阻抗控制可以实现机器人非常"软"的目标阻抗，并且在理想的条件下可以实现机器人"零力"控制，但是很难实现机器人具有稳定的高刚度控制。由于基于力的阻抗控制采用力控制内环，力矩传感器的噪声对机器人控制性能影响较大，在实际应用中，基于位置的阻抗控制相对基于力的阻抗控制具有较好的稳定性，应用也相对较多。

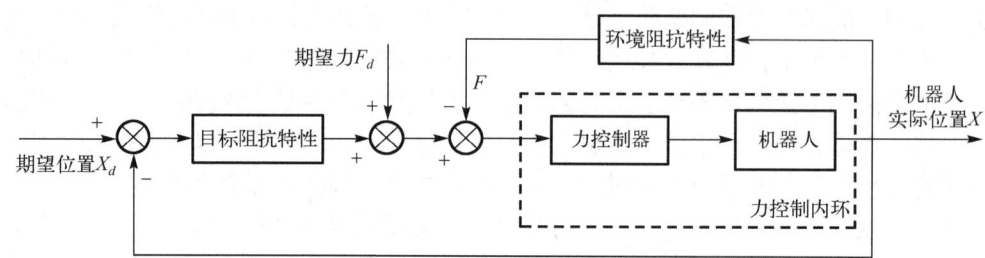

图 4-26　基于力的阻抗控制策略

2．基于位置的阻抗控制

基于位置的阻抗控制具有较好的稳定性，因此本部分介绍一种基于位置的阻抗控制算法，可同时实现自由空间的位置控制和约束空间的力矩控制。该控制算法可以将传感器采集的力矩信号转换为位置修正量，使手指像弹簧一样工作，从而降低了假肢手抓取物体的瞬时接触力，使抓取更加柔顺。

基于位置的阻抗控制算法是以位置控制器作为内环，以力矩反馈作为外环，把力矩反馈信号转换为位置和速度的修正量来实现的，控制框图见图 4-27。

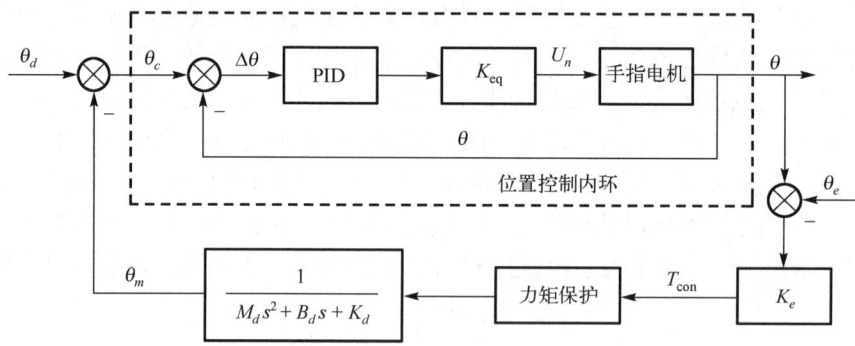

图 4-27　基于位置的阻抗控制框图

其中位置控制内环使用增量式 PID 控制器，直流电机通过 PWM 方式控制。绝对位置传感器向 PID 控制器返回电机实际转动位置 θ。控制位置 θ_c 与实际转动位置 θ 作差，得到位置偏差量 $\Delta\theta$。根据方程(4-47)和方程(4-48)可得输出量 U_n：

$$\Delta U_n = K_{\mathrm{eq}}[K_p(\Delta\theta_n - \Delta\theta_{n-1}) + K_i\Delta\theta_n + K_d(\Delta\theta_n - 2\Delta\theta_{n-1} + \Delta\theta_{n-2})] \tag{4-47}$$

$$U_n = U_{n-1} + \Delta U_n \tag{4-48}$$

式中，$\Delta\theta_n$ 为第 n 个采样时刻的位置偏差值；ΔU_n 为第 n 个采样时刻的输出量增量值；U_{n-1} 为第 $n-1$ 个采样时刻的输出量；K_p 为 PID 控制器的比例系数；K_i 为 PID 控制器的积分系数；K_d 为 PID 控制器的微分系数；K_{eq} 为折算比例系数。

力矩环中，力矩传感器测量值 T_{con} 通过阻抗滤波器产生一个修正位置 θ_m：

$$\theta_m(s) = \frac{T(s)}{M_d s^2 + B_d s + K_d} \tag{4-49}$$

式中，M_d 为目标惯量；B_d 为目标阻尼；K_d 为目标刚度。

修正位置 θ_m 与期望位置 θ_d 相减得到控制位置 θ_c 作为位置控制器的输入。

本 章 小 结

本章首先对机器人中常用的传感器类型进行了概述，接着以 HIT 系列假肢手为例，详细阐述了假肢手中四种典型的传感器设计方案，包括位置传感器、六维指尖力/力矩传感器、接近觉传感器以及三维力触觉传感器。之后介绍了假肢手的控制系统，详细阐述了基于 DSP+FPGA 的分布式控制系统以及基于 MCU 的集中式控制系统这两种典型的控制系统硬件设计方案，接着以 HIT-VI 假肢手为例介绍了控制系统的集成，最后对假肢手常用的控制算法进行了讨论，包括位置控制、力控制以及阻抗控制等。

参 考 文 献

程明, 2022. 欠驱动假肢手机构设计及其自适应抓握特性研究[D]. 哈尔滨: 哈尔滨工业大学.
李楠, 2012. 假手交互控制系统及基于压力分布的多动作模式识别研究[D]. 哈尔滨: 哈尔滨工业大学.
刘宏, 姜力, 2010. 仿人多指灵巧手及其操作控制[M]. 北京: 科学出版社.
曾博, 2017. 操作感知一体化灵巧假手机构及滑动控制的研究[D]. 哈尔滨: 哈尔滨工业大学.
张庭, 2014. 仿人型假手指尖三维力触觉传感器及动态抓取研究[D]. 哈尔滨: 哈尔滨工业大学.
ARMSTRONG-HÉLOUVRY B, DUPONT P, DE WIT C C, 1994. A survey of models, analysis tools and compensation methods for the control of machines with friction[J]. Automatica, 30(7): 1083-1138.
CHIAVERINI S, SCIAVICCO L, 1993. The parallel approach to force/position control of robotic manipulators[J]. IEEE transactions on robotics and automation, 9(4): 361-373.
DE WIT C C, OLSSON H, ASTROM K J, et al., 1995. A new model for control of systems with friction[J]. IEEE transactions on automatic control, 40(3): 419-425.
SANGOLE A P, LEVIN M F, 2008. Arches of the hand in reach to grasp[J]. Journal of biomechanics, 41(4): 829-837.
VOLPE R, KHOSLA P, 1993. A theoretical and experimental investigation of impact control for manipulators[J]. The international journal of robotics research, 12(4): 351-365.

第 5 章 生机电一体化机器人的神经控制

视频

具有运动-感觉双向神经通路的生机接口是生机电一体化机器人的重要组成部分,它不仅是连接生物体与机器人之间的桥梁,更是实现机器人与生物体交互控制的关键。以假肢为例,生机接口包括神经控制接口和感觉反馈接口,神经控制接口对肢残患者的神经信号(如肌电信号、脑电信号等)进行解码,产生假肢动作指令信号,使假肢能够响应肢残患者的意图。

前面的章节介绍了人手运动特性及解析、生机电一体化机器人的机构设计以及传感和控制,本章将从生物信号的概述入手,着重介绍肌电信号的产生、采集以及处理。在此基础上,深入探讨如何利用肌电信号对人手运动进行识别。此外,脑机接口及其应用也是本章关注的重点内容。最后介绍多模态生机接口及其应用,为生机电一体化机器人的神经控制提供了更多可能性。

5.1 生物信号的概述

生物信号被定义为源自生物体的信号,是研究生物机能活动的主要手段之一,一般可以分为两大类:一类是生物电信号,包括肌电信号、脑电信号、心电信号和细胞电活动(如动作电位、静息电位等)等;另一类是非电信号,包括体温、血压、pH、呼吸等。本节将对这两类生物信号进行简要的概述。

5.1.1 生物电信号

生物电信号在单细胞水平以及器官水平上提供了有关生理活动本质的重要信息。因其能够反映即时的生理活动和反应,在机器人和假肢控制、生物反馈技术中具有重要应用。生物电信号的测量通常分为体内和体表两种方式,测量结果一般称为该信号的电图。一般来说,由于测量设备误差或人体生理结构等因素的影响,生物电信号和测量得到的结果之间存在一定的区别。但是在目前的研究中,生物电信号名称也泛指生物电信号测量结果。在本章中,同样使用生物电信号(如肌电信号、脑电信号等)泛指其测量结果(如肌电图、脑电图等)。表5-1 中对生物电信号的来源、频率范围、幅值和采集位置进行了总结,图 5-1 显示了人体各个部位的生物电信号分布情况。

1. 肌电信号

肌电信号(EMG)由收缩时活跃的肌纤维电活动产生,源自肌纤维膜状态的生理变化,本质是肌纤维膜电位的去极化和复极化过程。

1) 肌电信号的特点

非稳性:体现在参与发放的运动神经元数目和发放率的动态变化。

微弱性:对于肢残患者而言,其肌电信号的幅值通常较小,一般低于 350μV。

低频性：肌电信号的频率范围主要集中在 0.01～1000Hz，其中功率谱最大频率通常分布在 10～500Hz 内。

交变性：肌电信号是一种交流信号，其波形和幅值随时间不断变化。

差异性：不同肌肉的肌电信号在频率、幅值以及功率谱分布上均存在显著差异。

高阻抗：在肌电信号的传输过程中，存在电极与皮肤之间的接触阻抗以及皮下软组织体的电阻，使肌电信号具有较高的"内阻"。

强噪声：肌电信号在采集过程中容易受到外界电磁场的干扰，特别是 50Hz 的工频干扰，此外，电极与皮肤之间的接触噪声也是不可忽视的干扰源。

相似性：同一块肌肉在不同动作时的幅频特性具有一定的相似性。

表 5-1 生物电信号的分类

生物电信号	信号来源	频率范围/Hz	幅值/mV	采集位置
肌电信号(electromyogram, EMG)	肌纤维的动作电位	0.01～1000	0.1～10	体表/体内
脑电信号(electroencephalogram, EEG)	大脑神经元活动	0.1～80	0.005～0.3	体表/体内
心电信号(electrocardiogram, ECG)	心肌细胞动作电位	0.05～100	0.01～4	体表
眼电信号(electrooculogram, EOG)	眼部肌肉活动	0.5～15	0.05～3.5	体表
神经电信号(electroneurogram, ENG)	外周神经动作电位	0.01～10000	1～100	体内
胃电信号(electrogastrogram, EGG)	胃部蠕动	0.02～0.15	0.1～10	体内
视网膜电信号(electroretinogram, ERG)	眼部视网膜活动	0.2～50	0.005～1	体表
子宫电信号(electrohysterogram, EHG)	宫缩时子宫活动	0.03～0.1	1～5	体内

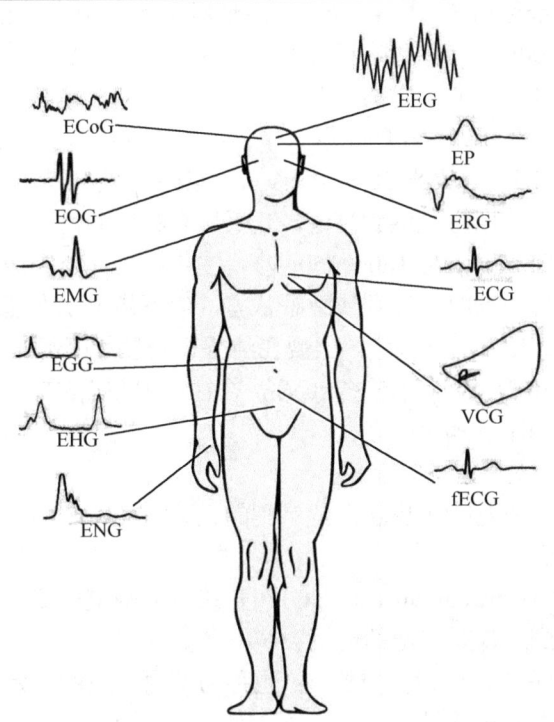

图 5-1 部分生物电信号分布图

2) 肌电信号的典型波形

单纯相：肌肉轻度用力时，只有一个或少数运动单元参与肌肉收缩，肌电信号只出现孤立的单个运动单元电位，表现为单纯相波形。

混合相：肌肉中等程度用力时，参与肌肉收缩的运动单元数量增加，肌电信号表现为单个运动单元电位独现与多个运动单元电位密集共存的混合相波形。

干扰相：肌肉收缩力增大时，参与肌肉收缩的运动单元数量很多，运动单元动作电位重叠，无法分出单个电位，成为干扰相波形。

3) 肌电信号的分类

肌电信号一般分为两类：体内肌电信号（invivo EMG，iEMG）和表面肌电信号（surface EMG，sEMG）。体内肌电信号是使用针式电极，直接在肌肉内部记录的肌电信号；表面肌电信号是使用表面电极记录的肌电信号。由于体内肌电信号的记录需要对人体产生一定的侵害，所以目前表面肌电信号的研究更多，应用更广泛。

2．脑电信号

脑电信号（EEG）是指脑细胞间的突触后电位放电活动，这些活动在大脑皮层或头皮表面产生电生理信号。这些电生理信号可以通过将电极放置在头皮上（非侵入式方法）或植入大脑内部（侵入式方法）进行采集和记录。

1) 脑电成分

脑电信号具有自发性和节律性，脑节律根据对数增加的中心频率和频段宽度，被分组成不同的频带，脑节律频带包括 δ、θ、α、β，以及低频 γ 和高频 γ。此外，还有其他频段的节律，如亚 δ 和 Ω（高达 600Hz）节律。这种分组不是任意的，而是由脑震荡，包括突触衰变和信号动态传递的神经生物学机制决定的。此外，频率峰值的个体差异与脑结构、年龄、工作记忆（working memory，WM）容量和脑化学等个体特征也有一定关系。

δ 波：频率为 0.5～4Hz（波幅为 20～200μV），是频率最慢、波幅最大的脑电波，开始出现在睡眠的第三阶段，在第四阶段达到高潮，几乎所有频谱活性均以 δ 波为主。

θ 波：频率为 4～8Hz（波幅为 100～150μV），在年长的儿童和成年人的脑电波中较为常见，往往出现在冥想、昏昏欲睡、催眠或睡眠状态，但不是出现在睡眠最深的阶段。

α 波：频率为 8～12Hz，正弦节律，出现在清醒、安静并闭眼的状态。

β 波：频率为 12～30Hz（波幅为 5～20μV），往往出现在活跃、繁忙状态。

γ 波：频率为 30～80Hz，有多重功能。

2) 脑电信号分类

脑电信号（EEG）：一般是指头皮表面记录到的大脑活动产生的电信号，目前在脑神经科学研究中的应用最为广泛。

皮层脑电信号（electrocorticogram，ECoG）：直接从大脑皮层或硬脑膜获得的信号，在临床试验和动物研究中得到越来越广泛的应用。

局部场电位（local field potential，LFP）：也称为颅内脑电图，是指在大脑中插入小尺寸电极来记录大脑活动产生的电信号。

3. 心电信号

心电信号（ECG）是指将表面电极放置在胸部记录得到的心肌电生理活动。心电信号频率通常为 0.05～100Hz，幅度为 0.01～4mV。因此，心电信号十分微弱，极易受到心脏其他部位活动的干扰。

在生机电一体化机器人的应用中，心电信号的作用主要体现在人体状态监测方面。由于自主神经系统对心脏电活动具有重要的调节作用，心电信号还被用于评估自主神经系统的功能状态。

4. 眼电信号

眼电信号（EOG）是通过放置在眼睛周边区域的电极记录得到的眼球电活动，它基于眼角膜相对于视网膜带有正电荷，而视网膜则带有负电荷这一生理现象。通常，眼电信号的频率为 0.5～15Hz，并且具有显著的直流分量，信号的幅值一般不超过 3.5mV。

通过采集和分析眼电信号，能够识别用户的眼球运动，如视线方向的变化、眨眼等。这种基于眼电信号的控制方式操作简单、方便，尤其适用于眼球健康的残疾人士与老年人，可以作为控制机器人运动的信号输入。

5. 神经电信号

神经电信号（ENG）是将电极放置在神经组织中记录到的神经元电活动。神经电信号的振幅和波形与神经纤维的类型、位置及其与测量电极的接近程度有关，频率通常为 0.01～10000Hz，幅值为 1～100mV。

神经电信号与肌电信号具有相似性，但二者的应用不同。肌电信号主要用于监测和记录肌肉的电活动，而神经电信号则通过刺激周围神经的不同部位来测量神经的传导速度和潜伏期。神经电信号能够帮助评估神经的功能状态，在生机电一体化机器人的设计、制造、使用等环节中具有重要意义。

6. 胃电信号

胃电信号（EGG）是记录到的胃生物电位。胃电信号可以在体内测量。在胃内检查的情况下，将甘汞电极置于胃中，并使用生理盐水确保与胃黏膜的连接质量，参考电极连接到臀部、腋窝或腹部。胃电信号的频率通常为 0.02～0.15Hz，在胃内测量时，幅值为 0.1～10mV。

胃电信号的作用主要体现在胃肠健康监测方面。胃电信号可以反映胃的节律性收缩和传导功能，对评估胃的运动功能和胃排空情况具有重要作用。

7. 视网膜电信号

视网膜电信号（ERG）是通过记录视网膜在角膜表面产生的电信号，反映视网膜在光刺激下的电活动。视网膜电信号是对视网膜功能的客观测量，可在生理条件下进行无创记录。视网膜电信号的测量可以通过多种刺激方式诱发，常见的包括漫射闪光或图案刺激，以激发视网膜对光的反应。记录视网膜电信号时，电极可以放置在不同的位置：直接与角膜接触、与球结膜接触，或放置在下眼睑皮肤上。这些不同的电极放置位置均可以有效地捕捉视网膜的电活动。

8．子宫电信号

子宫电信号(EHG)反映子宫收缩的电活动。电极一般放置在母体腹部，是一种侵入式方法。子宫电信号的频率通常为 $0.03\sim0.1$Hz，幅值为 $1\sim5$mV。

5.1.2 其他生物信号

1．肌音图

肌音图(mechanomyography，MMG)：源自肌肉激活并传输到局部皮肤的低频($5\sim100$Hz)振动和声学信号，因此，也称为肌振动描记法或肌音描记法。通常采用低质量加速度计、电容式麦克风和光学位移传感器等记录肌音图。

肌音图的主要优点包括信号采集硬件要求较低、皮肤生理状态的干扰较小。肌音图的主要缺点是信号带宽较窄、对运动伪影敏感。

2．肌力图

肌力图(forcemyography，FMG)：由于肌肉体积和硬度的变化而产生的皮肤压力，也称为肌肉压力图。肌力图通常采用力敏电阻传感器进行采集，也可以通过气动传感器、压电传感器、电容传感器以及基于织物的压力/力传感器等采集。与 sEMG 相比，FMG 具有信号处理较简单、信噪比较高等优点。

3．肌肉超声图

肌肉超声图(sonomyography，SMG)：使用超声波成像，非侵入性地检测肌肉的形态变化。与其他方法相比，肌肉超声图的优势是能够直接可视化与上肢自主运动相关的深层肌肉活动，且不易受到电磁场的干扰。缺点是成本较高，难以应用在便携式医疗设备中。

4．近红外光谱

近红外光谱(near infrared spectroscopy，NIRS)可以反映肢体肌肉收缩引起的血液扩散生理变化。典型的近红外光谱检测系统包括发射器和接收器，用于检测组织中氧合血红蛋白浓度。目前，近红外光谱通常作为一种补充方法使用。

5.2 肌电信号的生理基础

肌电信号是神经系统控制肌肉活动的重要生理信号，其产生涉及多个生理过程，如图 5-2 所示。要从肌电信号中获得肢体运动意图和状态，首先应该了解神经系统控制肌肉激活以及肌电信号产生的生理基础。

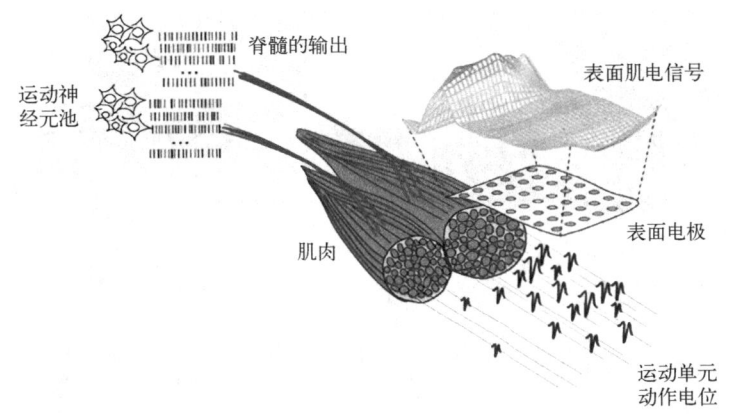

图 5-2 肌电信号的产生

5.2.1 动作电位的产生

当人产生运动想法时,大脑皮层或脊髓产生的电信号经运动神经元传递至骨骼肌,骨骼肌细胞内外的离子浓度发生变化,使电位差发生改变,产生动作电位。动作电位的产生源于细胞膜内外离子分布的变化,本节将介绍细胞膜电位的变化过程以及动作电位的产生,了解静息电位和动作电位在生物体信息传递中的重要作用。

生物电是指生物体内的器官、组织和细胞在生命活动过程中所产生的电位变化和极性变化,它是正常生理活动的体现,也是生物活性组织的一个基本特征。在活体细胞中,细胞膜负责调控细胞内外物质的进出,维持细胞内的电位差。当细胞受到外界刺激时,细胞膜的电位会发生变化,这一过程可类比为电容器的充放电现象。具体来说,细胞膜电位的波动会形成电信号,这些电信号通过神经、肌肉等组织在体内传播,起到信息传递的关键作用。在细胞内部,钠(Na^+)、钾(K^+)、钙(Ca^{2+})和氯(Cl^-)等离子的浓度分布存在显著差异。这些离子浓度差异是通过细胞膜上的离子通道和离子泵精确调节和维持的,从而保证细胞在不同生理状态下的正常功能。

静息电位(resting potential,RP),也称跨膜静息电位或膜电位,指细胞未受刺激时存在于细胞膜内外两侧的电位差。静息电位是细胞膜电活动的基础,也是生物电产生和变化的关键。生理学中,常把膜外电位规定为零,膜内为负,大多数细胞的静息电位在-10～-100mV。不同类型细胞(如神经细胞、肌肉细胞等)的静息电位有所不同,大多数细胞的静息电位在-70mV 左右。

动作电位(action potential,AP),指可兴奋细胞受到刺激时在静息电位基础上产生的可扩布的电位变化过程。这种变化通常分为以下几个阶段,如图 5-3 所示。①去极化(depolarization),当细胞膜受到足够的刺激时,细胞膜的电位会从静息电位迅速升高,最终达到正电位。这一变化是由于钠离子通道的开放,钠离子快速进入细胞,使得膜内侧的电位变正。②复极化(repolarization),随着钠离子通道的关闭和钾离子通道的开放,钾离子迅速流出细胞,导致细胞膜内侧的电位逐渐恢复到负值,接近静息电位。③过度复极化(hyperpolarization),在某些情况下,钾离子流出的速率可能过快,导致膜电位暂时低于静息电位。④经过再极化后,钠钾泵(Na^+/K^+-ATP 酶)继续工作,将细胞内的钠离子泵出,钾离子泵入,使膜电位恢复到静息状态。

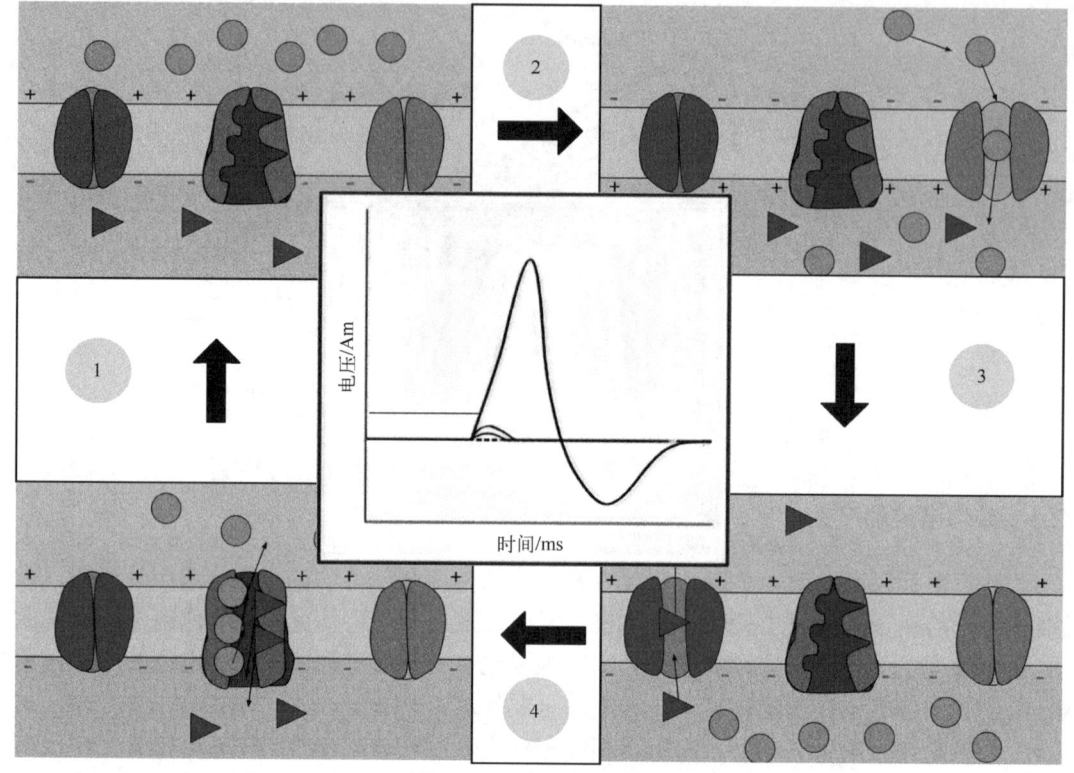

图 5-3 动作电位的产生

5.2.2 神经冲动的传导

神经冲动传导在肌电信号的产生过程中具有重要的作用。当神经元受到刺激时，兴奋部位产生动作电位，但这一电位不会停留在受刺激的局部区域，而是会沿神经纤维传导。下面将介绍神经元的基本组成与分类，以及神经冲动在神经纤维上的传导过程。

神经元又称神经细胞，是构成神经系统结构和功能的基本单位。神经元是具有长突起的细胞，它由细胞体和细胞突起构成。其中，细胞体是细胞含核的部分，其形状、大小有很大差别，直径为 5~150μm，位于脑、脊髓和神经节中。细胞突起是细胞体延伸出来的细长部分，分为树突和轴突，可延伸至全身器官和组织中。根据细胞突起的数目和形态，神经元分为双极、假单极和多极神经元，如图 5-4 所示。

根据功能，神经元可分为感觉、运动和中间神经元。其中，感觉神经元又称传入神经元，传导感觉冲动，细胞体一般位于外周的感觉神经节内，多为假单极或双极神经元。感觉神经元的周围突接受内外环境的刺激，经细胞体和中枢突把冲动传至中枢。神经纤维末端在皮肤和肌肉等部位形成感受器。运动神经元又称传出神经元，传导运动冲动，细胞体一般位于中枢神经系统的灰质或自主神经节（植物神经节）内，通常为多极神经元。运动神经元有多个树突和一个轴突，轴突和髓鞘组成神经纤维，神经纤维末端分布在肌肉组织和腺体部位，形成效应器。中间神经元又称联络神经元，在神经元之间起联络和整合作用，为多极神经元，是神经系统中最多的神经元，构成中枢神经系统内的复杂网络。细胞体位于中枢神经系统的灰质内，其突起一般也位于灰质内。

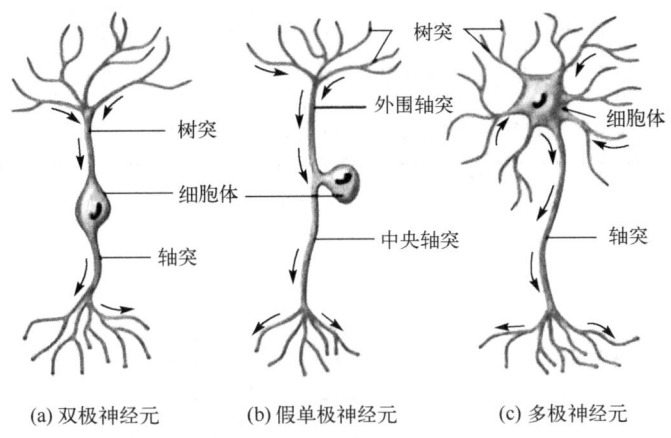

(a) 双极神经元　　　(b) 假单极神经元　　　(c) 多极神经元

图 5-4　双极、假单极和多极神经元

神经元的局部受刺激之后产生的动作电位不会停留在受激部位，在兴奋部位和非兴奋部位之间存在电位差，发生电荷移动，形成内外部方向相反的局部电流。局部电流是神经冲动沿神经纤维传导的核心机制。当神经纤维某一部位的膜被激活时，形成的局部电流会向相邻未激活的区域传播，导致电位变化沿神经纤维向远端传导，如图 5-5 所示。

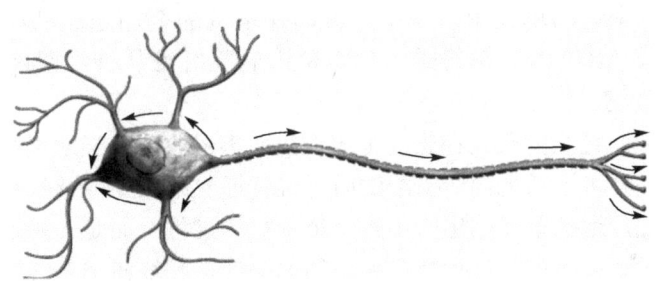

图 5-5　动作电位沿神经纤维传导示意图

在运动神经系统中，运动神经元产生的动作电位传递至肌纤维是通过神经肌肉接头实现的，这一过程涉及神经元与肌肉纤维之间的相互作用。运动神经元的细胞体主要位于脑干和脊髓的前角，拥有长轴突，这些轴突直接延伸至肌肉。运动神经元的轴突末梢通过化学突触与骨骼肌的肌纤维形成接触。当神经冲动沿神经纤维到达这些末梢时，会触发乙酰胆碱(ACh)这一神经递质的释放。乙酰胆碱随后进入突触间隙，并与肌纤维上的特定受体结合，进而触发肌纤维的收缩。此外，运动神经元的每一根轴突末梢通常仅与一根肌纤维形成一对一的神经肌肉接头，这种生理结构确保了信号传递的精确性。

5.2.3　肌电信号的形成

运动神经元产生的兴奋冲动通过神经肌肉接头传到肌纤维，本节介绍神经冲动如何作用于肌肉和产生肌电信号。

运动单元(motor unit，MU)是一个运动神经元及其所支配的全部肌纤维所组成的肌肉收缩的基本单位，包括运动神经元、轴突、神经肌肉接头和一组肌纤维。运动单元的范围通过其所支配的肌纤维数量来表示。具体而言，当一个运动单元支配的肌纤维数目较少时，肌肉表现出更高的灵活性，能够执行精细的动作；若运动单元支配的肌纤维数目较多，则肌肉产生的力更大，但灵活性相对较低。表5-2列举了常见肌肉中运动神经元的数量。

表 5-2 部分肌肉的运动神经元数量

肌肉	运动神经元数量	肌肉	运动神经元数量
肱二头肌	1051	指浅屈肌	306
肱三头肌	1271	拇指伸肌	273
桡侧屈肌	235	指深屈肌	475
桡侧伸肌	890	指后伸肌	87
腕屈肌	314	拇指外展和拇指屈肌	115
尺侧伸肌	216	股骨内收肌	370
拇长伸肌	14	第一背侧骨间肌	172
拇长展肌	126	拇外侧肌	57

当运动单元工作时，运动神经元会受到来自中枢神经系统的刺激，并将这种刺激以电脉冲信号的方式传导给对应的肌纤维。运动神经元传导的每一个电脉冲都引起该运动单元支配的所有肌纤维的兴奋，并在每根肌纤维上产生一个单纤维动作电位(single fiber action potential，SFAP)。一个运动单元中所有单纤维动作电位的叠加是运动单元动作电位(motor unit action potential，MUAP)。单纤维动作电位沿着肌纤维从神经肌肉接头处向肌腱区域推进，导致肌纤维收缩。

大量运动单元中肌纤维的收缩在宏观上表现为肌肉的收缩。当肌肉收缩时，被激活的运动单元中，运动神经元将不断地向所支配的肌纤维传递收缩指令，该指令使得运动单元产生高频率的收缩。因此，运动单元输出力不是一个平稳的过程，而是一种连续的抽搐，这种力称为抽搐力，大量运动单元同时进行特定频率的抽搐使得整块肌肉最终输出一个平稳的力，如图5-6(a)所示。在此过程中运动神经元发送的指令称为运动单元脉冲序列(motor unit spike train，MUST)，如图5-6(b)所示。

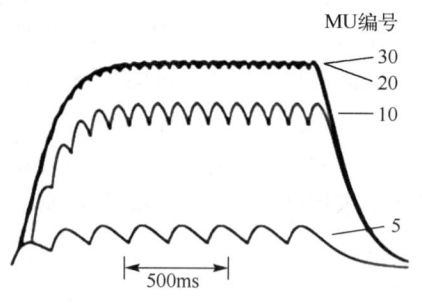
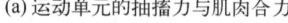
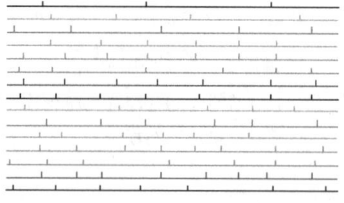

(a) 运动单元的抽搐力与肌肉合力　　(b) 运动单元脉冲序列

图 5-6 运动单元的抽搐力及运动单元脉冲序列

运动单元动作电位和运动单元脉冲序列的叠加则称为运动单元动作电位序列(motor unit action potential train，MUAPT)，MUAPT代表一个运动单元的所有电生理活动，包括被激活的脉冲序列(MUST)以及每次被激活时传播的动作电位(MUAP)。

当运动单元被激活后,肌肉产生的电信号会通过容积导体效应进行扩散。容积导体效应描述的是,在运动单元动作电位传导过程中,这些电位会在人体内形成一个随时间变化且具有一定空间分布的电场,称为肌肉电现象。由于肌纤维被置于容积导体环境中,因此,通过容积导体记录到的表面肌电信号,实际上是来自多根肌纤维电活动的叠加,这些电活动在空间上具有一定的分布特性。

综上所述,肌电信号的产生过程就是运动神经元产生的兴奋冲动通过神经肌肉接头传到肌纤维,在肌纤维上形成可传导的动作电位序列,通过容积导体效应在皮肤表面产生肌电信号,如图 5-7 所示。

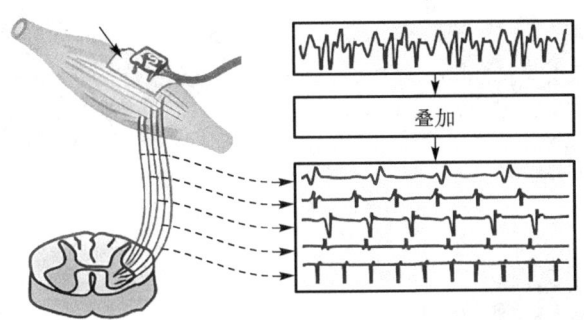

图 5-7 肌电信号产生、传播、叠加示意图

5.3 肌电信号采集系统

表面肌电信号是一种极微弱的、随机的且不稳定的生物电信号,易受到各种因素干扰。肌电信号采集系统通常先将 μV 级信号放大到 mV 级或以上,再通过模拟滤波器去除部分噪声,然后采用模数转换器把模拟信号转换为数字信号,最后利用数字滤波方法对噪声进行进一步去除,如图 5-8 所示。

图 5-8 肌电信号采集系统总体方案流程图

5.3.1 肌电传感器

肌电传感器是为了测量生物电位而布置在机体和测量仪器之间的导电界面(电化学界面),作用是把生物体内的离子流转换为电子流,本质是把生物体电化学活动产生的电位转换成测量系统的电位,起到换能器的作用。肌电传感器主要分为针式电极(侵入式)和表面电极(非侵入式)两大类,表 5-3 列举了针式电极和表面电极的优缺点。

虽然侵入式电极在一些特定应用(如深脑刺激、某些脑神经疾病治疗)中具有优势,但表面电极因其安全性、成本、方便性等优点,成为生机电一体化机器人神经交互控制的首选方式。现有的表面肌电电极按照信号传输方式可分为有线肌电电极(图 5-9)与无线肌电电极(图 5-10)。

表 5-3　针式电极和表面电极的优缺点

电极种类	优点	缺点
表面电极（非侵入式）	全面反映整块肌肉的活动情况，对信号源产生的干扰小，无创伤，使用方便	电极移动、汗水蒸发以及肌肉疲劳等可导致表面肌电信号的变化
针式电极（侵入式）	检测的肌纤维数量少，动作电位波形规律清晰易辨，具有很高的选择性、空间分辨率和信噪比	有针刺创伤，阻抗高，基线漂移大，不适合多次和长时间使用

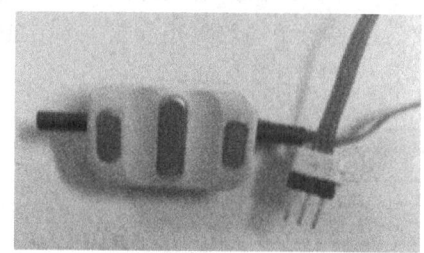 

(a) 丹阳电极　　　　　　　　　　　(b) Ottobock 电极

图 5-9　有线肌电电极

 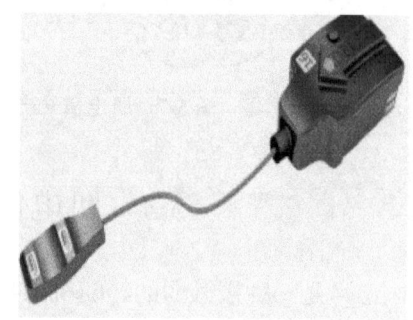

(a) Delsys 电极 1　　　　　　　　　(b) Delsys 电极 2

图 5-10　无线肌电电极

按照输出信号的类型，肌电电极可以分为原始型肌电信号电极和积分型肌电信号电极。其中，原始型肌电信号电极所采集的信息为表面肌电信号原始幅值相对于零电势位的变化信息；而积分型肌电信号电极在采集信息时，会对原始信号做整流处理，从而得到积分式肌电信号。

按照电极单元的数量和布局，肌电传感器可分为阵列式与非阵列式两种。目前，使用更多的是基于一维或二维电极阵列的多通道检测，如图 5-11 所示。这些阵列可以提供：①模拟瞬时单极表面电位空间采样的图像或分布地图；②EMG 特征的空间采样图像或地图，如幅值或频谱指标。

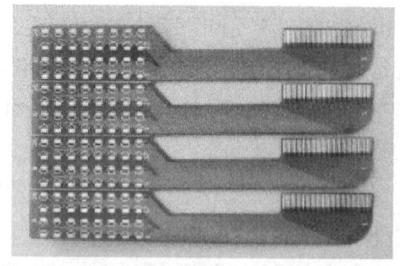 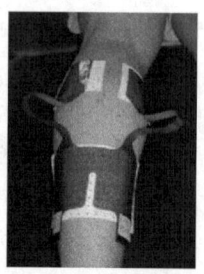

(a) 由可分离模块组成的柔性电极阵列，每个模块有 32 个触点　　　(b) 放置在比目鱼肌和腓肠肌上的阵列示例

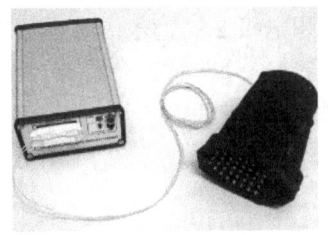
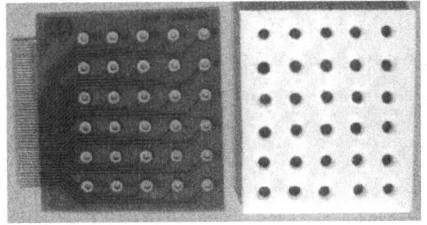

(c) 连接到便携式放大器系统的可伸缩柔性套筒电极阵列　　(d) 5×6 个电极的柔性胶布阵列，带有双层黏合泡沫，其空腔内填充有导电凝胶

图 5-11　表面肌电传感阵列的示例

按照电极采集方式，肌电电极分为单极传感器、双极传感器和双差分传感器。单极传感器如图 5-12 所示，放大器的一个输入端连接检测电极，检测电极布置在目标肌肉处，另一个输入端连接参考电极，参考电极安放在远离目标肌肉的参考肌肉处。这种单极布置方式的缺点是会采集目标肌肉附近所有的电信号，即引入串扰噪声。

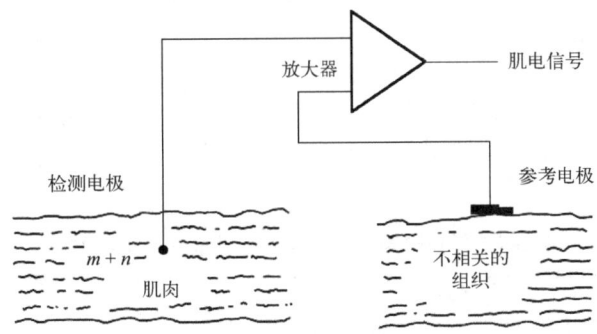

图 5-12　单极布置方式

双极传感器需要在检测点布置两个电极，用于采集目标肌肉相对于参考电极的电势，然后分别输入运算放大器的同向输入端和反向输入端，如图 5-13 所示。由于局部的电化学反应，两个电极安放的皮肤表面电位是不同的，两个检测电极的电位进入差分放大器，对两个输入电势的差进行放大。由于两个检测电极安放位置处的噪声相近，可以看成共模噪声，因此差分电极布置方式可以对噪声进行有效抑制，在噪声环境中识别出微弱的表面肌电信号，从而克服单极布置方式易受干扰的问题。

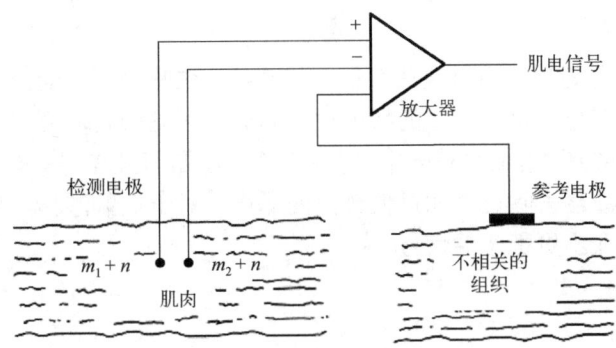

图 5-13　差分电极布置方式

如图 5-14 所示，双差分传感器中放大器 1 对电极 1 和电极 2 的输入信号进行差分放大，放大器 2 对电极 2 和电极 3 的输入信号进行差分放大。与单差分传感器布置方式相比，双差分传感器对位置敏感，具有更高的空间分辨率，但是电路相对复杂。

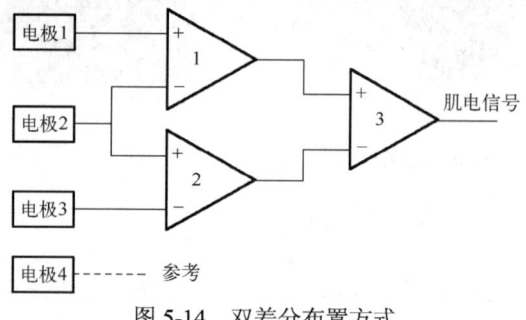

图 5-14 双差分布置方式

5.3.2 肌电信号预处理

有效去除肌电信号中的噪声，保留其真实信息，是准确获取肌电信号并进行运动识别的前提。

1．去除噪声和干扰

在肌电信号采集过程中存在各种噪声，这些噪声会影响肌电信号采集的准确性和可靠性。因此，需要通过预处理对噪声进行去除或抑制。表 5-4 列出了常见噪声的来源和对应的去除或抑制方法。

表 5-4 常见噪声的来源和对应的去除或抑制方法

噪声类型	噪声来源	去除或抑制方法
生理噪声	身体内部生理活动产生、可被表面电极接收的电信号，如心电信号和呼吸肌的收缩信号等	传感器远离噪声源和滤波，可以减少生理噪声
环境噪声	工频干扰和线缆伪迹（由线缆移动导致的信号失真）引起的噪声	采用差分电极可以减少环境噪声
基线噪声	属于电化学噪声，由电极和皮肤进行离子交换所产生	增加电极表面积可以减少基线噪声；另外，使用肌电传感器前做好电极和皮肤的清洁也可以减少基线噪声
运动伪迹	由电极与皮肤接触运动引起的伪信号	运动伪迹不能完全消除，通过皮肤或电极预处理和滤波可以减小
肌肉串扰	肌肉间的肌电信号相互干扰的现象	减小肌电传感器两电极之间的距离有利于减少串扰，一般来说，两个电极之间的距离不超过 10mm
脂肪组织	人体不同组织的导电性存在很大差异，其中脂肪组织具有重要影响	可根据肌肉的最大自主收缩对肌电信号进行归一化处理

2．减少信号波动

肌电信号常常包含高频的随机波动或低频的漂移，这些噪声可能掩盖实际的肌肉活动信息。预处理可以平滑信号，使得信号的特征更加明显。常见的处理方法为通过低通、高通或带通滤波器去除不需要的频段，保留信号中的有效信息。通常，肌电信号的有效频率为 20~500Hz，因此可以使用带通滤波器去除过高和过低频段的噪声。对于低频漂移，使用高通滤波器可以去除基线的变化，提取出更稳定的信号。

3．信号标准化

采集的肌电信号的幅值可能由于不同的设备设置、皮肤电阻、肌肉的活动强度等因素而有所不同。为了保证信号的可比性和一致性,通常需要对信号进行标准化处理,使得不同实验或受试者之间的信号具有统一的尺度,便于后续分析。常见的处理方法是将信号的幅值缩放到一个标准的范围(如[-1,1]或[0,1]),使得信号的幅度不受设备和实验条件的影响。

5.3.3 肌电信号采集系统设计实例

本节以采用差分电极的布置方式为例,对肌电信号采集系统进行设计。

1. 前置放大电路设计

1) 仪表放大器的选择

表面肌电信号的幅值在 μV 级别,需要进行多级放大。放大器在系统中处于级联状态,级联放大器的噪声模型如图 5-15 所示。多个噪声源产生的噪声都经前置放大电路耦合进入采集电路,并经过后级放大器进行级联放大,从而达到较高的幅值,这将严重影响电路的信噪比。因此,前置放大电路决定了整个肌电采集模块采集到的信号的质量。

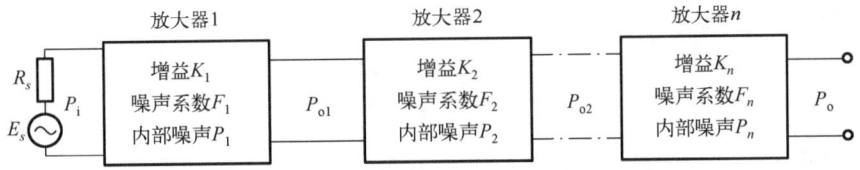

图 5-15 级联放大器的噪声模型

前置放大器对肌电信号采集系统的性能具有重要影响,考虑到肌电信号微弱、噪声大和高内阻等特点,要求前置放大器具有很高的输入阻抗和共模抑制比,因此采用仪表放大器实现肌电信号的前置放大。经综合考虑,本设计选择 AD8221 仪表放大器。AD8221 是一款具有高共模抑制比、低失调电流、低漂移、极低电压噪声的仪表放大器。设计的前置放大电路如图 5-16 所示,电极 1、2、3 分别连接仪表放大器的同相输入端、反相输入端、参考输入端,调节外置电阻可调节前置放大电路的放大倍数。

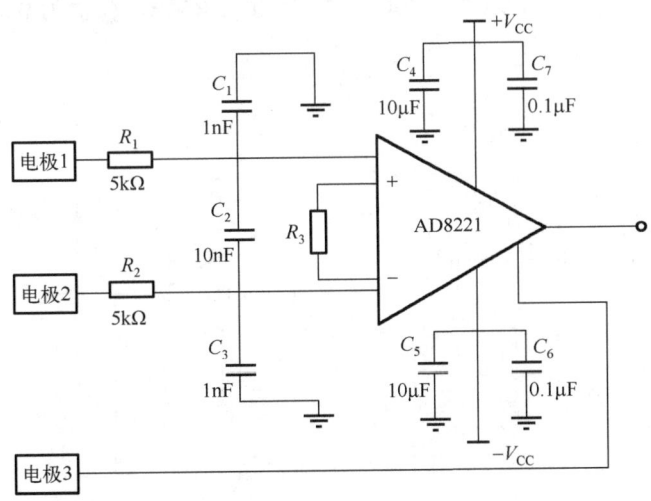

图 5-16 前置放大电路

2) RF 衰减滤波器的设计

在仪表放大器 AD8221 内部集成了射频(RF)整流,因此需要在仪表放大器输入端设计差分低通滤波器,形成 RF 衰减滤波器,减小外界射频信号对肌电信号的干扰。RF 衰减滤波器由两个低通滤波器构成,两个滤波器的时间常数应匹配,否则会导致共模抑制比下降,因此选择 $R_1 = R_2$,$C_1 = C_3$。差模带宽 BW_{diff} 和共模带宽 BW_{CM} 分别为

$$BW_{diff} = \frac{1}{2\pi R_1 (2C_2 + C_1)} \quad (5\text{-}1)$$

$$BW_{CM} = \frac{1}{2\pi R_1 C_1} \quad (5\text{-}2)$$

3) 前置放大电路增益

前置放大电路是对肌电信号的初级放大,必须设置合适的增益,如果增益过大,噪声也将被放大,给后续的滤波和信号处理带来困难。通过式(5-3)调节 AD8221 的外置电阻 R_3 可以设置前置放大器的增益:

$$R_3 = \frac{49.4\text{k}\Omega}{G-1} \quad (5\text{-}3)$$

式中,G 表示增益。

2. 滤波电路设计

如上所述,在采集的肌电信号中存在多种噪声,需要在肌电信号采集系统中进行高通滤波、低通滤波和陷波滤波,以保证放大后肌电信号的品质。

1) 高通滤波电路设计

常用的有源高通滤波器有巴特沃思滤波器、切比雪夫滤波器、贝塞尔滤波器。其中切比雪夫滤波器具有阻滞衰减快的优点,因此本设计采用 Sallen-Key 结构的二阶切比雪夫高通滤波器,如图 5-17 所示,其截止频率为 20Hz,增益为 25.84dB,Q 值为 0.52。

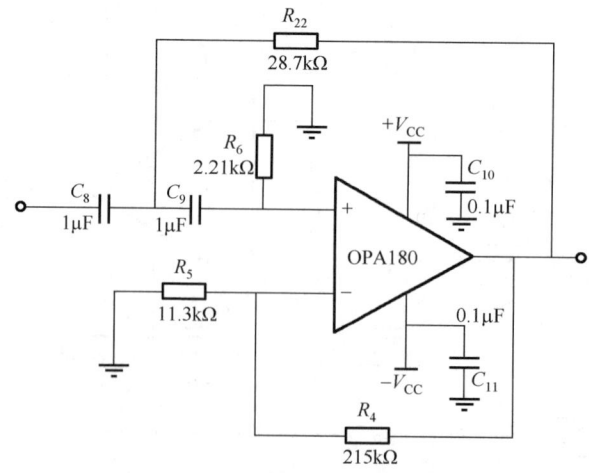

图 5-17 二阶 Sallen-Key 高通滤波器

2) 低通滤波电路设计

设计的四阶切比雪夫滤波器如图 5-18 所示，其截止频率为 400Hz，通带增益为 19.32dB。

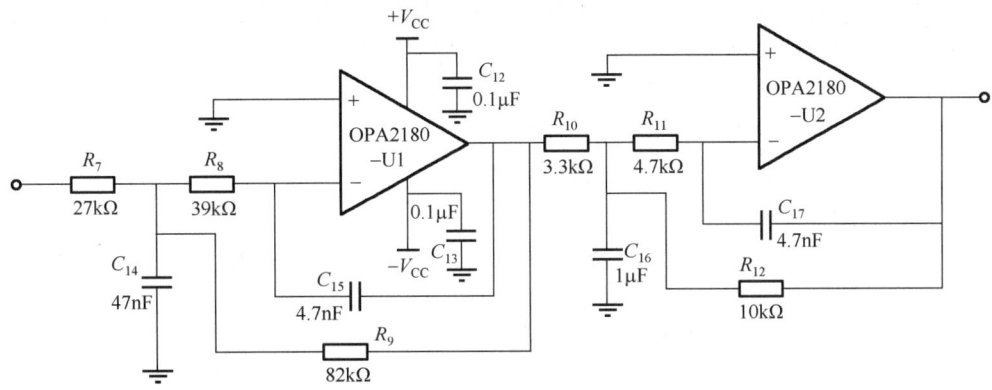

图 5-18　四阶切比雪夫滤波器

3) 陷波电路设计

陷波电路可分为无源双 T 陷波电路、有源双 T 陷波电路、Wien-Robinson 陷波电路等，本设计中采用有源双 T 陷波电路，如图 5-19 所示，该滤波器的中心频率为 50Hz。

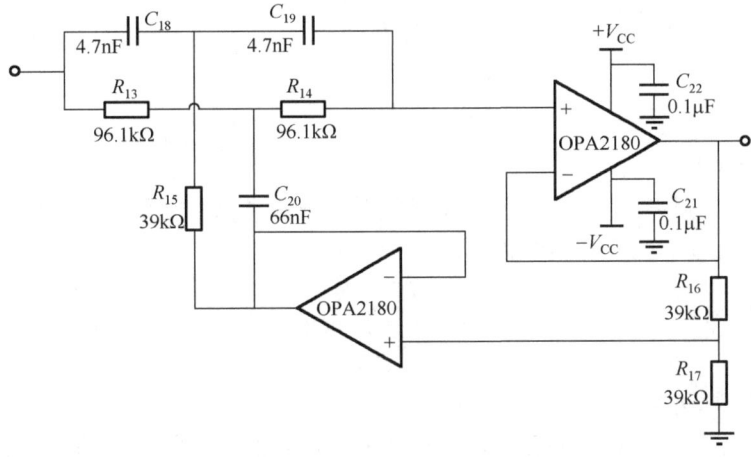

图 5-19　有源双 T 陷波器

5.4　基于肌电信号的人手运动识别

肌电信号通过记录肌肉活动中的电生理变化，能够反映肌肉的收缩状态和活动强度。肌电信号的特征提取通常包括时域、频域、时频域分析和非线性分析等，这些特征有助于识别不同的肌肉活动模式。模式识别技术通过对这些特征进行分类，识别出手部动作模式。对于人手的连续运动估计，可以将这些特征作为回归模型的输入，输出运动意图。此外，目前还可以通过高密度电极阵列获取肌电信号，利用运动单元动作电位序列反解技术对肌电信号进行解码，预测运动状态。基于肌电信号的人手运动识别，能够更加自然、直观地实现手部运动的识别和控制，在运动康复、假肢控制和人机交互等领域具有巨大的应用潜力。

5.4.1 肌电信号特征提取

在表面肌电信号中蕴涵着丰富的信息，对原始肌电信号进行采集和处理后，本节研究代表肌肉活动状态和运动意图的特征提取。肌电信号的特征通常分为时域特征、频域特征和时频域特征三类，此外，肌电信号的特征提取还可以通过非线性分析来进行。

提取时间序列是最简单、最直接的时域特征提取方式，计算复杂度较低，因此在特征分类和回归模型中得到广泛应用。常用的时域特征如下。

1) 方差(VAR)

方差代表肌电信号变化的剧烈程度，反映了肌电信号的波动性质，其计算公式为

$$\text{VAR} = \frac{1}{N-1}\sum_{t=1}^{N}(\text{emg}_i(t) - \overline{\text{emg}_i})^2 \tag{5-4}$$

式中，N 为时间窗口内表面肌电信号数据点的数量；$\text{emg}_i(t)$ 代表第 i 个通道 EMG 在第 t 个采样点对应的幅值；$\overline{\text{emg}_i}$ 代表此时间窗口内第 i 个通道 EMG 的均值。

2) 积分肌电值(IEMG)

积分肌电值也称绝对值积分(IAV)，是在时间窗口内肌电信号绝对值的总和，可以有效反映一段时间内的肌肉活动状态。采用积分肌电值特征作为假肢手速度控制的指令，可实现假肢手的比例控制。积分肌电值的计算公式为

$$\text{IEMG} = \sum_{t=1}^{N}|\text{emg}_i(t)| \tag{5-5}$$

3) 均方根(RMS)

均方根也称为方均根值或有效值，指时间窗口内肌电信号幅值平方和的均值的平方根。通常用于评估肌肉收缩强度和疲劳程度，其计算公式为

$$\text{RMS} = \sqrt{\frac{1}{N}\sum_{t=1}^{N}\text{emg}_i(t)^2} \tag{5-6}$$

4) 平均绝对值(MAV)

平均绝对值是指在一定时间窗口内，表面肌电信号的幅值绝对值的平均值，通常用于评估肌肉收缩强度和疲劳程度。与 RMS 类似，MAV 也可以用来估计肌肉收缩时的平均强度。不同之处在于，MAV 直接对信号幅值的绝对值进行平均。因此，与 RMS 相比，MAV 更加稳定，对高频噪声的敏感性更小，常用于判断手臂动作信号的强度幅值大小，其计算公式为

$$\text{MAV} = \frac{1}{N}\sum_{t=1}^{N}|\text{emg}_i(t)| \tag{5-7}$$

5) 过零点数(ZC)

过零点数是指在一定时间窗口内，表面肌电信号的波形穿过水平基准线的次数，通常用于评估肌肉的收缩状态和收缩强度。通常情况下，当肌肉收缩时，表面肌电信号的波形会更加复杂，穿过水平基准线的次数增多，因此 ZC 值增大。当肌肉处于放松状态时，表面肌电信号的波形比较简单，穿过水平基准线的次数减少，因此 ZC 值减小。ZC 的计算公式为

$$\text{ZC} = \sum_{t=1}^{N-1} f(t)$$

$$f(t) = \begin{cases} 1, & \text{emg}_i(t) \times \text{emg}_i(t+1) < 0 \\ 0, & \text{其他} \end{cases}$$

(5-8)

6) 波形长度(WL)

波形长度是指在一定时间窗口内，表面肌电信号的波形长度的累加和，表示表面肌电信号的复杂度，通常用于评估肌肉的收缩和放松状态。通常情况下，当肌肉收缩时，表面肌电信号的波形会变得更加复杂，波形长度增加，因此 WL 值增大。WL 的计算公式为

$$\text{WL} = \sum_{t=1}^{N-1} |\text{emg}_i(t) - \text{emg}_i(t+1)|$$

(5-9)

7) 斜率符号变化(SSC)

斜率符号变化是指在表面肌电信号的波形中，幅值变化率的符号发生变化的次数，常用于表示表面肌电信号即将发生波动变化的状态，其计算公式为

$$\text{SSC} = \sum_{t=2}^{N-1} f(t)$$

$$f(t) = \begin{cases} 1, & (\text{emg}_i(t-1) - \text{emg}_i(t))(\text{emg}_i(t) - \text{emg}_i(t+1)) < 0 \\ 0, & \text{其他} \end{cases}$$

(5-10)

式中，$f(t)$ 代表第 i 个通道的 EMG 值在 $t-1$ 和 $t+1$ 两个采样点之间是否发生斜率符号变化，若发生变化则 $f(t)$ 等于 1，否则等于 0。

以上时域特征的若干组合通常用于基于肌电信号的手部运动模式识别和连续运动估计。

频域特征利用估计的功率谱密度提取，并通过参数方法进行计算。频域特征提取的基础是傅里叶变换。傅里叶变换将时间序列信号表示为一系列正弦函数和余弦函数的总和。由于篇幅所限，本章不细述傅里叶变换的细节。一个连续信号 $x(t)$ 的傅里叶变换称为连续时间傅里叶变换(continuous-time Fourier transform，CTFT)，其计算公式为

$$F(f) = \int_{-\infty}^{\infty} x(t) e^{-j2\pi f \tau} d\tau$$

(5-11)

假设信号采样率为 F_s，采样点数量为 N，则在频域中离散为 $f = kF_s/N, k = 0,1,\cdots,N-1$。那么可以在离散频域点上计算信号的离散傅里叶变换(discrete Fourier transform，DFT)：

$$F[k] = \sum_{n=0}^{N-1} x[n] e^{-j2\pi kn/N}$$

(5-12)

为了更有效地计算，DFT 通常使用快速傅里叶变换(fast Fourier transform，FFT)算法来实现。在 FFT 中，采样点的数量 N 通常选择为 2 的幂次方，以便于快速计算。提取频域特征的主要方法是利用快速傅里叶变换，获得肌电信号的频谱或功率谱，可反映肌电信号在不同频率分量的变化，在频率维度上较好地反映肌电信号。为定量表示肌电信号频谱或功率谱的特征，常用指标为中值频率(median frequency，MF)和平均功率频率(mean power frequency，MPF)。

1) 中值频率（MF）

中值频率是指肌肉收缩期间产生的肌电信号的频率中值，通常用于评估肌肉收缩的力量和疲劳程度，MF 是通过分析表面肌电信号的功率谱密度得到的。在肌肉收缩期间，肌电信号的频率会随着肌肉收缩力量和疲劳程度发生变化。通常情况下，肌肉受到较大负荷或处于疲劳状态时，MF 会降低；肌肉受到较轻负荷或处于放松状态时，MF 会增加。其公式为

$$\int_0^{MF} PSD(f)df = \int_{MF}^{\infty} PSD(f)df = \frac{1}{2}\int_0^{\infty} PSD(f)df \tag{5-13}$$

式中，PSD 表示表面肌电信号的功率谱密度。

2) 平均功率频率（MPF）

平均功率频率是指肌肉收缩期间肌电信号的功率频率分布的平均值，可以用于评估肌肉收缩的力量和疲劳程度。即使肌电信号中混杂了一些干扰噪声，利用该特征也能较好地识别信号中的有用信息，抗混叠能力较强，其计算公式为

$$MPF = \frac{\int_0^{\infty} PSD(f) f df}{\int_0^{\infty} PSD(f) df} \tag{5-14}$$

时频域特征可以反映肌电信号在时间和频率上的能量。时频域特征不仅考虑了信号的瞬时变化（时间特征），还能得到信号在不同频率上的分布情况。与单纯的时域和频域特征相比，时频域特征能够提供更全面的信息，特别适用于动态的肌肉活动监测。

时频域特征的提取通常依赖于一些常见的时频变换方法，主要有短时傅里叶变换（SFT）、小波变换（WT）、小波包变换（WPT）、Wigner-Ville 变换以及 Choi-Williams 变换等。这些方法能够在考虑信号时间变化和频率特性的同时，提供更细致的信号分析结果。具体来说，时频域特征通常包括：①频谱分布：通过对信号进行频域分析，获取信号的频谱分布，这些特征能够反映不同频率成分在肌肉收缩时的强度分布，常用的指标有主频、频率带宽、频率中心等；②时频分布：同时表征了信号在时间和频率上的分布情况，能够揭示信号的局部频率特征；③能量分布：信号的能量在时频域的分布可以反映肌肉活动的强度和模式。

非线性分析方法在肌电信号分析中主要用于捕捉和描述信号的复杂性、混沌行为和非平稳特征。传统的线性分析方法（如时域、频域、时频域等）主要处理信号的线性特征，但对于包含复杂动态和非线性行为的肌电信号来说，非线性分析方法能够提供更深入的分析。常见的非线性分析方法包括：①熵：用于衡量信号复杂性、随机性和信息量的一种度量。在肌电信号分析中，熵可以帮助量化信号的复杂程度以及可预测性。②分形维数：用于描述信号自相似性的一个度量，能够表征信号在不同尺度下的复杂度。肌电信号通常具有复杂的、非线性的动态特征，而分形维数能够量化这一复杂性。③Lyapunov 指数：用于量化动态系统的混沌程度的一个重要指标。它衡量了相邻状态之间的分离速率，能够反映系统的稳定性和可预测性。对于肌电信号，Lyapunov 指数常用于分析信号的混沌性和非线性特征。

5.4.2 基于肌电信号的人手运动估计

在生机电一体化机器人的神经控制接口中,肌电信号是最常用的一种生物电信号,本节以肌电信号为例,介绍基于神经信号的人手运动模式识别和连续运动估计。基于肌电信号的假肢控制策略主要分为两类:离散控制和连续控制。基于运动模式识别的离散控制方法适用于对特定动作进行触发式控制,而基于连续运动估计的连续控制方法则能够实现更加平滑和精确的假肢动作。

离散控制通常基于人手运动模式识别。人手的运动模式识别一般指通过采集和分析肌电信号,从而识别和分类不同的人手动作。该方法从肌电信号中提取有用的特征,结合机器学习和信号处理技术,能够准确地识别手部的不同动作和运动意图。常用的模式识别方法包括传统机器学习方法、深度学习方法和集成学习方法。这些方法通过对样本数据进行训练和学习,建立分类模型,输出一系列手部动作。下面将逐一介绍这些方法。

传统机器学习方法是在深度学习等出现以前,广泛应用的机器学习算法和技术。它们通常不依赖于大量数据和复杂的计算资源,而是通过设计手工特征和使用较为简单的数学模型进行任务学习。相对于深度学习而言,传统机器学习方法的计算开销较小,适用于数据量较小或特征比较简单的任务,优点在于计算效率高,解释性强。常用的传统机器学习方法如下。

(1) 支持向量机(support vector machine,SVM):通过寻找一个最大间隔的超平面(在高维空间中)将数据分开,适用于线性和非线性分类。

(2) 决策树(decision tree):通过递归对数据进行特征选择,生成树结构,每个叶节点代表一个类别或值。

(3) K-近邻(K-nearest neighbors,KNN)算法:对于新样本,KNN 算法通过计算其与训练集中所有样本的距离,选择最近的 K 个邻居样本,然后通过投票或平均值来进行预测。

(4) 朴素贝叶斯(naive Bayes):基于贝叶斯定理,假设特征之间相互独立,通过计算每个类别的条件概率来进行分类。

(5) 梯度提升树(gradient boosting tree,GBT):通过逐步构建弱学习器(通常是决策树),每次训练一个新模型来纠正前一个模型的错误,最终形成强学习器。

(6) 主成分分析(principal component analysis,PCA):通过线性变换将原始特征映射到一组新的无关特征(主成分),并保留数据的最大方差。

在基于传统机器学习方法的人手运动模式识别方面,Liao 等通过滑动窗口法提取特定肌肉特征,提出了活跃肌肉区的概念,通过融合两时域特征波长和样本熵作为特征,有效减少了特征冗余程度。实验共采集了 6 种手势动作对应的肌电信号,基于 KNN 算法对融合特征进行动作分类,准确率达到 91.05%。Sun 等在不同通道配置情况下对 SVM 和 GRNN 分类器的分类性能进行评估,结果显示,当去除 3 个冗余通道后,SVM 分类器具有更短的训练时间和更高的准确率。Liu 等提出一种新的级联学习模型,主要由广义判别分析算法和支持向量机组成,并开发了一种基于数字信号的肌电分类系统,准确率达到 93.54%。Shi 等研究了浅屈肌和指伸肌处对手指动作的影响,构建了一个手部动作识别系统,采集上述肌肉的肌电信号,提取平均绝对值、过零点数、斜率符号变化和波形长度特征,然后使用 KNN 模型分类 4 种手部动作,准确率达到 94%。

近年来,深度学习在肌电信号分析中的应用逐渐增多,手部模式识别通常涉及从图像、视频或传感器数据中识别和估计手部状态。采用深度学习方法能自动从肌电信号中提取特征，并进行分类，适应性更强，精度更高。Atzori 使用 CNN 模型对 88 位受试者的表面肌电信号进行了训练和验证，发现与 KNN、SVM、随机森林等模型的准确率相当，但因模型架构简单，未能显著提升分类性能。Cheng 等使用 CNN 模型对 52 种手势动作进行了分类，通过一维卷积核提取肌电信号特征，输入网络进行训练，相较于传统机器学习模型的准确率较高，达到了 82.54%。Xu 等利用 CNN 模型结合能量核相图分析表面肌电信号，相较于仅用能量核面积的方式，提升了识别准确率和计算效率。Zhai 等提出一种基于 CNN 网络的可自更新校正的分类器，用户在使用过程中无须重新训练模型也能保持性能稳定；通过 Ninapro 的 DB2 和 DB3 部分数据验证发现，该方法相较于未经校准的分类器，对健康者和截肢者的分类准确率分别提升了 10.18% 和 2.99%，在模型性能与效率方面相较于传统机器学习模型有很大的提升。

集成学习方法是结合不同方法，通过多个分类器的组合，进一步提高模式识别的准确性和鲁棒性，如随机森林（random forest）或集成 SVM 等。Peng 等提出了一种特征选择和集成极限学习机相结合的方法来提高基于肌电信号的模式识别性能，对 10 名健康受试者的 52 种不同手部动作的模式识别平均准确率结果为 77.9%。Yaman 等探究并比较了并行训练和串行训练在肌电信号模式识别中的性能，结果表明，AdaBoost 结合随机森林集成方法获得了 99.08% 的准确率，为生机电一体化机器人的离散控制方法提供了新的参考思路。

在基于连续运动估计的连续控制方面，基于肌电信号的人手连续运动估计是一个重要的研究领域，与运动模式识别相比具有更大的挑战性。通过肌电信号，可以估计出人体肌肉的活动状态，从而推测手部的运动轨迹或动作。目前，基于肌电信号的连续运动估计方法主要包括回归模型和深度学习方法，下面将介绍这些方法的基本原理和应用。

回归模型是最早用于连续运动估计的方法之一。把肌电信号特征作为模型的输入，预测目标通常是手部的运动参数（如位置、速度等）。常用的回归模型有：①线性回归（linear regression）：假设肌电信号与运动之间存在某种线性关系，采用线性回归模型来拟合输入（表面肌电信号特征）和输出（运动参数）之间的关系，模型简单，但性能受到肌电信号非线性和噪声影响的制约；②岭回归（ridge regression，Tikhonov regularization）：是对标准线性回归模型的正则化，能够更好地处理多重共线性问题，并且通过正则化提高了模型的泛化能力，适用于高维的肌电数据；③支持向量回归（SVR）：通过在高维空间中找到合适的超平面来估计运动参数，能够有效处理非线性问题。

随着深度学习技术的发展，越来越多的研究开始采用深度神经网络处理肌电信号。这些方法能自动学习从肌电信号到手部运动的复杂映射关系，且在大规模数据和复杂模式识别中表现出色。例如，卷积神经网络（CNN）通常用于处理图像数据，其特点是能够自动从数据中学习特征，而无须手动设计特征提取算法；长短期记忆（LSTM）网络是处理时间序列数据的一种循环神经网络（RNN），其特点是具有记忆能力，可以处理和"记住"长时间跨度的数据，使其能够捕捉手部动作的时间依赖性和演变；3D 卷积神经网络（3D-CNN）能够有效地从视频或深度图像序列中提取空间和时间信息，该方法不仅能学习图像中的空间特征，还能捕捉到时间维度的信息。

在现有研究中，Zhang 等提出了一种 ANN 模型用于连续估计关节角度，该方法对上肢运动中四个关节角度预测的平均准确率达到 91.12%。Huang 等结合连续小波变换和 BPNN

模型估计了人体手臂关节连续运动时的角度和速度,估计角度和速度的平均均方根误差分别为 8.78°和 9.59°/s。华南理工大学的杨纳川通过基于 BPNN 的模型对肘关节进行了连续运动估计,实验结果表明估计力矩的均方误差为 0.549N·m。上述方法通过数据驱动方式构建表面肌电信号特征与关节连续运动量之间的映射关系。为了提高模型的泛化能力,Tang 等利用 PSO 对 LSTM 模型进行了优化,并将该模型与 BP 模型进行了对比,实验结果表明,在手腕连续运动实验中,PSO-LSTM 模型比 BP 模型的 RMSE 低 0.1323。HAJIAN 等提出 TS-CNN 模型,可以同时预估肘关节的速度和角度,与仅采用 CNN 模型相比,该方法具有更强的鲁棒性。

5.4.3 运动单元动作电位序列反解

肌电信号解码是指对肌肉电活动(通常采用高密度电极阵列进行采集)的信号进行分析和分离,以提取出与各个肌肉单元相关的独立信号成分。这个过程的目标是从复杂的肌电信号中识别出每个独立运动单元的活动信息,用于假肢控制、神经康复等。

基于前面提到的肌电信号产生机理,运动神经元将来自脊髓和大脑的输入进行编码,发放电脉冲,从而驱动肌肉运动。运动神经元的放电与其支配的肌纤维传播的运动单元动作电位(MUAP)之间存在一一对应的关系。因此,可以通过将肌电信号分解为单个运动单元(MU)的运动单元动作电位序列(MUAPT),估计神经系统对运动系统的驱动信息,获得神经控制编码模型。

通常情况下,假设对表面肌电信号在肌肉等长收缩状态下进行测量可以消除因肌肉几何形状改变而导致的 MUAP 变化。另外,假设观测时间间隔足够短,以忽略肌肉疲劳的影响。根据这些假设,多通道肌电信号可以用线性时变卷积多输入多输出(MIMO)模型来近似表示,其第 i 个通道的输出定义为

$$x_i(t) = \sum_{j=1}^{N} \sum_{l=0}^{L-1} h_{ij}(l) s_j(t-l) + \omega_i(t), \quad i=1,\cdots,M, \quad t=1,\cdots,T \tag{5-15}$$

式中,h 代表放电的源;ω 代表噪声;$s_j(t)$ 代表第 j 个 MU 的放电情况,即第 j 个 MU 在时刻 t 是否放电,若放电则 $s_j(t)$ 为 1,否则为 0,整个 $s_j(t)$ 的序列即为这个 MU 的 MUST。可以看出,表面肌电信号是由各激活 MU 的 MUAP 和 MUST 卷积叠加后的结果。

表面肌电信号分解的目的是逆转公式(5-15)所描述的混合过程。分解技术种类繁多,大致可分为模板匹配法和盲源分离法。模板匹配法基于 iEMG 分解方法,并将其分解方法扩展到多通道表面肌电图。分解通常包括三个步骤:①将 EMG 分割为可区分的波形;②识别 MUAP 模板;③聚类,即将识别的 MUAP 模板与识别的 EMG 波形进行匹配。图 5-20 展示了模板匹配法的分解过程,其中上图和下图分别使用拉普拉斯滤波和单微分空间滤波对多通道 EMG 进行处理。

需要说明的是,并非所有应用都需要完整的表面肌电图分解,尤其是在只关注外周 MU 特性(如 MUAP 传导速度)的情况下。许多有趣的神经生理学发现都是基于忽略 MUAP 叠加的快速分解算法的结果。然而,更先进的神经驱动、MU 同步和皮质-肌肉耦合研究需要对 MU 放电模式进行完整而准确的估计。

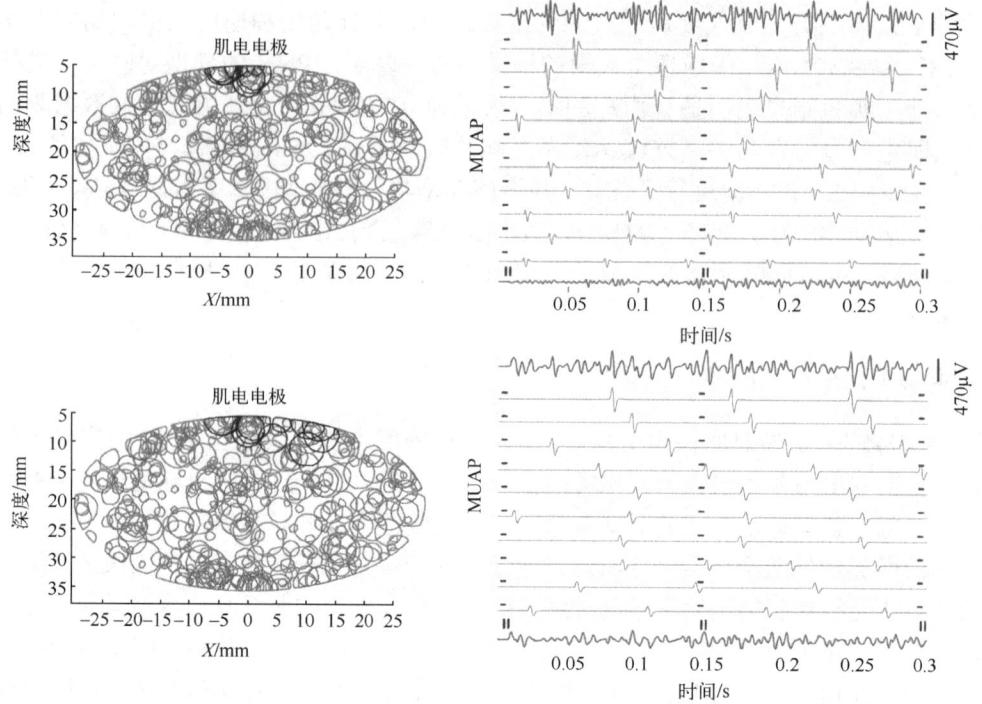

图 5-20　用模板匹配法对合成肌电图通道进行表面肌电图分解的示意图

盲源分离法是以肌电图混合过程的数学模型为基础，通过式(5-15)将生成 EMG 的混合过程写成矩阵形式(5-16)。式(5-16)的模型可以理解为由未知冲击响应滤波后运动单元动作电位序列(MUAPT)表示的源的混合：

$$\boldsymbol{x}(t) = \sum_{l=0}^{L-1} \boldsymbol{H}(l)\boldsymbol{s}(t-l) + \boldsymbol{\omega}(t) \tag{5-16}$$

式中，$\boldsymbol{x}(t) = [x_1(t),\cdots,x_M(t)]^T$ 是 M 个表面肌电通道的向量；$\boldsymbol{H} = [\boldsymbol{H}_1\ \boldsymbol{H}_2\ \cdots\ \boldsymbol{H}_N]$ 描述了每个 MU 的 MUAP；$\boldsymbol{\omega}(t) = [\omega_1(t),\cdots,\omega_M(t)]^T$ 是加性噪声向量；$\boldsymbol{s}(t) = [s_1(t),s_2(t),\cdots,s_N(t)]^T$ 代表产生 EMG 的 N 个 MUST。大小为 $M\times N$ 的混合矩阵 $\boldsymbol{H}$ 包含了无叠加和噪声情况下每个 MU 在各电极上产生的 MUAP 波形。

进一步改写式(5-16)，可得

$$\boldsymbol{x}(t) = \boldsymbol{H}\bar{\boldsymbol{s}}(t) + \boldsymbol{\omega}(t) \tag{5-17}$$

式中，$\boldsymbol{x}(t) = [x_1(t),\cdots,x_M(t)]^T$ 是 M 个表面肌电通道的向量；$\boldsymbol{\omega}(t) = [\omega_1(t),\cdots,\omega_M(t)]^T$ 是加性噪声向量；$\bar{\boldsymbol{s}}(t) = [s_1(t),s_1(t-1),\cdots,s_1(t-L+1),\cdots,s_N(t),\cdots,s_N(t-L+1)]^T$ 代表所有 MU 放电模式中 L 个样本的矢量化块。大小为 $M\times NL$ 的混合矩阵 $\boldsymbol{H}$ 包含了无叠加和噪声情况下所有出现在电极上的 MUAP 波形。

盲源分离的主要目的是直接从观测数据 $\boldsymbol{x}(t)$ 中估计混合矩阵 $\boldsymbol{H}$，而不需要关于混合过程或 MU 放电模式的任何先验信息。解决以上问题的常用方法主要有独立成分分析(independent component analysis, ICA)和卷积核补偿(convolution kernel compensation, CKC)两种。其中，

ICA 方法是在观测信号中寻找使分量非高斯性最大化的独立源作为运动单元动作电位序列，主要方式是极小化互信息或极大化负熵。而 CKC 方法是最早被提出的卷积盲源分离方法，它利用 MUAPT 的稀疏性分解多通道肌电信号。

5.5 脑机接口及其应用

脑机接口（brain-computer interface，BCI）是指通过直接建立大脑与外部设备之间的通信通道，使大脑信号可以被解读并转化为控制命令或外部反馈。BCI 技术的核心在于捕捉和分析大脑活动信号，通常这些信号来自脑电信号（EEG）、脑磁信号（MEG）、功能性磁共振成像（fMRI）等方法。通过这些信号，BCI 能够实现对外部设备的控制，使大脑与计算机、机器人、假肢等进行直接交互。

5.5.1 脑机接口的分类

非侵入式脑机接口：不需要将电极植入大脑，电极通常放置在头皮上。该接口安全性较高，但信号获取的精确度和分辨率较低，常用于较为简单的应用（如控制光标、游戏等）。

侵入式脑机接口：通过外科手术将电极直接植入大脑。这种方法可以获取更精确的脑电信号，适用于高精度控制任务，如假肢控制、神经康复等。然而，侵入式手术带来的风险和技术挑战仍然是该领域的难点之一。

半侵入式脑机接口：介于非侵入式和侵入式之间，这种方法通常涉及在大脑表面或皮层下方植入电极，但不需要完全进入大脑深处。半侵入式设备在获取高精度信号的同时，避免了侵入式手术带来的风险。

5.5.2 脑电信号采集系统

脑电信号采集系统用于记录和分析大脑皮层的电活动。脑电图（EEG）是通过在头皮上放置电极来捕捉大脑神经元放电时产生的电信号。脑电信号采集系统通常包括信号采集、放大、滤波、数字化、传输和处理等多个模块。脑电信号采集系统的组成部分如下。

电极是直接与头皮接触的传感器，通常由银/氯化银（Ag/AgCl）等材料制成。常见的电极类型包括盘状电极和针式电极。电极的数量和位置决定了信号采集的覆盖范围和精度。EEG 电极的放置位置通常遵循标准的国际 10-20 系统或其变体，10-20 系统规定了 75 个电极在头皮上的标准化位置，如图 5-21 所示。具体来说，这套系统首先规定了四个基准点，即鼻根（位于鼻子上方两眼之间的凹陷点，标记为 Nz）、枕骨隆突（头后部的隆起位点，标记为 Iz）和左/右耳前点（耳翼前面的凹陷点，标记为 A1 和 A2），其他电极的位置可以根据这些基准点来确定。该系统将电极沿着经纬线分别放置在 10%和 20%的位置点上，故而称为 10-20 系统。每个电极的名称包含两个部分，即一到两个英文字母加上一个数字。英文字母指示电极对应的区域：Fp=额极部（frontal pole）；F=额叶（frontal）；C=中央区（central）；P=顶叶（parietal）；O=枕叶（occipital）；T=颞叶（temporal）。结尾的数字代表到中线的距离，数字越大表示距离中线越远（中线上的电极 z 表示距离为零）。奇数用在左半球，偶数用在右半球（左右的划分基于受试者的视角）。

由于脑电信号的幅值非常微弱（约为微伏级），因此需要通过放大器进行信号放大。信号放大器的功能是增强脑电信号，同时尽量减少噪声和干扰。此外，脑电信号伴随有各种噪声，如眼动噪声、肌电噪声、工频噪声等，需要使用滤波器来去除不需要的频段。常用的滤波器包括低通滤波器、高通滤波器和带通滤波器等。在模拟信号放大和滤波后，需要通过模数转换器（ADC）把模拟信号转换为数字信号，便于计算机进行处理和分析。高分辨率 ADC 可以提高信号的采集精度，有利于后续的运动模式识别。

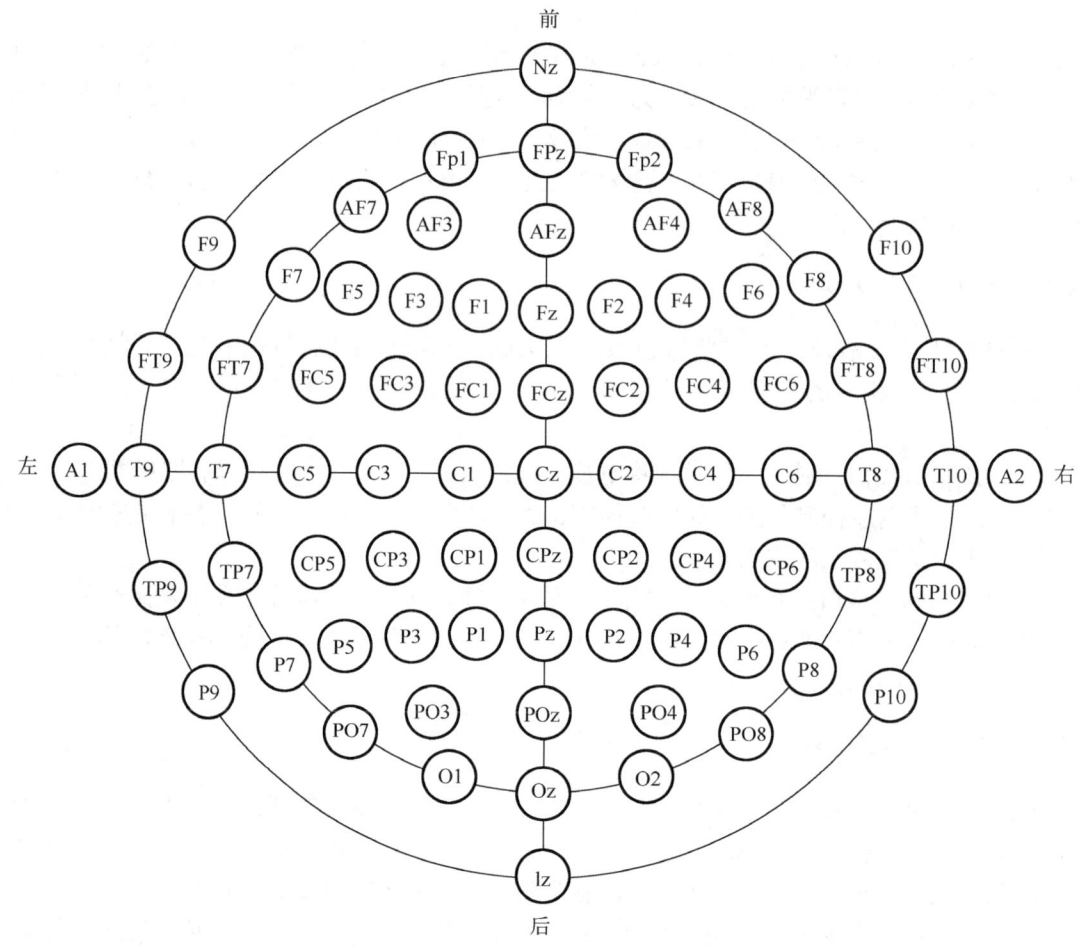

图 5-21　国际 10-20 电极排布系统

5.5.3　脑电信号处理

脑电信号是一种随机性很强的生理信号，幅值微弱，极易被噪声干扰，从而形成各种伪迹，如眼电伪迹、肌电伪迹、汗水伪迹和工频干扰等。因此，从头皮电极上直接记录到的脑电信号往往不能准确地代表大脑神经信号，需要对采集到的原始脑电数据进行预处理和降噪，尽可能减少或消除这些伪迹的影响。有效去除脑电信号中的伪迹，保留真实的脑电信息，对于脑机接口研究和临床应用有重要意义。

由表 5-5 可以看出，脑电信号中的伪迹可以分为两类：生理伪迹与非生理伪迹。生理伪迹通常由靠近头部的身体部位的活动造成，如眼睛、肌肉和心脏等。受试者的身体移动也会产生生理伪迹。非生理伪迹来源于多种因素,如电极与头皮的接触情况、设备性能、环境因素等。生理伪迹的形态较为典型,容易辨别,而非生理伪迹的形态众多,较难区分。

表 5-5 脑电信号中的生理伪迹和非生理伪迹

生理伪迹	非生理伪迹
眼电伪迹,如眨眼、眼动	工频干扰:50Hz
肌电伪迹,如额肌、颞肌活动	电极伪迹,如电极与头皮接触不良
心电伪迹,如心跳	脑电记录系统故障,如放大器"噪声"
其他伪迹,如头皮出汗或位移等	环境因素,如电线或电路板接触不良

脑电数据预处理需要通过滤波来减少噪声,尤其是50Hz或60Hz的工频干扰及其他高频、低频伪迹。选择合适的滤波器能够有效提升信号的信噪比。例如,使用0.1Hz的高通滤波器和30Hz的低通滤波器,可以去除低于0.1Hz、高于30Hz的噪声,保留0.1~30Hz的脑电信号。此外,为了去除工频干扰,需要采用限波滤波器,以抑制特定频率的干扰,保留其他频段信号。

在脑电记录系统中,参考电极的选择对数据质量至关重要,常用的在线参考电极包括乳突、头顶正中、耳垂、鼻尖等。参考电极的任何活动都会反映在其他电极中,因此必须确保参考电极的准确放置和良好接触。选择参考电极时,尽量选择远离感兴趣区域的电极,以减少对信号的干扰。乳突电极(单侧或双侧)远离大脑主要区域,且记录的神经活动较少,是应用较多的一种参考电极方式。

对于使用活动电极且没有参考电极的脑电记录系统来说,离线的重参考分析十分必要。脑电数据可以在离线分析中进行重参考,对于高密度脑电记录系统,假设电极分布均匀且电极密度足够大,可忽略来自身体其他部位的干扰,通常采用平均参考法,把所有电极电位进行平均作为参考电位。如果电极数少于32个,平均参考法不适用。此外,零参考法(将所有电极信号与地电极连接)和Cz参考(头顶中心附近的电极参考)也是常见的参考选择方式。

此外,在高密度脑电采集设备中,由于各种原因,某些电极可能未正确放置在头皮上,导致无法准确收集大脑的神经生理信息,这些电极称为"坏导"。产生坏导的原因主要包括:一是通道故障,电极或连接线发生故障,导致信号无法正常采集;二是电极放置不当,电极未放置在正确的位置,或与头皮接触不良,导致信号不准确;三是电极间串联,多个电极之间发生串联,导致信号混淆;四是信号过强导致通道饱和,无法正确采集数据。在进行脑电数据分析之前,必须识别并剔除坏导,以避免坏导对分析结果产生影响。直接剔除坏导会导致数据通道数量的减少,造成数据损失,影响数据分析的可靠性。为了解决这个问题,常用的策略是通过插值修复坏导数据,常用的插值方法是球面插值法。

在研究感觉或认知事件诱发的脑电响应时,通常将连续的脑电数据按刺激事件的时间点进行分段,从而提取事件后的脑电活动变化。以刺激呈现的起始点为"0时刻",根据实验设计,将数据划分为多个等长的数据段,如图5-22所示。分段后的数据维度由二维(通道×时间)变为三维(通道×时间×试次)。为了减少自发脑电波的噪声,通常对分段后的数据进行基线校正,即从每个时间点减去刺激前基线区间("0时刻"前)的均值。基线校正存在两个问题：一是基线范围的选择；二是不同实验条件下基线是否存在差异。

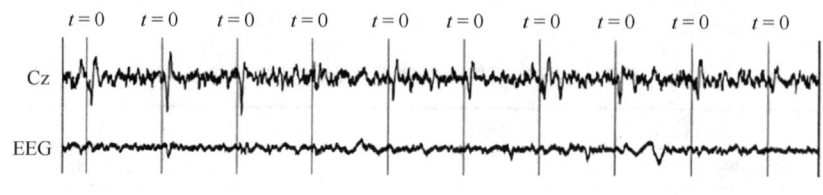

图 5-22　根据"0 时刻点"（$t=0$）将连续的脑电数据划分为多个数据段

在脑电研究中，还存在一些试次因伪迹而无法提供可靠的数据。例如，眨眼和眼动伪迹可能会严重影响脑电图的信号质量。因此，在数据分析过程中，通常需要对这些受伪迹影响的试次（即"坏段"）进行剔除。传统的坏段剔除方式是由操作者手动识别并剔除坏段。手动剔除方法具有很大的主观性和差异性，剔除标准受操作者个人经验和主观判断的影响，存在较大差别。另外，坏段往往波动较大，可能对事件诱发响应（ERP）产生显著影响。为了克服手动剔除方法的局限性，近年来提出了自动的坏段剔除方法，最常见的是基于脑电信号的峰间差值进行筛选。如果某一时段的峰间差值超过预设的阈值，就将其标记为坏段并剔除。此方法的优点在于比较直观，同时易于理解和应用。然而，这种自动剔除方法可能导致大量数据被丢弃，从而降低事件诱发电位（ERP）的信噪比，影响结果的可靠性。同时自动剔除方法使用的标准并不一定适用于所有受试者。

独立成分分析（ICA）常用于从 EEG 中去除眼电、肌电以及其他类型的伪迹。ICA 的基本假设是：EEG 是多个独立信号源和噪声源在脑电图头皮电极上以线性方式叠加产生的，在这种情况下，记录到的 EEG 可以分解为若干个统计独立的成分，每个成分对应于一个信号源的活动。因此，ICA 的目标是通过分离独立成分来恢复原始信号，同时去除干扰信号。与眼电伪迹相关的独立成分有非常典型的特征，如图 5-23 所示，例如，前端分布或平缓分布中突然出现由眼睛张开闭合产生的高幅尖峰；而肌电伪迹则表现为高频、低幅的波动。这些伪迹成分与脑电信号的时间、空间特征具有显著差异，因此可以通过 ICA 有效区分。

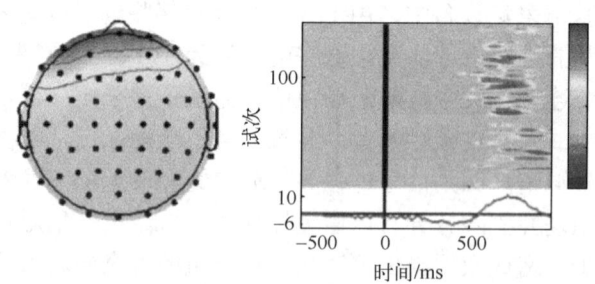

图 5-23　眼电伪迹相关成分（典型特征：前端分布、高幅尖峰）

5.5.4　脑电信号特征提取

脑电信号特征提取是神经科学和脑机接口领域的重要研究内容。脑电信号反映了大脑的电活动，通过对其特征的提取，可以实现对大脑活动状态的分析和理解。常用的脑电信号特征提取方法包括频谱分析和时频分析,它们能够反映脑电信号中不同时间和频率的变化。

频谱分析是指对脑电信号进行频域转换,从而分析信号在不同频率成分上的能量分布。通常使用快速傅里叶变换(FFT)将脑电信号从时域转换到频域,提取不同频段的功率谱分析(power spectral density,PSD),分析各个频段的能量分布。

1. 功率谱分析方法

功率谱密度可以描述随机信号功率的频率分布,也称为谱密度或功率谱,功率谱分析是最常用的脑电图(EEG)频谱分析方法,下面介绍几种功率谱分析方法。

1) 周期图

周期图是一种简单的功率谱分析方法。一个采样率为 F_s 的离散时间信号 $x[n](n=1,2,\cdots,N)$ 的周期图计算如下:

$$P(f) = \frac{1}{NF_s}\left|\sum_{n=1}^{N} x[n]w[n]e^{-j2\pi fn/F_s}\right|^2 \tag{5-18}$$

式中,$w[n]$ 是一个窗函数,为信号采样分配不同的权重。

图 5-24 显示了闭眼脑电信号在线性尺度和对数尺度两个尺度上的周期图估计。线性尺度可以显示主要的频谱峰值(如 10Hz 附近的峰值),但是其他频谱分量(特别是高频分量)难以辨识。对数尺度可以使不同频段上的频谱分量在视觉上具有可比性,但是频谱峰值难以分辨。由于实际应用中一般是在宽频率范围内进行多频段分析,所以对数尺度的功率谱估计更为常用。

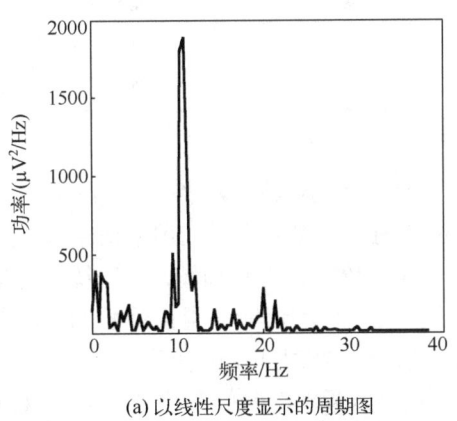
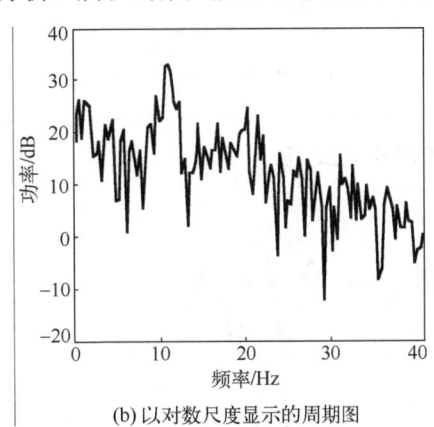

(a) 以线性尺度显示的周期图　　　　　(b) 以对数尺度显示的周期图

图 5-24　基于周期图的闭眼脑电信号的功率谱

2) Welch 法

Welch 法(Welch's method)是一种估计信号功率谱密度的方法,适用于处理噪声较大的信号。该方法将信号分成多个重叠的子序列,对每个子序列进行傅里叶变换,并对这些变换结果进行平均,从而提高频谱估计的稳定性和精度。Welch 法特别适用于连续时间信号的频谱估计,广泛应用于脑电图(EEG)分析、音频信号处理以及其他领域。

3) 多窗口法

多窗口法(multiple window method)是一种提高频谱估计稳定性和分辨率的信号分析方

法,其核心思想是进行信号频谱分析时使用多个不同类型的窗函数进行加窗操作,然后综合这些窗函数的频谱估计结果,以获取更准确、更鲁棒的功率谱或频谱估计。

4) 频谱特征提取

脑电信号频谱分析是从脑电信号中提取有效特征的重要手段。常见的频谱特征包括特定频段内的功率,如 α 波(8~12Hz)频段的功率,可以通过该频段频率点的功率平均值或总和计算得到。另一类重要特征是频谱峰值的频率、幅度和带宽,可应用在稳态视觉诱发电位(SSVEP)脑机接口中,用于识别受试者的意图。此外,个体的 α 波峰值频率存在差异,作为个体特征或心理状态的标记。

2. 时频分析方法

时频分析方法是一种用于分析信号频率随时间变化的技术,它将一维时域信号映射到二维的时频平面,以全面反映非平稳信号的时频联合特征。下面介绍几种常见的时频分析方法。

1) 短时傅里叶变换

短时傅里叶变换(STFT)是一种基于滑动窗口的时频分析方法。短时傅里叶变换的核心思想是将信号分解成多个短时间片段(窗函数),然后对每一个片段进行傅里叶变换,从而获得信号在不同时间片段内的频率信息。每个片段的傅里叶变换结果代表了该段信号的频率成分。

表 5-6 总结了不同域中的窗口大小对时间分辨率和频率分辨率的影响。

表 5-6 窗口大小对 STFT 分辨率的影响

时域窗口大小	频域窗口大小	时间分辨率	频率分辨率	适合分析的信号成分
长	短	低	高	缓慢变化的低频分量
短	长	高	低	持续时间较短的高频成分

2) 连续小波变换

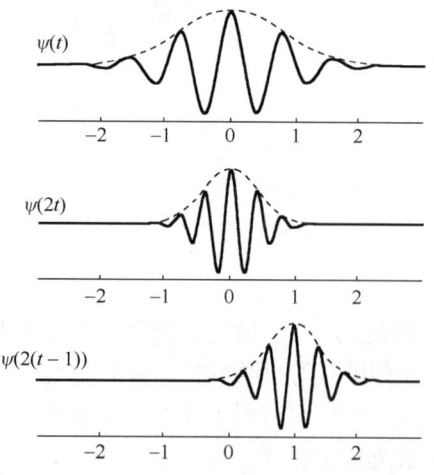

图 5-25 一个 Morlet 小波基的时域尺度缩放和平移

连续小波变换(continuous wavelet transform,CWT)广泛应用于信号处理、图像分析、地震数据分析等领域,与传统的傅里叶变换不同,CWT 不仅能够提供信号的频率信息,还能捕捉信号在时间上的变化,特别适用于分析非平稳信号(频率随时间变化的信号)。CWT 的基本思想是通过一组具有时频局部化特性的小波函数,对信号进行不同尺度的分解,进而揭示信号在时间和频率两个维度上的特征。

常用的小波包括 Haar 小波、Morlet 小波、Daubechies 小波等。图 5-25 显示了一个 Morlet 小波基的时域尺度缩放和平移。

一个信号的 CWT 计算为该信号与小波基函数的卷积:

$$X(t,\alpha) = \text{CWT}\{x(t)\} = \int_{-\infty}^{\infty} \frac{1}{\sqrt{\alpha}} x(\tau)\psi\left(\frac{1}{\alpha}(\tau - t)\right) d\tau \tag{5-19}$$

式中，τ 为积分变量，表示原始信号的时间；α 为小波变换的尺度参数。在此基础上，$X(t,\alpha)$ 的平方 $|X(t,\alpha)|^2$ 称为小波尺度图或量值图。

在脑电信号的分析中，信号通常包含高频振荡和低频慢波。CWT 能够很好地呈现高频振荡的时间特征，而对于慢波，则能通过较长的窗口精确估计其频率范围。因此，CWT 在脑电信号的时频分析中非常有效，能够同时满足时间分辨率和频率分辨率的要求。图 5-26 显示了采用基于 Morlet 小波的 CWT 分析一个 VEP 信号产生的时频分布，在图中，可以同时看到 VEP 和 P300 两个成分。在低频范围(<5Hz)，CWT 使用长窗口，因此 P300 可以在 300~600ms 和 1~3Hz 的范围内被辨识；对于较高频段(5~10Hz)的 VEP，CWT 使用较短的窗口，可以更好地识别持续时间较短的 VEP 成分。

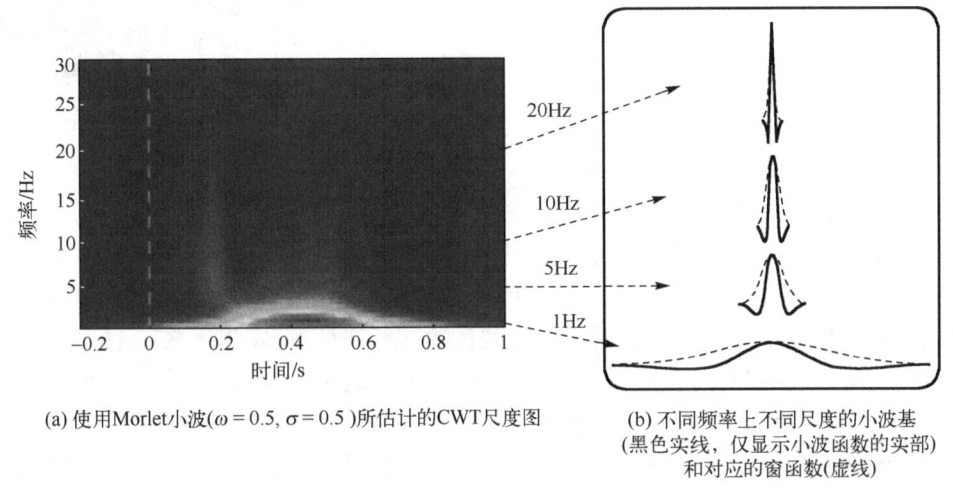

(a) 使用Morlet小波($\omega = 0.5, \sigma = 0.5$)所估计的CWT尺度图　　(b) 不同频率上不同尺度的小波基(黑色实线，仅显示小波函数的实部)和对应的窗函数(虚线)

图 5-26　一个 VEP 的 Morlet 的 CWT

5.5.5　脑机接口在生机电一体化机器人中的应用

图 5-27 展示了一个经典的基于脑机接口的运动识别和假肢控制系统，包括神经接口(左)、信号预处理和分解算法(中)、执行器(右)三个部分。其中，神经接口负责采集脑电信号并在部分研究中负责对大脑的反馈刺激，信号预处理和分解算法部分包括，识别输出的运动意图传给执行器，实现脑机接口控制。

与上肢运动意图紧密相关的脑电信号可通过多种方式进行捕捉：头皮脑电图(EEG)、置于颅骨或硬脑膜下方的半侵入式皮层脑电图(ECoG)阵列、皮质内植入的微电极阵列(MEA)。在临床试验中，出于安全考虑，风险相对较低的 EEG 或 ECoG 得到了更广泛的应用。EEG 和 ECoG 能够反映神经元的总体活动，但是其空间和时间信号分辨率低于 MEA，进而影响了脑机接口的信息传输速度和解码精度，例如，在线 ECoG-BCI 系统的响应时间通常仅能达到 3s，而基于 MEA 的 BCI 系统则可将响应时间缩短至 0.6~1s，这一差异在一定程度上制约了基于脑电信号的运动识别系统的临床应用。

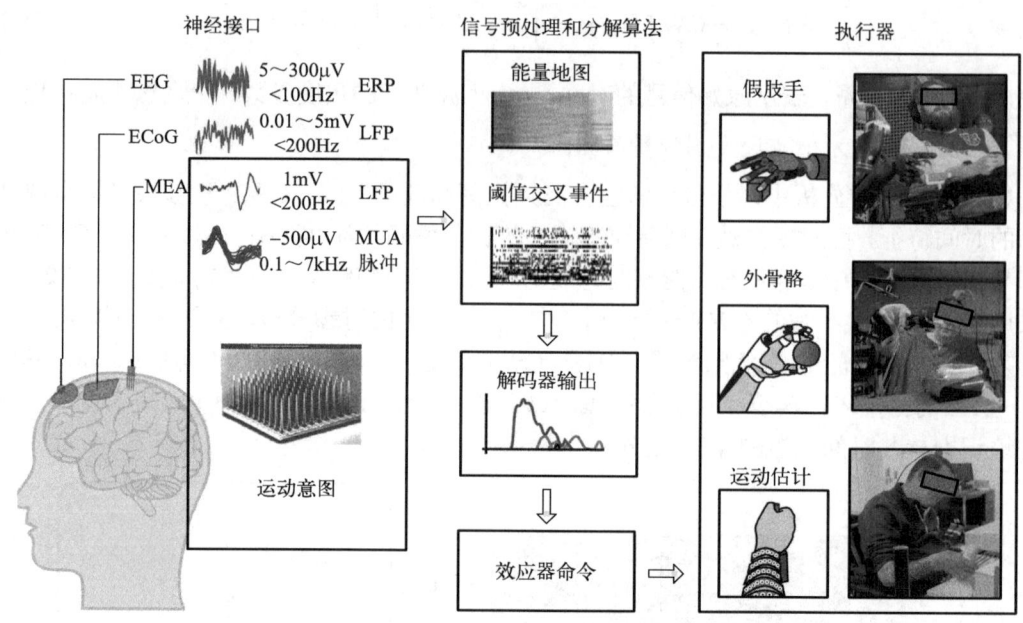

图 5-27 基于脑机接口的运动识别和假肢控制系统

2004年，BrainGate 团队首次展示了四肢瘫痪或脊髓损伤患者通过基于 MEA 的脑机接口控制机器人上肢的突破性成果，成功实现了对假肢手和机械肢体的运动控制。此后，UPMC 的研究人员进一步展示了瘫痪患者对机器人肢体的高性能控制,实现了多达 10 个自由度的操作，但是在运动自然性和操作效率方面仍然存在差距。UPMC 的研究人员通过研究证明，通过机器人视觉提供视觉反馈或通过体感皮层刺激提供触觉反馈来实现抓取的共享控制，可以显著提高抓取速度和协调性。通过使用带有触觉反馈的机器人系统，一名瘫痪患者能够较快地抓取九个改良的 ARAT 测试对象（mARAT）中的三个，转移时间小于 5s。

5.6 多模态生机接口及其应用

生机接口是生机电一体化机器人的重要组成部分，其中神经控制接口实现基于生物电信号的运动意图解码和机器人运动控制。本章介绍了基于肌电信号和脑电信号的神经控制接口，为了进一步提升生机接口的性能，实现多自由度机器人及假肢手的高性能运动控制，多模态生机接口成为发展趋势。本节介绍以下几种多模态生机接口及其应用。

5.6.1 表面肌电与惯性测量单元融合的生机接口

肢体位置作为影响表面肌电信号（sEMG）的关键因素之一，其重要性不容忽视。因此，采用惯性测量单元（IMU）来捕捉手臂的动态变化，已成为一种广泛应用的辅助手段。IMU 通常由加速度计（ACC）和陀螺仪（GYR）两大组件构成，具备体积小、成本低、信噪比高、无须与皮肤直接接触的特点，融合 IMU 检测到的肢体位置信息和表面肌电信息，可以改善运动识别性能。图 5-28 为 Delsys Trigno 和 Myo Armband，每个 sEMG 传感器均与一个 IMU 进行配对，以实现更精准的信号捕捉与解析。

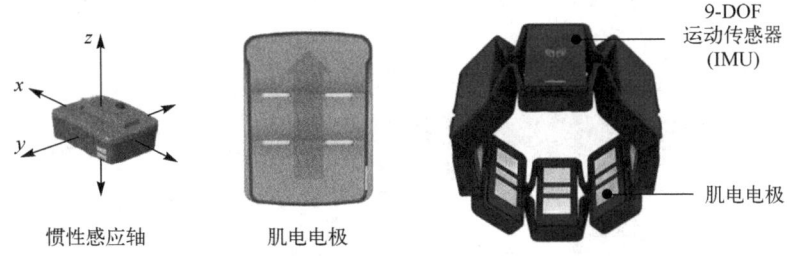

图 5-28 Delsys Trigno 电极和 Myo Armband 臂环

融合表面肌电信息和 IMU 信息的模式识别方法主要包括以下策略：一是单阶段方法，使用 sEMG 和 IMU 数据形成高维特征向量并将其输入分类器中，以实现运动识别；二是使用 IMU 信息识别上肢位置的级联方法，以便在多个特定位置分类器中选择最佳分类器，然后仅使用 sEMG 数据或 sEMG+IMU 数据进行手部运动模式识别。

5.6.2 表面肌电与肌音图融合的生机接口

加速度计（ACC）不仅能够检测肢体位置变化，还能作为 MMG 的一种形式，检测局部皮肤的机械运动，从而反映局部肌肉的活动状态。众多研究人员得出 sEMG 与 MMG 结合的手势识别方法，具有优于基于 sEMG 的生机接口的性能。

声学肌振动描记法（AMG），尤其是配备电容式麦克风的 AMG，是另一种流行的 MMG 形式。基于 AMG/麦克风的 MMG 在减小运动伪影效应方面表现出色，图 5-29 展示了 sEMG+AMG 传感器配置。Kurzynski 等利用 3 个 sEMG 电极和 3 个麦克风记录混合生物信号，并将这些信号输入一个两级动态集成选择（DES）系统中。该系统包含针对 sEMG 和 AMG 数据特征的两个并行分类器和一个用于融合的分类器，实现了准确的手势识别。

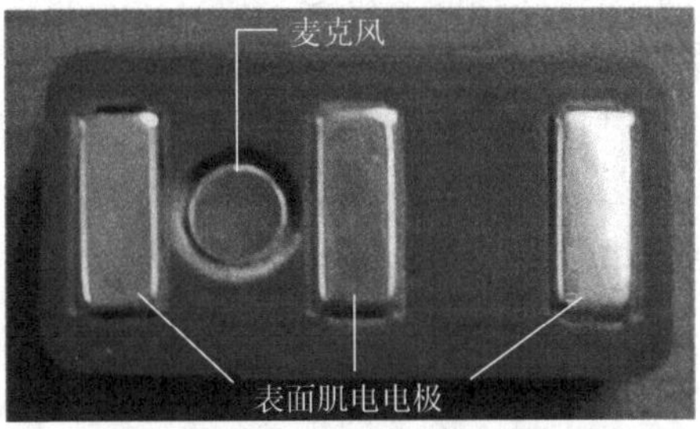

5.6.3 表面肌电与肌力图融合的生机接口

图 5-29 sEMG+AMG 传感器

融合表面肌电信息与肌力图（FMG）的上肢运动识别方法具有很大的发展潜力。FMG 具有独特的信号特性和良好的可穿戴性，并且易于获取，基于 FMG 的假肢生机接口以及融合 FMG 和 EMG 的生机接口近年来研究增多。Ahmadizadeh 等研究了 sEMG 和 FMG 组合在错位配置下对桡侧截肢者的性能。他们采用五个定制的 FMG 条（每个由 16 个 FSR402 传感器组成）和两个 sEMG 传感器（Ottobock MyoBock 13E200）对 10 种手和手腕模式进行分类，以控制 Bebionic 3 假肢手。实验结果表明，多模态生机接口（sEMG+FMG）的性能优于单一模态生机接口（sEMG 或 FMG）。

Nowak 等进行了 sEMG 和 FMG 混合使用与非定位配置的研究。如图 5-30 所示，他们将两个臂环放置在每个受试者的前臂上，使用随机傅里叶特征和岭回归分类器进行手和手腕的模式识别。每个臂环由交替排列的 5 个 sEMG（Ottobock MyoBock 13E200）和 5 个 FMG 传感器组成。在离线测试（10 名受试者）和在线测试（12 名受试者）中，结果显示基于 sEMG+FMG 的生机接口具有较好的性能。

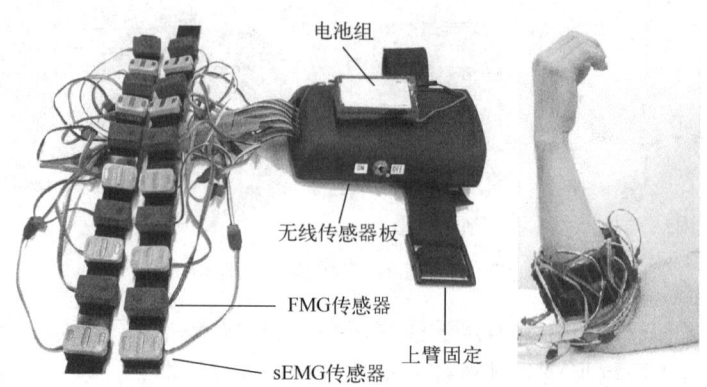

图 5-30 采用 sEMG+FMG 混合模式的臂环

5.6.4 表面肌电与肌肉超声图融合的生机接口

近年来，基于肌肉超声图（SMG）的运动模式识别研究较多。很多研究结果表明，A 模式 SMG 或 B 模式 SMG 在手势识别方面的性能优于 sEMG，而在手指力预测方面，情况却相反。因此，基于 sEMG 和 SMG 之间的互补性，融合这两种传感信息的生机接口成为研究热点。

Xia 等开发了一种共置式 sEMG+SMG 混合传感系统，如图 5-31 所示。该系统包括四个位于同一位置的 sEMG+SMG 混合传感单元。采用 TD-AR6 作为 sEMG 特征，选择梯度特征作为 SMG 特征。使用主成分分析拼接 sEMG 特征和 SMG 特征来创建混合特征。混合生物信号的所有特征都输入支持向量机分类器中，预测 20 种手/手腕模式。对 8 名受试者的测试结果表明，与仅使用 sEMG 数据相比，该方法的分类准确率提高了 20.6%，与仅使用 SMG 数据相比，准确率提高了 4.85%。

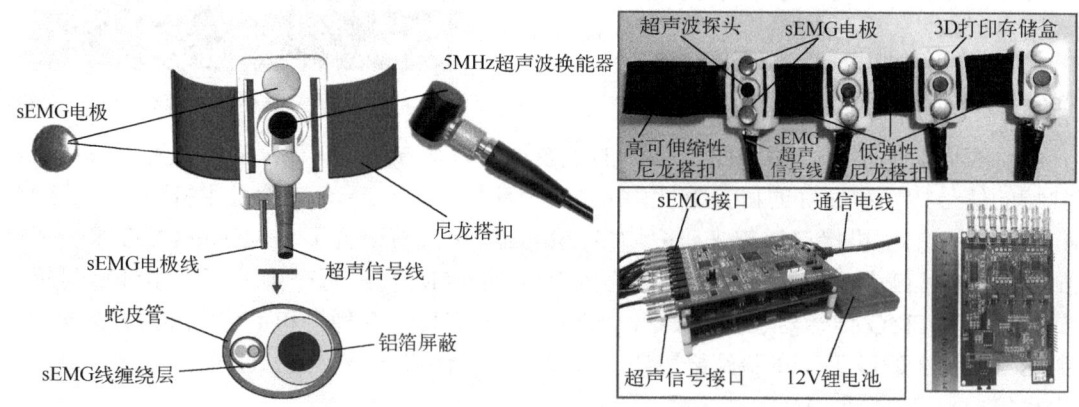

图 5-31 共置式 sEMG+SMG 混合传感系统

5.6.5 表面肌电与近红外光谱融合的生机接口

由于近红外光谱（NIRS）在独立识别手臂肌肉活动方面存在局限性，因此通常将其与其他传感方式融合进行运动模式识别。基于 sEMG 的识别方法容易引发肌肉疲劳问题，而 NIRS 能够可靠地检测到这一疲劳状态，因此 sEMG 与 NIRS 的混合使用可以提升模式识别的性能。

Herrmann 等提出了一种融合特征，该特征将加权的 NIRS 数据与 sEMG 的均方根数据相结合，从而提高了手势分类的准确性，并通过引入 NIRS 数据来补偿肌肉疲劳效应。Attenberger 等进行了另一项早期尝试，他们使用两个组合的 sEMG+NIRS 传感器，如图 5-32 所示，并通过 SVM 或决策树分类器进行模式分类。与仅使用 sEMG 数据相比，添加 NIRS 数据显著提高了分类准确率。

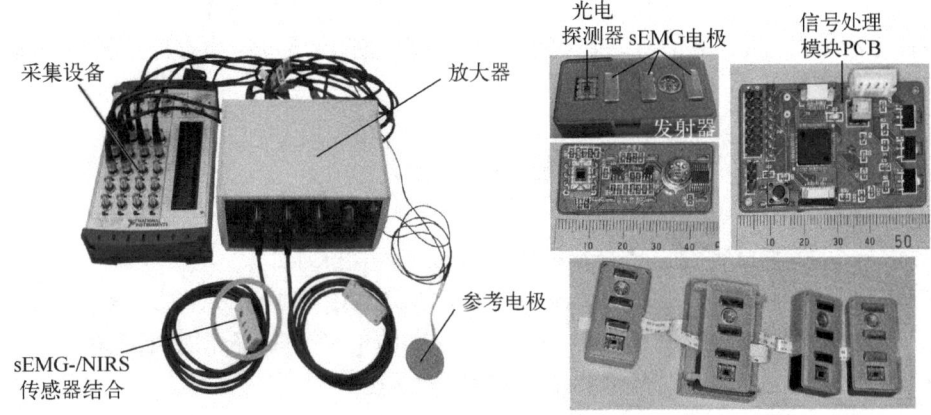

图 5-32　Attenberger 等开发的共置式 sEMG+NIRS 混合传感系统

5.6.6　表面肌电与脑电融合的生机接口

对于肘部以上截肢患者来说，大多数涉及手部运动的肌肉在截肢过程中已经丢失，因此难以采用 sEMG 进行手部模式识别。在这种情境下，EEG 可以作为 sEMG 的有效补充，融合两者信息构成一个多模态生机接口。二者的融合构成了一种新的生机接口。sEMG 可以从残余上臂肌肉中采集信号，用于解码和控制肘部或手腕的运动；EEG 可以增强手部运动识别能力。Li 等针对上述场景进行了实验，采用 32 通道 sEMG 和 64 通道 EEG 研究手/手腕的模式识别，如图 5-33 所示，对四名经肱骨截肢者进行测试，结果验证了该策略具有良好的性能。

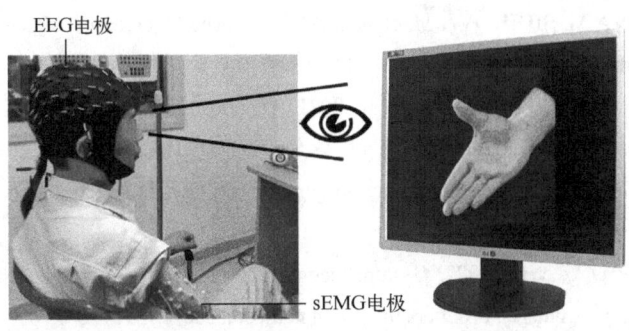

图 5-33　采用 sEMG+EEG 混合传感器对经肱骨截肢者进行手/手腕动作识别

本 章 小 结

本章主要围绕生物信号的获取与运动解码展开,首先,介绍了生物信号的概述与分类,阐明了生物信号的多样性及其在人体生理活动中的重要作用。接着,以肌电信号为例,详细介绍了肌电信号的产生、采集以及信号预处理的关键技术。特别是在运动识别方面,重点讨论了如何通过肌电信号来分析和预测人体的手部运动,从而为后续的控制部分提供了理论基础和技术支持。此外,还探讨了脑机接口及其应用。最后,介绍了多模态生机接口及其应用,强调将多种生物信号(如肌电信号、脑电信号等)结合起来,通过跨模态信息融合来提高系统的解码精度和适应性。

参 考 文 献

胡理,张治国,等,2020. 脑电信号处理与特征提取[M]. 北京:科学出版社.

梁培基,陈爱华,2003. 神经元活动的多电极同步记录及神经信息处理[M]. 北京:北京工业大学出版社.

刘凯,2016. 无线传输式肌电近红外传感器及其假手控制的研究[D]. 哈尔滨:哈尔滨工业大学.

田银,徐鹏,等,2020. 脑电与认知神经科学[M]. 北京:科学出版社.

王硕,程云章,2024. 表面肌电信号手势识别算法综述[J]. 软件导刊,23(2):215-220.

杨纳川,2021. 基于表面肌电信号的关节力矩估计方法与肘关节康复外骨骼系统研究[D]. 广州:华南理工大学.

BI L Z, FELEKE A, GUAN C T, 2019. A review on EMG-based motor intention prediction of continuous human upper limb motion for human-robot collaboration[J]. Biomedical signal processing and control, 51: 113-127.

BOCKBRADER M, 2019. Upper limb sensorimotor restoration through brain-computer interface technology in tetraparesis[J]. Current opinion in biomedical engineering, 11: 85-101.

HAJIAN G, MORIN E, 2022. Deep multi-scale fusion of convolutional neural networks for EMG-based movement estimation[J]. IEEE transactions on neural systems and rehabilitation engineering, 30: 486-495.

HUANG Y J, CHEN K B, ZHANG X M, et al., 2021. Motion estimation of elbow joint from sEMG using continuous wavelet transform and back propagation neural networks[J]. Biomedical signal processing and control, 68(5):102657.

MARTINEK R, LADROVA M, SIDIKOVA M, et al., 2021. Advanced bioelectrical signal processing methods: past, present and future approach-part I: cardiac signals[J].Sensors, 21(15): 5186.

MARTINEK R, LADROVA M, SIDIKOVA M, et al., 2021. Advanced bioelectrical signal processing methods: past, present, and future approach-part III: other biosignals[J]. Sensors, 21(18): 6064.

MERLETTI R, FARINA D, 2016. Surface electromyography: physiology, engineering and applications[M]. Canada: John Wiley & Sons.

PENG F L, CHEN C, LV D Y, et al., 2022. Gesture recognition by ensemble extreme learning machine based on surface electromyography signals[J]. Frontiers in human neuroscience, 16: 911204.

TANG G, SHENG J Q, WANG D M, et al., 2020. Continuous estimation of human upper limb joint angles by using PSO-LSTM model[J]. IEEE access, 9: 17986-17997.

YAMAN E, SUBASI A, 2019. Comparison of bagging and boosting ensemble machine learning methods for automated EMG signal classification[J]. BioMed research international, 2019: 9152506.

ZHANG Q, ZHENG C F, XIONG C H, 2015. EMG-based estimation of shoulder and elbow joint angles for intuitive myoelectric control[C]. 2015 IEEE International Conference on Cyber Technology in Automation, Control, and Intelligent Systems（CYBER）. Shenyang: 1912-1916.

ZHOU H, ALICI G, 2022. Non-invasive human-machine interface（HMI）systems with hybrid on-body sensors for controlling upper-limb prosthesis: a review[J]. IEEE sensors journal, 22（11）: 10292-10307.

视频

第6章 生机电一体化机器人的感觉反馈

具有双向信息交互和控制能力的生机接口,使神经系统能够根据意愿控制机电装置运动,同时机电装置的工作状态能够反馈给神经系统,实现机电装置与神经系统的互连。作为典型的生机电一体化系统,智能假肢的双向生机接口通常采用的方式是:基于表面肌电信号实现人体神经系统对假肢的控制,采用电刺激实现假肢工作状态向人体神经系统的感觉反馈。感觉反馈是当前假肢研究领域所面临的关键性难点问题,涉及神经科学、认知科学、心理学等多学科的交叉。

国内外对生机电一体化机器人的研究主要集中在本体结构、感知能力、控制方法和神经控制接口,而对感觉反馈系统设计及反馈策略的研究则相对较少。以假肢为例,市面上的假肢虽然可以帮助截肢者部分恢复运动功能,但大部分的假肢仍缺乏感觉反馈通路,仅有少数的商业假肢具有简单的反馈功能,且在反馈信息多样性和感觉自然性方面与人体的自然感觉差距很大,缺少感觉功能是截肢者拒绝使用假肢的主要原因之一。缺少感觉反馈的神经控制假肢仅允许用户通过视觉控制运动,不仅会增加用户的认知负担,限制假肢的精确控制和操作性能,还会降低使用者对假肢的认同感,进而影响假肢的接受度。此外,感觉反馈还有助于减轻肢残患者的幻肢痛。

本章从人体感觉系统的生理基础出发,主要包括触觉和本体感的产生和传导过程,在此基础上介绍实现生机电一体化感觉反馈的物理方式。其中,电刺激因其参数丰富、能耗低、响应快等优点而应用广泛,是本章重点关注的内容。建立电触觉模型,不仅有助于研究电刺激参数对神经纤维兴奋性的影响,也可以为电触觉系统中电极的设计提供理论依据。此外,针对电刺激对肌电信号的干扰问题,本章在建立干扰模型的基础上,介绍通过改变刺激波形参数和自适应滤波算法来抑制噪声的方法。最后介绍感觉替代、模态匹配、躯体特定区匹配等感觉反馈策略。

6.1 感觉反馈的生理基础

了解感觉反馈的生理基础是实现人体与机电装置信息交互的重要前提。感觉反馈是大脑做出快速而精准的运动决策、实时的运动控制、应激性反射以及自适应性反应等的关键性因素。在生机电一体化领域,反馈的感觉类型主要是指躯体感觉。躯体感觉是一个总称,包括触觉、本体感、痛觉、温度觉等多种感觉模式。人体对肢体运动的控制很大程度上依赖于触觉和本体感,通过其传递手的状态(运动和姿势)及其与物体的相互作用(接触时间、位置和压力)信息。其中,触觉来自皮肤中的机械感受器,而本体感来自肌肉、肌腱和关节中的感受器,它们传递肢体的位置、运动以及肌肉产生的力。不同类型的躯体感觉取决于不同的感受器、不同的脑区活动和不同的感觉传导通路。本节将对触觉、本体感相关的感受器、感觉中枢及上行传导通路进行介绍,为感觉反馈的研究奠定生理学基础。

6.1.1 皮肤的机械感受器

皮肤是人体最大的器官,分为有毛和无毛两种基本类型,无毛皮肤包括手掌(包括手指内侧)、脚掌、嘴唇等。人体皮肤有大量感觉神经末梢,每个神经末梢都终止于其他组织并与之共同形成特定结构,即感受器。人体的感受器大致可分为机械感受器、温度感受器和伤害感受器。

微弱的机械刺激使浅层皮肤触觉感受器兴奋引起的感觉称为触觉,较强的机械刺激使深部组织变形而引起的感觉称为压觉。由于两者在性质上类似,可以统称为触压觉。触压觉感受器在皮肤表面的分布密度与该部位的敏感度成正比。四肢皮肤感受器的密度较高,因此敏感度较强,其中手指尖的敏感度最强,所以可以通过手的触感来衡量物体的轻重、湿度、质地或粗糙度等。本节的研究重点是触压觉,下面主要介绍与其相关的机械感受器。

如图 6-1 所示,机械感受器主要有迈斯纳小体(Meissner corpuscle)、环层小体(Lamellar corpuscle)、默克尔盘(Merkel disk)和鲁菲尼末梢(Ruffini ending)。不同的机械感受器适宜刺激的频率、压力和感受野各不相同。最大的且研究最清楚的感受器是环层小体,它们位于真皮深处,长达 2mm,直径可达 1mm。鲁菲尼末梢存在于有毛和无毛皮肤内,体积稍小于环层小体。迈斯纳小体的体积约为环层小体的十分之一,位于无毛皮肤的凸起处(如指纹的凸起部分)。默克尔盘位于表皮内,每个默克尔盘由一个神经末梢和一个扁平上皮细胞组成,上皮细胞为机械刺激的敏感部分。四种感受器的纤维类型及感知模式如表 6-1 所示。

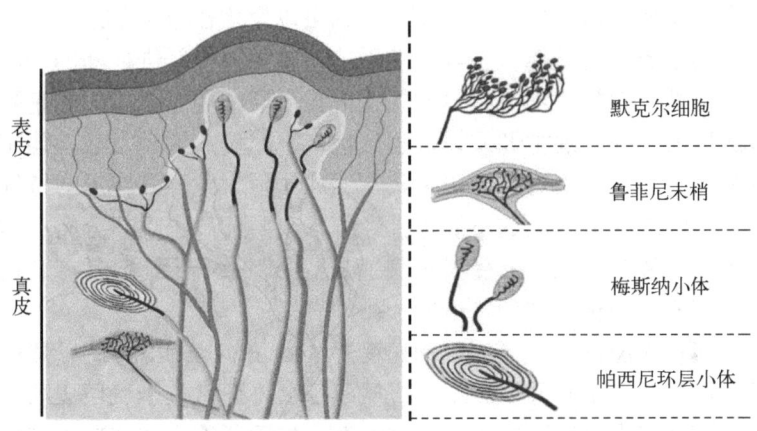

图 6-1 皮肤中的机械感受器

表 6-1 四种机械感受器的纤维类型及感知模式

机械感受器	适应型	传入纤维类型	感知模式
迈斯纳小体	RAI	Aβ	接触、振动、牵张
环层小体	RAII	Aβ	颤动
默克尔盘	SAI	Aβ	轻触、压力
鲁菲尼末梢	SAII	Aβ	牵张

作用在皮肤上的刺激由机械感受器转化为电信号,其中对无害机械刺激做出反应的称为低阈值机械感受器(low-threshold mechanoreceptors,LTMR),而对有害机械刺激做出反应的称为高阈值机械感受器(high-threshold mechanoreceptors,HTMR)。机械感受器的核心是无髓轴突的分支,这些轴突包含机械敏感性离子通道,通道的开放与否取决于它周围膜受到的牵拉或紧张性的改变。

若以强度恒定的刺激持续作用于某一感受器,相应的感觉神经纤维上动作电位的频率将随刺激持续时间的延长而降低，这一现象称为感受器的适应性。不同种类感受器的适应性存在很大的差异，按照对压力的响应速率，人体皮肤的机械感受器可以分为快适应（rapidly adapting，RA）型感受器和慢适应（slowly adapting，SA）型感受器。

RA 型感受器，主要在外界刺激开始和结束的阶跃变化过程中呈现的电信号最强烈。例如，对迈斯纳小体或环层小体施加恒压刺激时，仅在刺激开始后的短时间内产生动作电位，随后动作电位的发放频率迅速降为零，但在刺激结束时再次响应。这类感受器对刺激的变化非常敏感，适合传递快速变化的信息，有利于机体感知新刺激，对于探索新物体或障碍物至关重要。

SA 型感受器，主要为大量神经末梢的群体效应，在整个刺激过程中可表现出持续放电现象，尤其在静态阶段，其电活动效应尤为明显。例如，默克尔盘或鲁菲尼末梢在刺激持续作用时，通常仅在刺激开始后不久出现动作电位频率的轻微降低，随后可在较长时间内维持这一水平。感受器的慢适应特性有利于机体对某些功能状态进行长时间的持续监测，并根据变化实时调整机体的活动。例如，引起疼痛的刺激通常是潜在的伤害性刺激，若相关感受器快速适应，便将失去警报和保护的作用。

不同感受器发生适应的机制并不完全相同，它可以发生在感觉信息转换的不同阶段。感受器的换能过程、离子通道的功能状态以及感受器与感觉神经纤维之间的突触传递特性等均可影响感受器的适应性。例如，环层小体的快适应与环层结构有关，如果剔除其环层结构，再施以同样强度的压力于裸露的神经末梢，虽然仍可引起传入冲动发放，但感觉神经末梢变得不易适应，这是因为环层结构对所施压力具有缓冲作用。此外，在压力持续作用期间，神经纤维本身对刺激也能逐渐适应，这可能是神经纤维膜内外离子重新分布的结果，但这个过程要慢得多。适应并非疲劳，因为感受器对某一强度的刺激产生适应后，若进一步加大同样性质刺激的强度，其相应的传入冲动又可增加。

每种神经纤维可以响应的皮肤区域称为感受野（receptive field），感受器根据感受野大小和分布位置的不同可分为Ⅰ型和Ⅱ型。Ⅰ型机械感受器，通常位于表层皮肤中，即表皮和真皮组织的交界处，其特点为感受区域小、定位清楚，如迈斯纳小体和默克尔盘，其感受野只有数毫米宽。Ⅱ型机械感受器主要位于真皮层，其特点为感受区域比较大，但具体定位却比较模糊，如环层小体和鲁菲尼末梢，其感受野能覆盖整个手指或半个手掌。表 6-2 为 4 种机械感受器的适应性和感受野分类情况。

事实上，由于鲁菲尼末梢对触觉的作用不是很明显，所以在研究触觉时常被忽略。一般触觉感知的研究主要关注迈斯纳小体、环层小体以及默克尔盘对皮肤外部刺激的响应。

表 6-2　机械感受器对持续刺激的响应

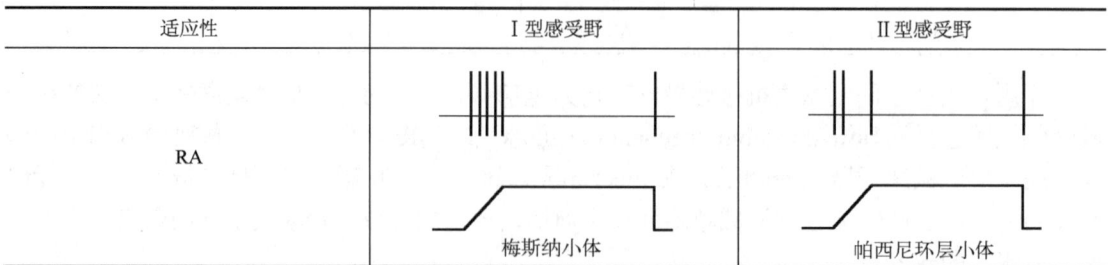

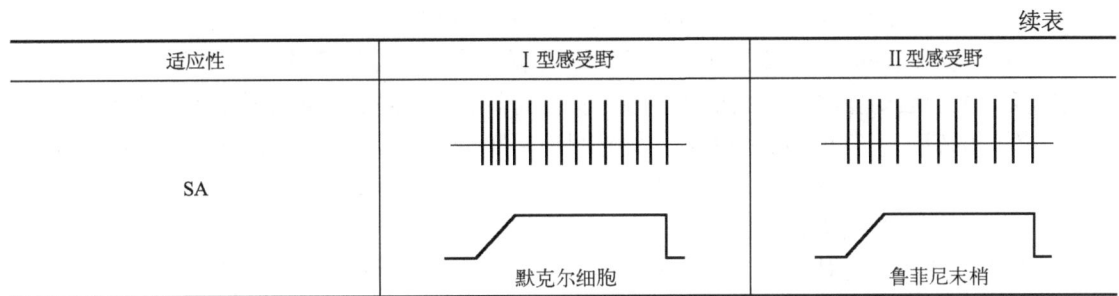

续表

6.1.2 躯体本体感器官

本体感,指人体对于自身运动状态和空间位置的感觉。通常表现为人体对身体具体某一部位(如手或脚),在某一运动中的相对位置或者做出相应动作时的努力程度(一般表现为肌肉收缩程度)的感知能力。感受器主要有肌梭、腱器官和关节感受器。

肌梭是分布于肌腹内对肌肉牵张动作敏感的感受器,主要功能是感知肌肉长度的变化,并通过感觉神经纤维将肌肉的变化信息传导到中枢神经系统。每个肌梭由2~10条受感觉神经支配的骨骼肌肌纤维组成,外面被结缔组织囊包绕而呈现梭形,其长度会随着整块肌肉的伸长或缩短而改变。在牵张反射中,肌梭是感受器,其所在的肌肉为效应器。因此肌梭整体的生理功能除为中枢神经系统提供本体感,使大脑感知到各肢体的姿态和位置信息外,还能通过牵张反射等脊髓反射回路实现肌张力的调节。

腱器官位于骨骼肌的肌纤维与肌腱交界处,呈梭形,且长轴与肌腱的纤维平行,肌肉中GTO的数量一般少于肌梭。GTO对牵张刺激的阈值很高,因此不是灵敏的牵张感受器,而是一种运动感受器。当肌肉主动收缩时,其动作电位发放频率明显增加,可以传导到大脑皮层的感觉区和运动区。高尔基腱器官可以通过抑制肌腱附近与肌肉相连的躯体运动神经而产生肌肉舒张反射,进而保护肌肉免受过强或过快收缩引起的损伤。

此外,虽然大部分的关节感受器对于正常活动范围内的运动反应比较迟钝,但是它们有一个专门的职能就是在关节损坏时可以抑制肌肉收放。适应快且响应集中的Ⅰ型感受器,以及至少四种用于感受毛发变形和皮肤延展的毛囊感受器和无毛皮肤感受器都共同作用于人体的本体感感觉反馈。

6.1.3 躯体感觉中枢

感觉中枢是躯体感觉的最高级中枢,主要位于大脑皮层的中央后回。整个感知投射皮层可分为视觉、听觉、前庭觉、嗅觉、味觉以及躯体感觉等不同的区域,本节只关注躯体感觉区域。按照分布区域的不同,躯体感觉皮层可分为以下几种。

初级躯体感觉皮层(primary somatosensory cortex,S1):位于顶叶中央后回,是人体外周躯体感觉传入神经的主要投射区。S1区同初级运动皮层联系紧密,并可将感觉广泛投射到次级躯体感觉皮层(secondary somatosensory cortex,S2)和后顶叶皮层(posterior parietal cortex)等区域。传入信息较多的体感区域获得的皮层代表区域较大。例如,手部的感受器数量最多,因此在S1中的面积最大。

次级躯体感觉皮层:位于顶叶的下部、外侧裂的上缘,毗邻S1区的下方。S2区接受较少的感觉投射,与运动前区皮层、对侧的 S2 区、海马和杏仁核等联系紧密。

后顶叶皮层:该区域可接受视觉、听觉以及躯体感觉系统的投射,并将信息投射到额叶视区以及相关的运动皮层,起到整合多种感觉信息,计划并决策运动指令输出的作用。

从不同的感知上行传导通路来看,体感投射区可分为第一皮质感觉区和第二感觉区。第一皮质感觉区主要投射躯体、四肢、头面部浅部的痛觉、温度觉和触觉。该区的特点是定位明确、分工精细,在皮质的定位呈倒立分布,且皮质代表区的大小与神经支配密度及感觉的精确程度相适应。与此对应,人体的第二感觉区位于中央后回的下端到外侧裂的底部,具有粗糙的分析作用。躯干四肢的肌、腱、骨膜及关节的深部感觉(即本体感)投射区在大脑皮质中央后回的中上部、旁中央小叶部和中央前回。躯体及头面部的感觉途径一般由三级神经元传导,经丘脑和内囊投射到大脑皮质的相应区内。

6.1.4 躯体感觉传导通路

躯体的感觉经过周围神经传入脊髓后,经过几次中继达到大脑皮层,这种从感受器到大脑的神经通路称为感觉传导通路。头面部感觉与躯体感觉的传导通路不同,本节只介绍人体躯体感觉传导通路的相关内容。

人类躯体感觉的第一步都是激活初级感觉神经元,将信息从躯体感觉感受器传导到脊髓或脑干的神经元,称为第一级神经元(或初级神经元)。第一级神经元胞体位于背根神经节,其直径大小与它连接的感受器的类型有关。其中,与皮肤的机械感受器相连的是 Aβ 纤维,其直径为 6~12μm 且有髓鞘。背根神经节中的神经元是假单极神经元,即从细胞体延伸出一个轴突并分裂成两个分支:一个分支延伸至躯体与机械感受器相连,称为周围突;另一个分支穿透脊髓并进入脊髓灰质(神经元所在处,呈蝴蝶状),称为中枢突。

根据传递的感觉类型的不同,躯体感觉传导通路可分为浅感觉传导通路和深感觉传导通路。浅感觉传导通路又称疼痛、温度和粗触觉(轻微、模糊的触觉)传导通路,如图 6-2 所示,可进一步细分为痛觉与温度觉传导通路和粗触觉传导通路,由三级神经元组成。

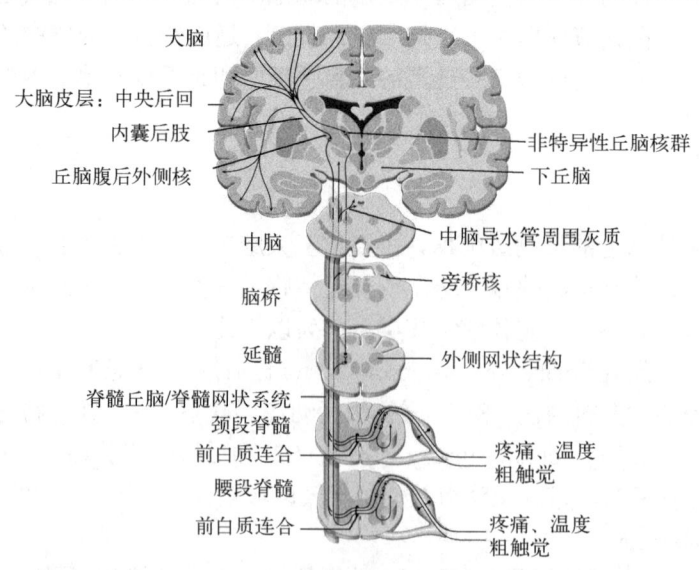

图 6-2 躯体浅感觉传导通路

(1) 痛觉和温度觉传导通路。第一级神经元胞体位于背根神经节(dorsal root ganglion, DRG)内，其周围突分布于躯干、四肢皮肤内的游离神经末梢(痛觉和温度觉受体)，中枢突经背根外侧部进入脊髓，在背外侧束中上升 1～2 个节段后终止于脊髓后角。第二级神经元位于后角固有核，其轴突经白质前连合交叉至对侧，在外侧索内上行形成脊髓丘脑侧束，上行终止于丘脑腹后外侧核(ventral posterolateral nucleus，VPL)。第三级神经元胞体位于 VPL，其轴突经内囊后肢投射至初级躯体感觉皮层。

(2) 粗触觉传导通路。第一级神经元胞体位于 DRG，突分布于皮肤内的机械感受器(迈斯纳小体、环层小体)，中枢突经背根内侧部进入脊髓，终止于同侧后角。第二级神经元胞体位于后角固有核，轴突经白质前连合交叉至对侧前索，形成脊髓丘脑前束，上行至延髓下端，与脊髓丘脑侧束共同组成脊髓丘系。第三级神经元胞体位于 VPL，其轴突经内囊后肢投射至初级躯体感觉皮层。

深感觉传导通路，是指本体感和精细触觉的传导通路，如图 6-3 所示。本体感因与其相关的感受器的位置较深，又称深部感觉。在本体感传导通路中，还传导皮肤的精细触觉(如辨别两点距离和物体的纹理粗细等)。

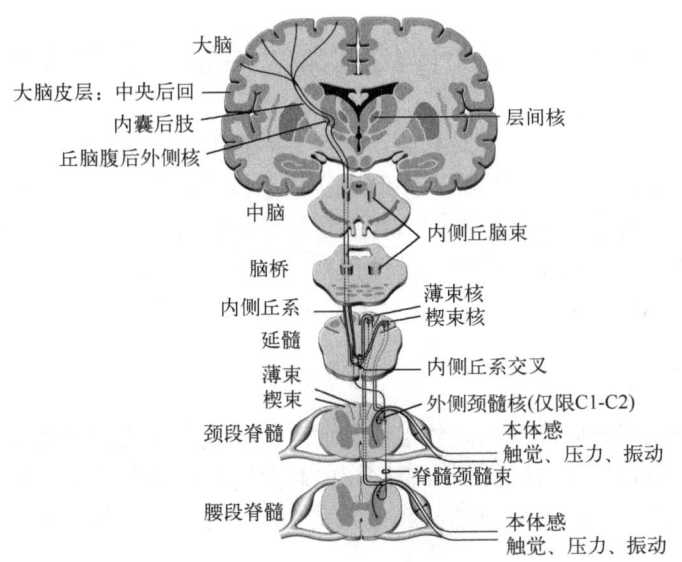

图 6-3　躯体深感觉传导通路

意识性本体感传导通路也由三级神经元组成。第一级神经元为 DRG 的假单极神经元，其周围突分布于肌梭、腱器官、关节等本体感受器和皮肤的精细触觉感受器，中枢突经背根内侧部进入脊髓后索，分为长的升支和短的降支。其中，来自第 4 胸节以下的升支走在后索的内侧部，形成薄束；来自第 4 胸节以上的升支行于后索的外侧部，形成楔束。两束上行，分别止于延髓的薄束核和楔束核。第二级神经元胞体在薄楔束核内，由此二核发出的纤维向前绕过中央灰质的腹侧，在内侧丘系交叉处交叉至对侧，形成内侧丘系沿延髓中线两侧上行(位于锥体束背侧)在脑桥行于被盖部腹侧缘，在中脑则位于红核外侧，最后止于背侧丘脑腹后外侧核。第三级神经元胞体位于 VPL，发出的纤维经内囊后肢投射至初级躯体感觉皮层，部分纤维投射至初级运动皮层。

非意识性本体觉传导通路：第一级神经元为 DRG 内的假单极神经元，其周围突分布于肌梭、腱器官、关节的本体感受器，中枢突经背根内侧部进入脊髓，终止于脊髓胸段(T1~L2)的 Clarke 核(胸核)及腰骶膨大(L2~S3)的 Rexed 板层Ⅴ~Ⅶ外侧部。Clarke 核发出的第二级纤维在同侧外侧索组成脊髓小脑后束，经小脑下脚进入小脑，投射至前叶和蚓部的旧小脑；腰骶膨大板层Ⅴ~Ⅶ发出的第二级纤维组成脊髓小脑前束，大部分交叉至对侧，小部分在同侧上行，经小脑上脚终止于旧小脑。传导上肢和颈部本体感的第二级神经元胞体位于颈膨大(C5~T1)的板层Ⅵ、Ⅶ及延髓楔束副核，其轴突组成楔小脑束，经小脑下脚投射至小脑皮质。

低阈值机械感受器向脊髓背角神经元传递信号的空间排列遵循节段性体表定位，即外周感受野按脊髓节段投射至背角特定区域，形成躯体位置映射。背角 Rexed 板层进一步区分功能分别处理伤害性信息和机械性刺激。在中枢神经系统中，躯体感觉通过躯体特定性(somatotopy)编码：延髓薄束核接收来自下半身的薄束纤维，传递有意识的精细触觉和本体感；延髓楔束核接收上半身的楔束纤维，功能同薄束核。在端脑的初级躯体感觉皮层，躯体感觉通过感觉侏儒实现空间映射，即外周感受野与皮层功能区呈拓扑对应。

6.2 生机电一体化机器人的感觉反馈方式

生机电一体化的重要特征之一是具有信息交互和控制能力的生机接口，不仅使生物体能够根据意愿控制机器人，还能够将机器人的工作状态传递给生物体。理论上，人体从外周到中枢的感知上行传导通路的任何位置都可作为感知信号的输入接口，但目前多数研究都集中于通过外周神经或大脑感知皮层两个关键位置来实现。本节将对实现生机电一体化机器人感觉反馈的物理方式进行介绍。

6.2.1 电刺激反馈

电刺激反馈通过局部电流刺激人体组织从而产生感觉，电极的重量和体积都较小，方便集成到假肢接受腔中，并且与机械刺激相比，电刺激消耗的功率较小。按照反馈装置是否植入人体可以分为非侵入式(non-invasive)和侵入式(invasive)，下面分别详细介绍这两种电刺激反馈方式。

1. 非侵入式电刺激

非侵入式电刺激通常指的是经皮神经电刺激(transcutaneous electrical nerve stimulation，TENS)，TENS 是最早在假肢手上应用的触觉反馈方式之一，通过置于皮肤表面的电极向人体输送微电流，刺激皮肤传入神经末梢，从而形成感觉。该方式通过调节电刺激参数(如幅值、频率、脉冲宽度)可以选择性刺激皮肤中不同的感受器，产生按压、振动、轻触、瘙痒等不同的感觉类型。

TENS 具有较高的安全性、易用性，不仅可以实现多模态信息反馈，提高使用者对假肢的控制效果，还能够减轻由截肢引起的幻肢痛。Kjimoto 等将不同类型的机械感受器产生的感觉称为"触觉原色"，通过调节多通道 TENS 电极的刺激参数，从而选择性刺激不同类型的感受器。他们提出将不同感受器产生的感觉组合起来，能够形成拟人的丰富感觉。

TENS 在人体产生感觉的部位不局限于电极所在的位置。Hirata 等使用两通道电刺激电极，通过调节幅值参数，在被试的非电极区域产生了"幻感"，即被试感觉刺激所在的位置在靠近较高刺激强度电极的某一点，且随两通道刺激强度的比例变化而变化。如果将电极置于神经束周围，则引发的感觉可能会扩散。

考虑到 TENS 过程中可能发生的安全问题（如皮疹或烧伤），Patriciu 等基于实验研究发现，皮肤灼伤主要是因为局部电流密度过大，且电极的阳极比阴极更易出现灼伤。Akhtar 等提出，在电刺激过程中减少电极-皮肤界面的阻抗变化是提高安全性和舒适性的有效手段。

2. 侵入式电刺激

侵入式电刺激是将电极等激励源植入人体内部，直接建立起反馈装置与神经系统之间的信息通路，通过神经编码的方式实现从信息源到大脑意识的信息传递。根据电极植入的位置，侵入式电刺激可进一步分为周围神经系统（peripheral nervous system，PNS）刺激和中枢神经系统（central nervous system，CNS）刺激。

1）周围神经系统刺激

PNS 刺激是在神经周围或内部放置电极，根据电极的侵入水平还可细分为神经外电极和神经内电极，如图 6-4 所示。

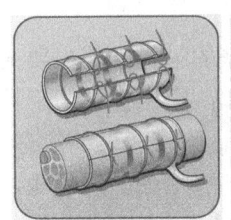
标准神经
袖带电极

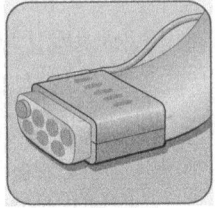
平面接口神经
电极(FINE)

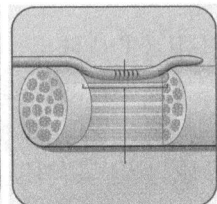
纵向神经束内
电极(LIFE)

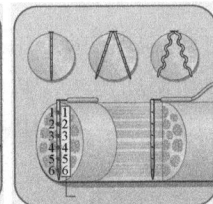
横向神经束内各通道
电极(TIME)

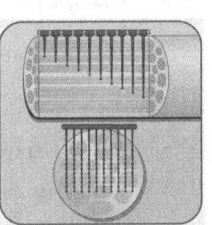
倾斜犹他
电极(sUEA)

图 6-4 植入式电极

神经外电极：如袖带电极（cuff electrode），圆筒状的结构包绕在神经表面，能够均匀地刺激整个神经。与袖带电极相比，扁平状的平面接口神经电极（flat interface nerve electrode，FINE）具有更大的接触面积，从而可以实现更精细的接触并以更高的选择性激活神经纤维。在侵入式电刺激中，神经外电极虽然对神经的损害较小，但需要更大的刺激电流才能引起同等强度的感觉。强电流会激活更多的神经束，从而降低选择性和准确度。

神经内电极：包括平行插入神经的纵向神经束内电极（longitudinal intrafascicular electrode，LIFE）和垂直插入神经的横向神经束内多通道电极（transverse intrafascicular multichannel electrode，TIME）。与神经纤维更直接、更紧密地接触，允许电极更有选择性地刺激各个神经束，产生更自然、更准确的感觉。然而，LIFE 和 TIME 都需要穿透神经表面，可能会导致一定程度的神经损伤。

2）中枢神经系统刺激

研究发现，电刺激躯体感觉皮层的表面可以引起触觉和本体感，并且移动刺激电极会引起躯体感觉部位的移动。对于脊髓损伤的患者，上肢与中枢神经系统之间的连接被切断，只能使用 CNS 接口。如图 6-5 所示，CNS 刺激的位置可以是楔束核、丘脑和躯体感觉皮层，其

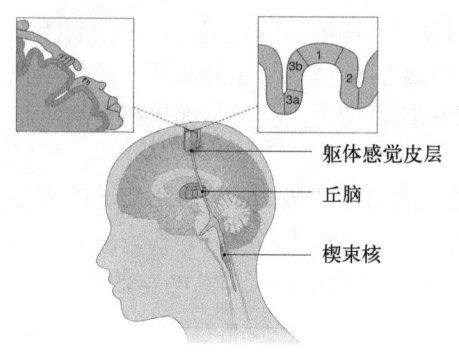

图 6-5 CNS 接口

中最常用且研究最广泛的是位于大脑表面的躯体感觉皮层。电刺激电极阵列穿透包裹大脑的膜（硬脑膜、蛛网膜和软脑膜），尖端插入灰质（皮层神经元的细胞体），输入电流引起躯体感觉。然而，CNS 刺激具有侵入性高、手术风险大的缺点，并且植入物的使用寿命可能较短。

初级躯体感觉皮层（S1）是体感系统中处理触觉及本体感的主要接受区。S1 可以进一步细分为布罗德曼分区 1、2、3a 和 3b，如图 6-5 右上所示。其中，1 区和 3b 区中的神经元与轻触有关，3a 区的神经元主要响应关节运动，2 区则与前述两种特性都相关。体感皮层的定位可用"体感小矮人"（somatosensory homunculus）来表示。图 6-5 左上为人体 S1 中上肢和面部对应的躯体感觉定位图，身体每一部位在脑的代表区的大小与这一部位感觉传入量的多少有关，也与该处感觉传入的重要性有关，例如，来自食指的信息比来自肘关节的信息更为重要。手指的触觉信息的重要性是显而易见的，因此在人体的 S1 躯体感觉定位图中，手指区域所占比例极大。

6.2.2 振动反馈

振动刺激是将机械振动器放置于使用者的皮肤上，利用振动诱发皮肤的触觉，其主要的两个特征是振动幅度和振动频率，其他特征如脉冲持续时间、脉冲形状和占空比也可用于传递不同种类的信息。振动刺激已被用于反馈关节角度、抓握力、抓握速度、刚度和表面纹理。1953 年，振动反馈首次被应用于假肢领域，由于其与肌电假肢的高度兼容性（相比于电刺激），被广泛使用和探索。Mann 等通过在残肢端安装振动刺激器来反馈肘关节的位置信息，实现了本体感的替代，提高了波士顿手臂运动控制的准确性。Pylatiuk 等设计的力反馈系统，通过微型振动电机向受试者反馈抓握力，解决了由控制不精确导致的抓握力过大问题，结果表明在没有视觉反馈的情况下，振动反馈可以使平均抓握力降低 54%。哈尔滨工业大学团队通过实验发现，使用假肢手在无反馈条件下抓取物体的成功率为 42%，而在振动反馈条件下的成功率可达到 80%。

早期的振动设备具有笨重和功耗大等缺点，当前，体积小、低功耗的振动元件已经可以集成在假肢接受腔中。由于其具有装置简单和对生物电信号干扰较弱等优点，成为目前最常用的感觉反馈方式之一，也是目前唯一被应用于商业假肢手的反馈方式。一般情况下，使用振动触觉实现感知的替代反馈（见 6.6.1 节）能够提高假肢的抓取性能，同时减少任务执行的错误率。但是与直接的力反馈相比，动作任务执行将耗费更多的时间。

6.2.3 力反馈

力反馈，是指通过致动器（如气动系统、伺服电机）在垂直方向上推动皮肤使其感到压力的反馈方式，其主要的特征是精准度（包括输出力与输入压力的相似度、输出精度、范围、分辨率以及响应时间等），具有感觉直观和不易产生疲劳等优点。该方式一般用来传递假肢手的接触力或手指的开合尺寸，当以传感器的压力作为输入信号时，力反馈可被视为一种模态匹配（见 6.6.2 节）的触觉反馈。

力反馈最早于 1916 年应用于假肢，通过气动装置将假肢手手指的压力施加到残肢皮肤上。Antfolk 等进一步测试了类似的实验范式，设计了一个简单的感觉反馈系统，如图 6-6 所示。集成在假肢手手指上的硅胶球与置于残肢幻指区的硅胶气垫通过气管连接，当在感应球上施加压力时，即可通过空气传导使硅胶气垫充气，用于反馈手指的法向力。相似的工作还有 Meek 等利用单电机驱动的压杆，将压力传输到前臂皮肤来反馈抓握力。

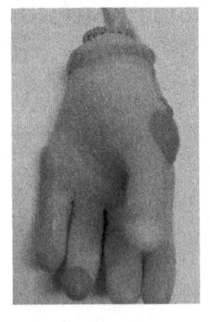 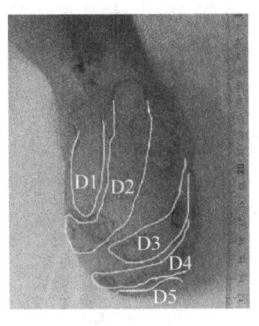 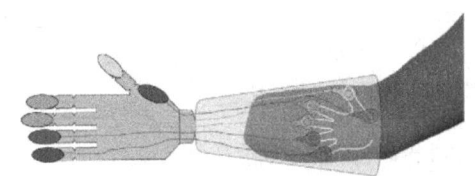

(a) 配备感觉反馈系统的 　　(b) 患者的幻指区映射 　　(c) 系统概念图
　Ottobock 肌电假肢手

图 6-6　空气传导压力反馈装置

力反馈的不足之处在于感觉模式单一、装置的质量和功耗难以降低且响应时间较长，制约了其在便携系统中的集成。Casini 等设计的便携式力反馈装置如图 6-7 所示。感觉反馈的作用部位通常在上肢残肢区，但上臂、前臂的感觉阈限与手指相差较大，考虑到足部无毛皮肤与手部无毛皮肤具有相同的机械感受器，Panarese 等将假肢手的指尖力反馈到被试的脚趾，并验证了其可行性。

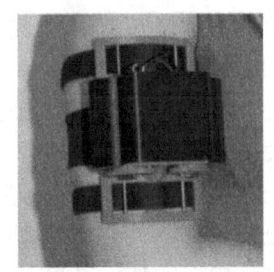

图 6-7　可穿戴式力反馈装置

6.2.4　其他反馈方式

其他的人工感觉反馈方式如视觉反馈、温度反馈、听觉反馈等，因其可传递的信息相对较少，只适合作为辅助反馈的手段，为使用者提供更加丰富的感觉。

视觉反馈作为一种基本的感觉替代方式，依赖用户自身的视觉，可以获得假肢手与物体的相对位置和接触状态，通过物体的形变间接判断接触力的大小，无法直观地获取力信息。随着智能设备的发展，传递的信息也更加丰富，例如，可穿戴智能眼镜可以显示抓握力、接触时间以及假肢手的关节角度等。但视觉反馈的信息映射过程会给使用者带来较大的认知负担。

温度反馈传递的信息单一，以模态匹配的方式反馈环境的温度信息，在实际应用中存在功率消耗大、响应时间长的问题。

听觉反馈更多地作为一种辅助反馈手段，利用不同声音来传达假肢手的接触信息、位置和抓取模式。与单纯使用视觉反馈相比，参与者在操作过程中减小了认知的负担，表现出更好的抓握能力。实验过程中用户必须学会将听觉刺激理解为触觉刺激，并将这些音频信号与特定的假肢状态联系起来，但是这样可能造成过量的认知负担。

6.3 电刺激反馈概述

在 6.2 节介绍的几种感觉反馈的物理方式中,电刺激因具有丰富可调的参数而成为一种理想的感觉反馈方式。例如,刺激电极可以具有不同的几何形状和尺寸,刺激触点的数量、位置和刺激方案也有多种选择。理解电触觉的神经基础是提高电刺激效果的前提。具体而言,神经元的信息传导功能是通过其产生的动作电位实现的,因此,了解动作电位的产生、传导和特点是设计电触觉反馈策略的基础。表征电刺激的效果需要选择合适的评价指标,如检测阈值、不适阈值、刚好可觉差、两点辨别阈值等。电刺激多变量的组合使刺激参数的选择成为一个极其复杂的高维问题,基于神经元模型的计算机仿真不仅操作简单,而且可以实现刺激参数效果的可视化。

6.3.1 电触觉的神经基础

正常情况下,机械感受器受到刺激后导致电离子(钠离子、钾离子)通道开放和钠离子内流,产生感受器电位。当感受器的膜电位达到既定的阈值(不同类型的感受器阈值不同)时,动作电位就会通过与感受器相连的轴突传导到相应的感觉神经元上,进而通过脊髓上行通路传入大脑感知皮层。形象化地讲,可以将感受器比喻为数字信号处理中的模数转换器,外界刺激信息类似模拟信号,通过感受器转化为神经冲动数字信号。

电触觉则是通过直接刺激传入神经末梢,从而形成感觉。当电刺激传达到皮肤内的神经元并使其兴奋时,神经元细胞膜对钠离子的通透性发生改变,在电势梯度和浓度梯度的作用下大量的钠离子进入细胞膜内,使细胞膜内外侧的电位差由原来的"内负外正"转变成"内正外负"。这个过程也就是去极化,当去极化程度使细胞膜达到阈电位时,即可触发动作电位。动作电位的传导过程具有如下三个特点。

(1) "全或无"(all or none)现象。要使神经细胞产生动作电位,所给的刺激必须达到一定强度。若刺激未达到一定强度,动作电位就不会产生(无);当刺激达到一定强度时,所产生的动作电位的幅值便达到该细胞动作电位的最大值,不会随着刺激强度的继续增强而增大(全)。

使细胞产生动作电位的最小刺激强度,称为阈强度(threshold intensity)或者阈值(threshold value)。相当于阈强度的刺激称为阈刺激(threshold stimulus),大于或者小于阈强度的刺激分别称为阈上刺激和阈下刺激。只有刺激引起膜内正电荷增加,使得膜电位去极化并减少到一个临界值时,才会触发动作电位,这个能触发动作电位的膜电位临界值称为阈电位(threshold potential,TP),对于神经细胞,其阈电位为 $-55\mathrm{mV}$ 左右。

(2) 不衰减传导。动作电位产生后,并不停留在刺激处的局部细胞膜,而是沿着膜迅速向四周传播,直到传遍整个细胞,而且其幅值和波形在传播过程中始终保持不变。

(3) 脉冲式发放。连续刺激所产生的多个动作电位总有一定间隔而不会融合起来,呈现一个个分离的脉冲式发放。

人体外周神经纤维是有髓神经纤维,其轴突具有胶质细胞反复包绕形成的髓鞘。髓鞘不是连续的,每隔一段便有一个轴突裸露区,即郎飞结(node of Ranvier)。在有髓鞘包裹的区域,轴突细胞膜中几乎没有钠离子通道,且轴浆与细胞外液之间的膜电阻由于胶质细胞膜的多层包裹而增大,因而跨膜电流减少,膜电位的波动达不到阈电位。在郎飞结处,轴突细胞膜中的钠离子通道非常密集，且轴突细胞膜是裸露的，故跨膜电流较大，膜电位的波动容易达到阈电位。所以，在有髓神经纤维上，只有郎飞结处才能发生动作电位，局部电流也仅在兴奋区和邻侧未兴奋区的郎飞结之间发生。这种动作电位从一个郎飞结跨越结间区"跳跃"到下一个郎飞结的传导方式称为跳跃式传导(saltatory conduction)。不同的神经元因髓鞘包裹长度和郎飞结数目的不同，其动作电位的传导速率也不同。

皮肤接收到的各种刺激经过能量转换装置(即感受器)转化为神经电信号，并通过神经纤维以神经冲动的形式传入中枢神经系统，最终实现人体的感知，这个过程称为编码。神经编码的研究源于对麻醉猴或清醒人类的神经纤维的记录，关于外界刺激的质和量及其他属性如何在神经特有的电信号中编码，是十分复杂的问题。事实上，不同感觉的引起，不仅取决于刺激的性质和受刺激的感受器，也取决于传入冲动达到大脑皮层的终点部位，也就是说感觉的性质取决于传入冲动达到高级中枢的部位。在同一感觉类型的范围内，刺激强度(或量)如何编码的问题，普遍认为是通过改变传入神经纤维上动作电位的频率来反映刺激的强度。刺激增强时，会使更多的感受器和传入神经向中枢发放冲动。

脊髓或脑干等低级中枢可介导简单反射。若刺激强度足够，信号可通过上行传导通路传递至丘脑和皮层，或通过脊髓固有束向邻近节段扩散，引发复杂反应。当麻醉抑制皮层功能时，意识消失，但脊髓反射(如腱反射)仍存在，说明感觉的产生需要大脑皮层的参与。人体的感觉源于多种感受器的动作电位编码，经丘脑-皮层网络的空间-时间整合形成感知。由于神经信号与主观感知的关系非线性，即使记录到特定电活动(如体感诱发电位)，也无法量化感知强度。

6.3.2 电触觉特性

1. 电触觉的影响因素

电触觉的效果受许多因素的影响，根据影响因素的来源方式，主要可分为物理因素、生理因素和环境因素。其中，物理因素包括刺激模式、刺激电极、刺激波形等；生理因素包括被刺激对象的皮肤状况、心理影响等方面；环境因素则指刺激时的环境温度、湿度等。同时，这些因素之间具有较强的耦合性。由于生理因素个体差异较大，环境因素也各不相同，所以本节主要讨论电触觉的物理因素。

研究人员通过对能够影响电刺激触觉感知效果的各个电脉冲参数进行分析，得出了许多结论。Craig发现电流强度对电刺激的效果起主导作用，在电流强度不变的情况下，即使改变其他的电脉冲参数，电刺激的效果也不会有很大的变化。Vuillerme等则认为在同等强度的电脉冲刺激下，电刺激的频率以及脉冲个数与电刺激触觉的疼痛阈值呈负相关。Szeto等认为电触觉感知与人体皮肤神经纤维的电导值有一定关系，其受电刺激的电流影响，而与电刺激的脉冲宽度无关。然而，有研究人员通过实验表明，电触觉的感知阈值与电脉冲的宽度有一定关系，当脉宽处于适宜的范围内，能够提供良好舒适的电触觉感知。

在影响人体电触觉感知的众多因素中，频率因素显得十分重要，它从人体皮肤阻抗和皮肤触觉感受器两个方面影响着电触觉感知。此外，电刺激所采用的波形也应当引起重视，常用的电刺激波形包括正弦波、三角波、矩形波。在这些电刺激波形中，双相波的正半相主要用于产生电脉冲刺激，负半相则用于平衡正半相，避免在电刺激过程中电荷累积过多而对神经细胞造成损伤。实验发现，相同频率下，矩形波的触觉感知阈值是最高的，而三角波的感知阈值则是最低的。

2．电触觉的感知特性

感知特性是指人体对电刺激的主观反应，包括对电刺激的描述、理解和判别特性。根据其关联维度可分为三类：与电刺激参数相关的特性，主要有检测阈值(ST)、不适阈值(DT)、刚好可觉差(JND)、感知强度(PI)和触觉类型描述，与空间相对位置相关的两点辨别阈值(TPDT)，以及时间维度上的反应特性，如感觉适应性。

确定检测阈值和不适阈值是制定有效的电触觉策略的先决条件，其受刺激部位、皮肤状况、电极类型和波形等的影响。身体部位越敏感，阈值就越低。由于不同个体之间的阈值差异较大，因此电触觉系统应该是个性化的。

刚好可觉差是指人体可区分的最小差异，它反映了人体对电刺激变化的敏感性。感知变化是由电参数的变化引起的，因此JND是通过可以区分的电参数的变化来计算的。JND越小，表示对感知变化的敏感性越高。Djozic等指出电刺激参数和感觉的变化是非线性的，他们表明JND随脉冲频率的增加而增加。Blamey等发现当频率大于100Hz时，辨别能力急剧下降。JND与基值的比值称为韦伯分数(WF)。根据韦伯定律，WF应该是近似常数。然而，有研究发现WF值在50Hz时明显较小。此外，JND不是恒定的，会受到其他参数的影响。研究发现，刺激强度越高，区分频率差异的能力就越强。

感知强度是对电刺激主观强度的感知，对感知强度与电参数的数学模型的研究持续受到学界关注。1987年，Babkoff等提出了一个双参数幂函数来评估感知强度：

$$ME = a \cdot I^b \tag{6-1}$$

式中，ME是感知强度；a和b是与频率相关的系数；I是脉冲幅度，范围为1～5mA。值得注意的是，在其他感觉模态中，主观强度Ψ与刺激强度Φ具有相似的幂函数关系：$\Psi=k\Phi^n$，表明不同感觉模态在强度编码机制上具有相似性。由于幅值和脉宽会影响PI，因此双曲线函数可以更好地描述在PI一定时脉冲幅度I和单次脉冲持续时间t之间的关系：

$$(I-a)(t-b)^m = c \tag{6-2}$$

式中，a、b、c和m是常数。

除了幅值和脉宽，频率也会对感知强度产生影响。Szeto等指出，在PI一定时，幅值和频率之间的关系可以用对数函数来描述：

$$\lg(A) = m\lg(F) + b \tag{6-3}$$

式中，A是刺激强度(幅值或脉宽)，F是频率，但从不同研究中获得的系数m和b并不相同。

触觉的描述基于与先前感觉的比较。因此，描述的词语也因人而异。在不同的刺激下，感觉被描述为振动、压力、脉动、针刺感和蜂鸣声。频率已被证明是影响感知形式的重要因素。低频产生振动感，而高频则会产生按压的感觉。

空间判别是空间编码的基础，两点辨别阈值是频率、脉冲宽度和刺激时间间隔的函数，不仅因身体部位而异，不同个体间的差异也很大。图6-8为人体不同部位的皮肤机械接触阈值，表明人体手指、脸部以及脚趾处的阈值较低，与其感受器密度高(特别是手指)有直接关系。尽管指尖是身体最敏感的部位之一，但与视觉相比，其空间分辨率仍然要低得多。毫米级分辨率极大地限制了刺激电极的数量和间距，导致在实际应用中难以区分空间模式。当电极数量增加时，鉴别精度急剧下降。研究显示，高密度的电极触觉模式会给用户带来巨大的认知负担，使用稀疏的电极有望实现更有效的空间信息编码。

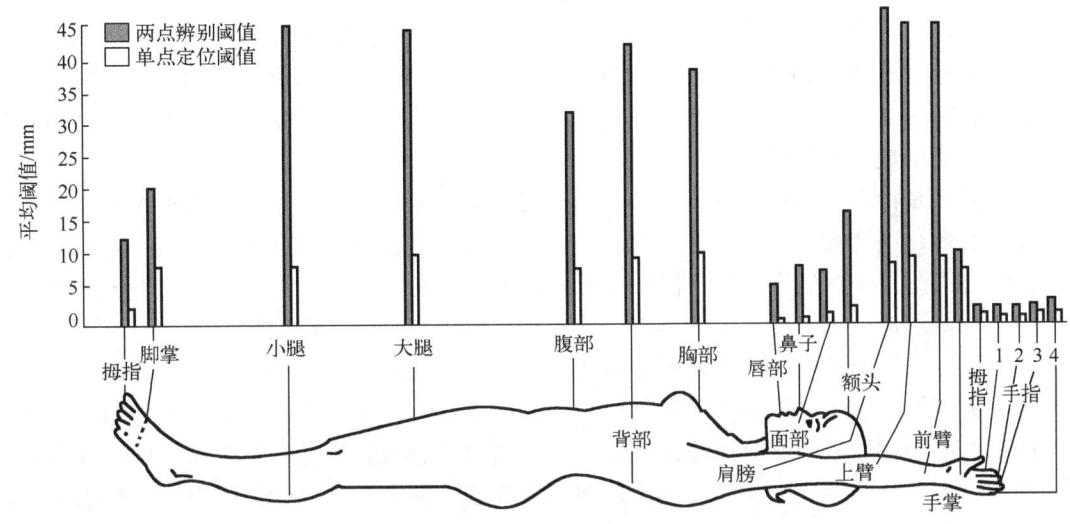

图 6-8　人体不同区域的两点辨别阈值和单点定位阈值

人类感官系统普遍存在感觉适应性现象，即对持续刺激的反应随时间逐渐衰减。电触觉刺激的适应性主要表现为：检测阈值提升和感知强度下降。研究表明，电触觉适应性与振动触觉具有相似的双阶段动态特性：适应期呈指数衰减模式，恢复期遵循对数增长规律。Kaczmarek 等发现适应的产生和恢复大约在 15min 内完成。频率是影响电触觉适应的主要因素，适应在 1000Hz 以上非常迅速，几秒后这种感觉几乎会消失。如果频率低于 10Hz，则几乎不会发生适应。除频率外，低强度刺激导致更快的适应，而间歇性刺激有助于延迟适应。还发现脉冲波形对适应有不同的影响。Szeto 等使用三种不同的波形进行了实验，发现连续刺激的适应没有显著差异，但不连续刺激的双相脉冲的适应最快。此外，对电刺激更敏感的人会经历更快的适应。

6.3.3　神经纤维模型

神经元轴突的信息传导功能是通过其产生的动作电位实现的，轴突的电特性是其功能实现的基础。轴突膜具有电阻、电容、电动势等被动电特性，且膜上包含具有非线性动力学特征的主动离子通道，使得轴突又表现出主动电特性。

(1) 轴突膜的电阻特性。轴突膜上的磷脂双分子层的电阻率远大于轴浆以及细胞外液的电阻率，因此细长的轴突可视作电缆，磷脂双分子层作为绝缘层围绕着电阻率低的轴浆。此外，膜上分布的离子通道也具有电阻，此电阻的形成是由于离子穿越通道时与通道壁的碰撞阻碍了离子的移动。轴突膜上磷脂双分子层的电阻与离子通道电阻在电路中为并联关系，由于磷脂双分子层的电阻极大，因此轴突膜总的电阻主要取决于其上的离子通道电阻。

(2) 轴突膜的电容特性。任何由绝缘层隔开的两个导体之间都存在电容。轴突膜具有很大的电阻,可视为一层绝缘层,其内侧的轴浆和外侧的细胞外液含有电解质,均为导体,因此轴突膜相当于一个平行板电容器。

(3)轴突膜的电动势特性。在静息状态下,膜内外存在膜内低、膜外高的跨膜电位差,称作静息电位。这是由于膜的两侧主要分布有 Na^+、K^+ 和 Cl^- 三种离子,并且这些离子在膜两侧的分布并不均匀,可以通过被动离子通道跨膜流动。

1952 年,霍奇金和赫胥黎在枪乌贼巨轴突上进行了电压钳实验,建立了经典的 Hodgkin-Huxley 模型(以下简称 HH 模型)。该方程定量描述了细胞膜内外的电位情况和各离子电导随时间的变化关系,可以成功地解释神经元上动作电位的产生原理,被认为是描述神经元电生理活动最有效的模型之一。

HH 模型是神经电生理学的基石,也是到目前为止最接近生物学实际的神经元模型,包含了离子通道、通道激活、通道失活和动作电位等特征。在离子层面,细胞膜中的通道包含 Na^+ 通道、K^+ 通道和少许无机盐控制的漏通道。由于门控蛋白的作用,不同的离子通道对不同离子的选择通透性不一样,这使得神经元的电活动丰富多样。在数学层面,离子通道的选择通透性被等效为离子电导,且随着通道激活变量和失活变量的改变而改变。磷脂双分子层很薄,使膜一侧的离子可以与另一侧的离子通过静电相互作用,因此,神经元内的负电荷和膜外的正电荷因相互吸引而分布在细胞膜两侧。所以,膜被认为能储备电荷,这种性质称为电容。Na^+、K^+ 通道的电流、漏电流以及受到膜电位影响的膜电容上流过的电流由离子通道的电导、反转电势和膜电位共同决定,细胞模型等效电路如图 6-9 所示。

欧姆定律是建立电学模型的基础,根据该定律可知,电阻一定时,电流值与电压值成正比,比例系数为电阻的倒数(电导),可以表达为

$$I = g \cdot V \tag{6-4}$$

因此 i 离子通道的跨膜电流为

$$I_i = G_i \cdot (V - V_i) \tag{6-5}$$

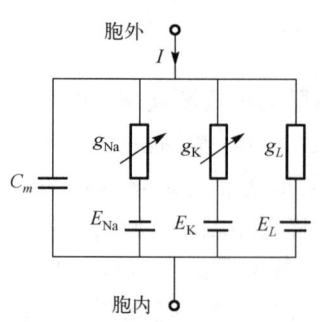

图 6-9 HH 模型的等效电路

式中,G_i 为 i 离子通道的电导(膜离子通道电阻的倒数),代表细胞膜对 i 离子的通透性;V_i 为 i 离子通道的平衡电位,由能斯特(Nernst)方程给出。

1. 膜通道电流

膜通道是一个电容模型,用 C_m 代表电容的大小,V_m 代表细胞的跨膜电压,流过膜通道的电流 I_{cap} 为

$$I_{cap} = C_m \frac{dV_m}{dt} \tag{6-6}$$

2. Na^+ 通道电流

根据上述理论可知,Na^+ 通道电流为

$$I_{Na} = G_{Na} \cdot (V_m - E_{Na}) \tag{6-7}$$

而 Na^+ 通道的电导并不是一个固定的值,它由关于激活变量 m 和失活变量 h 的两个一阶微分方程来控制,其电导公式可以表示为

$$G_{Na} = g_{Na} \cdot m^3 \cdot h \tag{6-8}$$

式中,g_{Na} 代表 Na^+ 通道的最大电导,两个一阶微分方程为

$$\begin{aligned} \frac{dm}{dt} &= \alpha_m(1-m) - \beta_m \cdot m \\ \frac{dh}{dt} &= \alpha_h(1-h) - \beta_h \cdot h \end{aligned} \tag{6-9}$$

式中,速度参数 α、β 是关于跨膜电压 V_m 的函数,公式表示为

$$\begin{aligned} \alpha_m(V_m) &= \frac{0.1(V_m+35)}{1-e^{-\frac{V_m+35}{10}}} \\ \beta_m(V_m) &= 4 \cdot e^{-\frac{V_m+60}{18}} \\ \alpha_h(V_m) &= 0.07 \cdot e^{-\frac{V_m+60}{20}} \\ \beta_h(V_m) &= \frac{1}{e^{-\frac{V_m+30}{10}}+1} \end{aligned} \tag{6-10}$$

因此,Na^+ 通道电流公式为

$$I_{Na} = g_{Na} \cdot m^3 \cdot h \cdot (V_m - E_{Na}) \tag{6-11}$$

3. K^+ 通道电流

同理,K^+ 通道电流为

$$I_K = G_K(V_m - E_K) \tag{6-12}$$

不同于 Na^+ 通道,由于细胞膜对 K^+、Cl^- 有通透性,所以 K^+ 通道的电导值只受激活变量 n 的控制,电导公式为

$$G_K = g_K \cdot n^4 \tag{6-13}$$

式中,g_K 代表 K^+ 通道的最大电导,激活变量 n 的一阶微分方程为

$$\frac{dn}{dt} = \alpha_n(1-n) - \beta_n \cdot n \tag{6-14}$$

速度参数 α、β 关于跨膜电压 V_m 的函数为

$$\begin{aligned} \alpha_n(V_m) &= \frac{0.01(V_m+50)}{1-e^{-\frac{V_m+50}{10}}} \\ \beta_n(V_m) &= 0.125 \cdot e^{-\frac{V_m+60}{80}} \end{aligned} \tag{6-15}$$

因此,K^+ 通道电流公式为

$$I_K = g_K \cdot n^4 \cdot (V_m - E_K) \tag{6-16}$$

4. 漏通道电流

漏电流的主要作用就是在没有发生去极化的情况下维持细胞的静息电位，其电导值不受任何激活变量和失活变量的控制，因此，漏通道电流公式为

$$I_L = G_L(V_m - E_L) \tag{6-17}$$

由实验数据分析可知，三个离子通道的电流没有耦合关系，因此三个离子通道的总电流可以表示为

$$I_{ion} = I_{Na} + I_K + I_L \tag{6-18}$$

整个细胞的总电流为

$$I = I_{cap} + I_{ion} \tag{6-19}$$

综合上面的方程，HH 模型可以总结为由四个变量组成的一阶常微分方程组：

$$\begin{aligned} C_m \frac{dV_m}{dt} &= -g_{Na}m^3h(V_m - E_{Na}) - g_K n^4(V_m - E_K) - G_L(V_m - E_L) + I \\ \frac{dm}{dt} &= \alpha_m(1-m) - \beta_m \cdot m \\ \frac{dh}{dt} &= \alpha_h(1-h) - \beta_h \cdot h \\ \frac{dn}{dt} &= \alpha_n(1-n) - \beta_n \cdot n \end{aligned} \tag{6-20}$$

总结来说，HH 模型各参数的含义如表 6-3 所示，模型的输入主要是两部分：①外部刺激电流 I，通常表示为注入神经元的电流。这个电流可以是恒定的，也可以随时间变化，用于模拟神经元的自然激活条件或实验室中的电流刺激。②初始条件，即跨膜电压的初始值以及各种离子通道的初始状态。

表 6-3 HH 模型参数

参数	含义	单位
g_{Na}	Na^+ 通道最大电导	mS/cm^2
g_K	K^+ 通道最大电导	
G_L	漏通道电导	
E_{Na}	Na^+ 通道反转电势	mV
E_K	K^+ 通道反转电势	
E_L	漏通道反转电势	
C_m	膜电容	μF/cm^2

HH 模型将离子通道电导作为时间、膜电位和输入电流的函数来准确模拟动作电位，该模型虽然在生物物理上是准确且有意义的，但它的计算成本较高。因此，研究者提出许多数

学模型来近似 HH 模型的动力学和神经元行为。

一个基本模型是泄漏积分和触发神经元模型，该模型计算简单，但无法重现广泛的神经元行为。Izhikevich 模型略微增加了计算复杂性，但支持广泛的神经元脉冲现象学。它通常用于神经假体应用，以模拟机械感受器的尖峰模式特征，并已在数字硬件中实现。Mihalas-Niebur 模型具有相当的计算复杂度，但使用了具有生物物理意义的参数，允许在生物学和假肢系统之间进行更直接的转换，该模型已被用于模拟猕猴响应触觉刺激的机械感受器传入模式。

6.4 电触觉系统

为了减小电刺激过程中的电刺激噪声并提升电刺激效果，本节结合电场模型和神经模型，研究电刺激电极优化设计方法，使用有限元仿真对理论模型进行补充和验证。之后，基于经皮神经电刺激的基本原理，设计具有电刺激波形调制、阻抗实时测量、刺激电压动态调节等功能的电刺激器。

6.4.1 电刺激电极

电极是人体与电刺激器间的接口，用于将电流传递到人体。本节讨论的电极均为经皮电刺激电极，即放置在人体皮肤表面的电极。在电刺激过程中，电极的大小、构造、材料，皮肤组织结构，以及电极与皮肤间的接触状态都会对刺激电流的传递产生较大影响。

电极尺寸直接影响电流密度高低，从而影响人体感受。Andreas Kuhn 等对皮下电场进行实验和分析发现，对于刺激浅层神经和脂肪层较薄的皮肤，小电极比较舒适；对于刺激深层神经和脂肪层较厚的皮肤，大电极比较舒适。但也有研究结果显示，电极越小，电流密度越高，感觉越尖锐；电极越大，电流密度越低，感觉越柔和。但当面积增大到一定程度后，感觉差异将不再明显。

此外，电极电阻分布不均、电极与皮肤间接触不良、皮肤组织结构(如毛孔、脂肪等)造成的电阻分布不均，会引起局部电流密度过大或过小，产生刺痛等不适感。可采用特殊的电极结构减小边缘效应的影响，或涂抹导电膏改善电极与皮肤的接触，使电极的电流密度趋于平衡。

电极直接与人体皮肤接触，因此电极材料需具备良好的生物相容性(如化学稳定性、耐腐蚀性、力学性能)。常用的种类有凝胶电极、银/氯化银电极以及带惰性金属镀层的金属电极等。在实际使用中，多采用医用电刺激电极，其中以自贴式凝胶电极居多。该电极刺激感柔和，与皮肤接触良好，价格便宜，尺寸规格众多。与自贴式银/氯化银电极相比，该电极具有使用寿命长、性能稳定的特点。金属电极刺激感尖锐，使用时多需要涂抹导电膏。导电膏的涂抹量将影响刺激强度，使刺激感不易控制。

目前，尚无成熟的电极设计方法。实验对比是较为直接的评价方法，但由于感觉的个体差异性，需要通过大样本的实验统计不同受试者的实验结果，进而对电极和电刺激效果进行评价。本节采用理论分析与实验对比相结合的方式，即在建立电场模型和神经模型的基础上评价电刺激效果，得到电触觉反馈的电极阵列优化方法和电极配置形式。相较于单纯使用实验方法确定相关的电极参数，此方法可以减少设计的盲目性。

1. 基于理论模型的电极设计

在具有双向生机接口的假肢手系统中，电刺激电极和肌电电极通常置于用户的残肢上，分别用于实现假肢手的状态感知和动作控制。但电刺激信号的强度往往远大于肌电信号强度，导致表面肌电信号品质下降甚至饱和失效。此外，组织的电场特性对电刺激效果有着较为重要的影响，直接影响神经系统的感知。

双向生机接口中反馈通道与控制通道间的干扰情况如图 6-10 所示，为简化推导，假设人体为均匀介质导体。模型中建立的坐标系以电极/电极阵列中心为原点，Y 轴正方向垂直于皮肤及组织表面并指向其内部，X 轴正方向为沿皮肤表面从电刺激电极中心指向肌电电极中心。

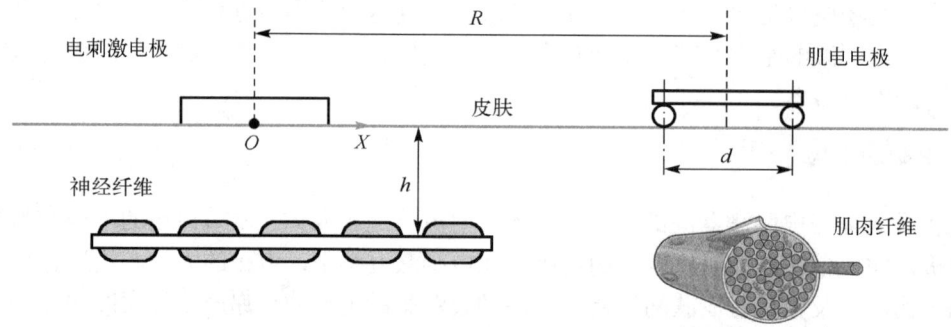

图 6-10 双向生机接口中反馈通道与控制通道间的干扰

以 Rattay 提出的电刺激模型为基础，研究电刺激时的神经兴奋情况。按照其理论，可以将神经系统等效为由许多单元组成的阻容网络，如图 6-11 所示。将皮下一定深度的电压沿神经传导方向对位移的二阶导数定义为神经的激励函数（activating function，AF）：

$$\text{AF} = \frac{\partial^2 V_e(x,t)}{\partial x^2} \tag{6-21}$$

当激励函数值大于 0 时神经处于超极化状态，小于 0 时处于去极化状态。表面电极刺激下一定深度的激励函数会出现一个较为明显的峰值。AF 值越大，说明神经对电刺激的敏感程度越高。

电极设计的目标是使人体得到多样的感觉反馈，因此电极应当能够对于有限范围内的神经和感受器有准确的刺激，定义一个表征这种特性的参量——聚焦度（focusing degree，FD）用以评估电刺激的效果。假设 AF 的临界阈值为 0，聚焦度定义为

$$\text{FD} = \sqrt{\frac{P^2}{S}} \tag{6-22}$$

式中，P 为激励函数的峰值，S 为激励函数大于临界阈值的部分沿神经方向的积分，如图 6-12 所示。一般而言，FD 值越小，电刺激激发的神经兴奋区域越大，越容易引起人体的感觉；FD 值越大，对于特定感受器和神经的刺激效果越好，对其他电极的干涉也相对较少。

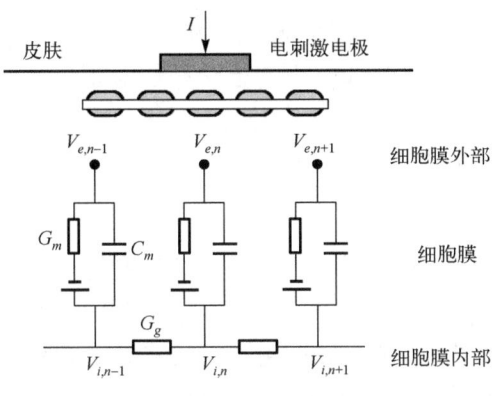
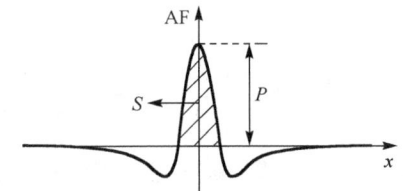

图 6-11 神经系统等效阻容网络模型　　图 6-12 典型激励函数

由于大多数肌电电极采用差分方式,因此电刺激对肌电信号的干扰来自肌电电极两个接触点之间的电势差。本节将该电势差定义为噪声因子(noise factor,NF),噪声因子越小,说明电刺激电极对肌电电极的干扰越小。传统电刺激电极为圆形电极,设其半径为 r_E(忽略电极厚度及边缘效应),如图 6-13(a)所示。在电刺激电极作用下,肌电电极上的噪声因子如式(6-23)所示,其中 $K=\dfrac{\rho I}{2\pi^2}$,I 为电极上施加的电流。

$$\mathrm{NF}(R,d,r_E)=\dfrac{K}{r_E^2}\int_{R-d/2}^{R+d/2}\left[\int_0^{2\pi}\int_0^{r_E}\dfrac{1}{R^2+r^2-2Rr\cos\theta}\dfrac{R-r\cos\theta}{\sqrt{R^2+r^2-2Rr\cos\theta}}\mathrm{d}r\mathrm{d}\theta\right]\mathrm{d}x \quad (6\text{-}23)$$

经推导可知 $\mathrm{NF}(R,d,r_E)=k\mathrm{NF}(kR,kd,kr_E)$,说明电刺激电极与肌电电极等比例放大时,电刺激噪声减少。另外,$\dfrac{\partial \mathrm{NF}}{\partial R}<0$ 恒成立,说明肌电电极的放置需尽可能远离电刺激电极。

电极放置在组织表面会在组织内部产生电场,从而得以刺激组织内的神经,建立起假肢手到人体的信息通路,定义在介质内一点 (x,h) 处的电压为刺激因子:

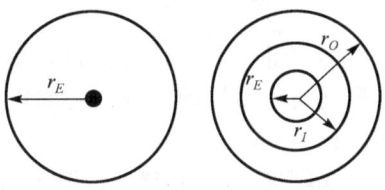

(a) 圆形电极　　(b) 同心圆电极

图 6-13 两种电极

$$G(r_E,x,h)=\dfrac{K}{r_E^2}\int_0^{2\pi}\mathrm{d}\theta\int_0^{r_E}\dfrac{r}{\sqrt{r^2+x^2-2rx\cos\theta+h^2}}\mathrm{d}r \quad (6\text{-}24)$$

式中,$K=\dfrac{\rho I}{2\pi^2 r_E^2}$。将积分和求导交换顺序,可以得到激励函数:

$$\begin{aligned}\mathrm{AF}&=\dfrac{\partial^2 G(r_E,x,h)}{\partial x^2}\\&=\dfrac{K}{r_E^2}\int_0^{2\pi}\int_0^{r_E}\dfrac{2x^2-h^2-4xr\cos\theta+3r^2\cos^2\theta-r^2}{(x^2+h^2+r^2-2xr\cos\theta)^2}\cdot\dfrac{1}{\sqrt{x^2+h^2+r^2-2xr\cos\theta}}r\mathrm{d}r\mathrm{d}\theta\end{aligned} \quad (6\text{-}25)$$

使用数值积分的方法可以推知 $\dfrac{\partial \mathrm{AF}}{\partial r_E}<0$,说明电极越大,聚焦度越小,电刺激区域增大,利于人体神经兴奋的产生。

在传统圆形电极的基础上,设计一种同心圆电极,其内部是半径为 r_E 的圆形电极,外部

是半径分别为 r_I 和 r_O（$r_I < r_O$）的圆环电极，内外电极通以大小相同、相位相差 180° 的电流 I，如图 6-13(b) 所示。为便于后续的推导，假设外部圆环电极的电流极性为正，$r_I = \alpha r_E$，$r_O = \beta r_E$，$s = \sqrt{\beta^2 - \alpha^2}$（$\alpha > 1$，$\beta > 1$）。

电刺激电极在肌电电极处的噪声因子定义为

$$\begin{aligned} &\mathrm{NF}(r_E, \alpha, \beta, R, d) \\ &= \frac{K}{s^2 r_E^2} \int_{R-d/2}^{R+d/2} \int_0^{2\pi} \int_{\alpha r_E}^{\beta r_E} \frac{r \mathrm{d}r \mathrm{d}\theta \mathrm{d}x}{R^2 + r^2 - 2Rr\cos\theta} - \frac{K}{r_E^2} \int_{R-d/2}^{R+d/2} \int_0^{2\pi} \int_0^{r_E} \frac{r \mathrm{d}r \mathrm{d}\theta \mathrm{d}x}{R^2 + r^2 - 2Rr\cos\theta} \end{aligned} \quad (6\text{-}26)$$

经推导可知 $\mathrm{NF} > 0$，说明电极内外层相反的极性，导致远处肌电电极处的电压恒为正，因此理论上噪声无法完全消除。另外，$\frac{\partial \mathrm{NF}}{\partial \alpha} > 0$ 且 $\frac{\partial \mathrm{NF}}{\partial \beta} > 0$，说明 α、β 越大，电刺激噪声越大。

同样地，同心圆电极在介质内一点 (x, h) 处的刺激因子。

$$\begin{aligned} &G(r_E, x, h, \alpha, s) \\ &= \frac{K}{r_E^2} \int_0^{2\pi} \mathrm{d}\theta \int_{\alpha r_E}^{\beta r_E} \frac{r}{\sqrt{r^2 + x^2 - 2rx\cos\theta + h^2}} \mathrm{d}r - \frac{K}{s^2 r_E^2} \int_0^{2\pi} \mathrm{d}\theta \int_0^{r_E} \frac{r}{\sqrt{r^2 + x^2 - 2rx\cos\theta + h^2}} \mathrm{d}r \end{aligned} \quad (6\text{-}27)$$

使用数值积分对聚焦度进行分析，得到 $\frac{\partial \mathrm{FD}}{\partial r_E} < 0$，$\frac{\partial \mathrm{FD}}{\partial \alpha} < 0$，$\frac{\partial \mathrm{FD}}{\partial s} < 0$，即 r_E、α、s 越大，聚焦度越小。

2. 理论及仿真建模对比

为验证本节理论模型的准确性，选择噪声因子(NF)和聚焦度(FD)作为评价指标，基于单层均匀介质模型，分别对比传统圆形电极和同心圆电极在相同电极刺激条件下的仿真值和理论值。

当圆形电极的半径 r_E 为 1mm，距离电极中心 50mm、100mm、150mm、200mm、250mm、300mm 处的噪声因子理论值和仿真值如表 6-4 所示，理论值和仿真值几乎完全相同，最大误差为 0.2%。当 r_E 为 1~3mm(仿真步长为 0.5mm)时，距电极 200mm 处的噪声因子随半径的变化曲线如图 6-14 所示。噪声因子随肌电电极和电刺激电极距离的增大而急剧减小，与理论推导一致。说明肌电电极和电刺激电极间距是影响噪声因子大小的重要因素，双向生机系统配置时应尽可能增大肌电电极和电刺激电极的间距以减小噪声因子。另外，相同测量位置的噪声因子随圆形电极半径 r_E 的增大而增大。

表 6-4 噪声因子理论值和仿真值

距离/mm	仿真值/V	理论值/V
50	1.28809×10^{-5}	1.28790×10^{-5}
100	3.12245×10^{-6}	3.12180×10^{-6}
150	1.38042×10^{-6}	1.37970×10^{-6}
200	7.74953×10^{-7}	7.74540×10^{-7}
250	4.94892×10^{-7}	4.95260×10^{-7}
300	3.44467×10^{-7}	3.43760×10^{-7}

聚焦度的理论值和仿真值如图 6-14 所示,理论值与仿真值虽有一定偏差,但二者都随 r_E 的增大而减小。由于理论模型基于介质理想化的假设,电极处的电压理论上为无限大。而在仿真中,电极面积较小时,虽然介质的尺寸远大于电极尺寸,可视为无限远,但此时电极处的电压总比理论值小,导致聚焦度值小于理论值;而当电极的面积增大时,电极产生"边缘效应",使仿真得到的聚焦度大于理论值。

同心圆电极共有三个尺寸参数(r_E、α、s),故采用控制变量法,每次仅改变一个尺寸参数,测量 R=200mm 处的噪声因子,以此对比不同尺寸参数的影响。理论结果和仿真结果对比如图 6-15~图 6-17 所示,二者相差较大,最大误差约为 20%。聚焦度的变化曲线如图 6-15~图 6-17 所示,三个尺寸参数的增大都会引起聚焦度的减小,与理论推导的结果一致。另外,仿真结果表明,在三个参数中,聚焦度对电极的内圆半径更敏感。

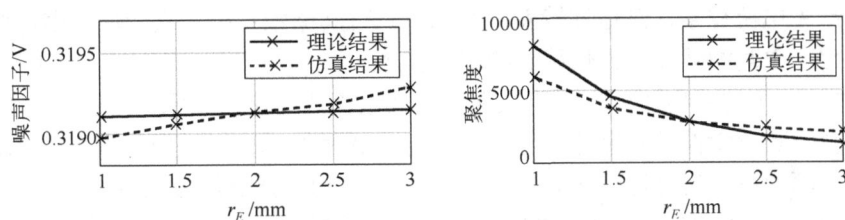

图 6-14 圆形电极距电极 200mm 处的噪声因子和聚焦度

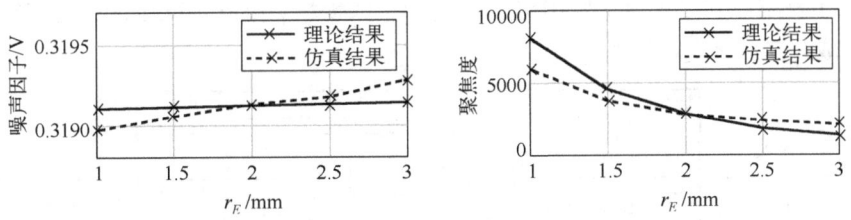

图 6-15 同心圆电极噪声因子和聚焦度($\alpha = 2$,$s = 2.236$)

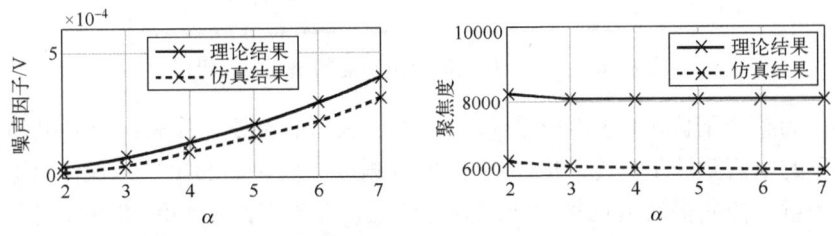

图 6-16 同心圆电极噪声因子和聚焦度($r_E = 1$,$s = 2$)

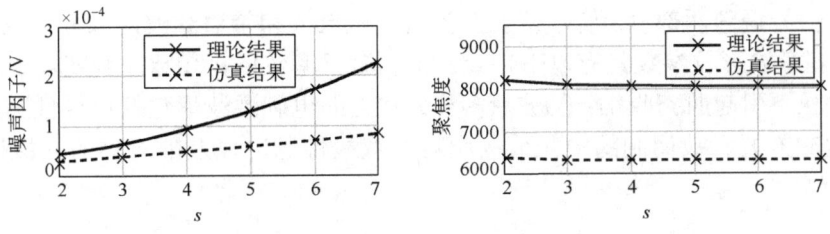

图 6-17 同心圆电极噪声因子和聚焦度($r_E = 1$,$\alpha = 2$)

6.4.2 电刺激器

电刺激器能够按照要求产生规定的电刺激信号，是实现电触觉反馈的关键器件。根据激励源的不同，电刺激器可以分为恒流源电刺激器和恒压源电刺激器。由于人体神经元的感知特性，电流源刺激可以使人体获得较为持续、稳定的感觉，电压源刺激可以更快地激活对应神经元。本节以哈尔滨工业大学研制的具有阻抗实时反馈功能的多通道电压源电刺激器为例，其主要设计要求如下。

(1) 参数调节：电刺激反馈的信息传递是通过对不同电参量的调制实现的，电刺激器需要具有频率、幅值、相位等电参数的可调节能力。

(2) 双相波形输出：常见的电刺激波形分为单极性和双极性两种类型，单极性波形容易在局部组织产生电荷积累，舒适性较差，不利于长时间佩戴。出于安全性考虑，避免可能造成的人体伤害，电刺激器需要提供稳定的双相波形。

(3) 阻抗实时测量：电压源刺激无法保证刺激电流的稳定性，佩戴过程中，人体皮肤-电极阻抗变化会导致感觉偏差。另外，当人体皮肤-电极阻抗降低时，局部电流密度增加，易发生组织灼伤。因此需要实时测量皮肤-电极阻抗，以便动态调整刺激电参量。

(4) 集成化：假肢手作为一个可穿戴设备，需要满足集成性和便携性的要求，应尽量满足轻量化的设计要求。

根据上述要求，电刺激器主要由电刺激信号生成模块、皮肤-电极阻抗测量模块和多通道切换模块组成，如图6-18所示。

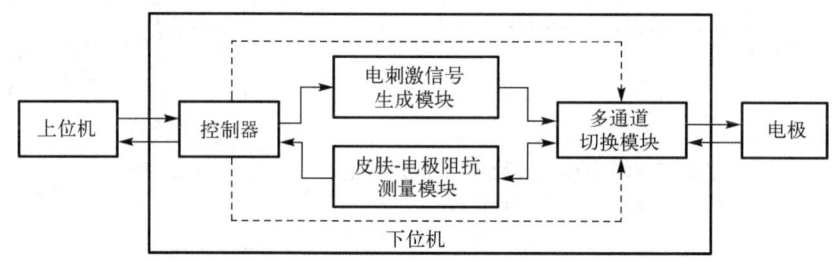

图6-18 具有阻抗实时反馈功能的电刺激器组成

控制器作为整个下位机电路的控制核心，需要承担的主要工作有：控制电刺激信号生成模块输出需要的电刺激波形；传输皮肤-电极阻抗测量模块输出的阻抗测量信息数据流，实现阻抗的实时测量；控制多通道切换模块的分时选通，实现多路电刺激和阻抗测量；接收上位机指令以实现刺激电压大小的自适应调节。

(1) 电刺激信号生成模块。能够根据上位机指令生成相应的电刺激波形，分为电刺激波形发生和信号调理两部分。信号调理主要由电压放大和带通滤波两部分构成。普遍认为TENS的电刺激波形及参数具有以下特点：①刺激频率较低；②脉冲宽度较小；③电流强度使人舒适且不引起肌肉收缩；④波形多样，常见的电刺激波形包括单极性脉冲方波、对称双极性脉冲方波、被调制的中频或高频对称双极性脉冲以及非对称的双极性脉冲，如图6-19所示。

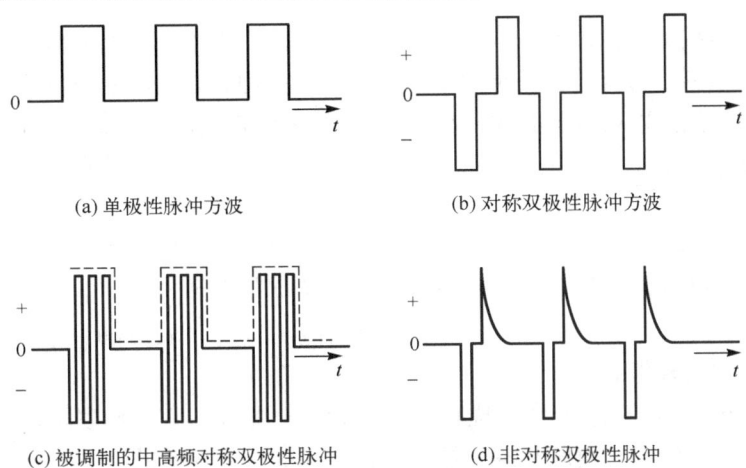

(a) 单极性脉冲方波　　　　　(b) 对称双极性脉冲方波

(c) 被调制的中高频对称双极性脉冲　　(d) 非对称双极性脉冲

图 6-19　常见的电刺激波形

(2) 皮肤-电极阻抗测量模块。由集成高精度阻抗转换器 AD5933 构成，基于伏安法快速进行皮肤-电极间的阻抗测量，集成了激励源、模数转换、程控放大、低通滤波等模块。基于离散傅里叶变换(DFT)进行阻抗数据的处理，由片上 DSP 进行处理后直接返回待测阻抗的实部和虚部信息。

(3) 多通道切换模块和电源模块。多通道切换模块在辅助完成不同电刺激通道切换的同时，还把电刺激电压和阻抗测量模块隔离开，避免电刺激电压直接施加在阻抗测量模块上而导致元器件损坏；电源模块能够实现多种电压转换，提供稳定的驱动电流，以确保整个系统的正常工作。

多通道电刺激器的软件系统具有以下功能：①与上位机或其他设备通信，接收电刺激指令；②根据电刺激指令生成电刺激编码；③控制电刺激器的输出波形参数。电刺激指令包含刺激模式、刺激通道、载波频率、幅值、脉宽和时序等参数，以及指令帧的起始、结束、校验；刺激模式包括单通道刺激、多通道刺激、连续运动刺激、对比示例刺激、有限脉冲数量刺激和持续刺激等。软件系统的底层控制程序使用 C 语言开发，控制每个输出通道的刺激信号波形和输出时刻，开发的动态链接库文件可以供上位机程序调用。

使用者通过交互界面输入每个电刺激通道的参数，包括波形参数、脉冲数量和时间序列等，可以加载刺激序列指令文件，按照特定时序和触发条件输出电刺激波形；同时可以控制电刺激器产生不同刺激模式的输出，可以记录和保存受试者对电刺激的响应时间和感觉反馈结果等。

6.5　电刺激对肌电信号的干扰抑制方法

如 6.4 节所述，在双向生机接口中，由于经皮神经电刺激器与肌电电极共享人体体表传导环境，两者不可避免地发生相互干扰。特别是电刺激通过体表对微弱的表面肌电信号的干扰更为明显，可导致表面肌电信号品质下降甚至饱和失效。典型的处理方式包括分时工作、滤波以及改变刺激波形来抑制噪声源等，典型的物理隔离方式包括改变皮肤电极界面、建立电磁隔离带和将刺激部位远离控制信号采集位置等。

针对双向生机接口的信息集成问题，本节研究双向生机接口中电刺激对肌电信号的干扰模型，提出双相电刺激与自适应噪声消除相结合的干扰抑制方法，采用双相电刺激方式减小刺激电流的能量扩散，采用基于 LMS 自适应滤波器的噪声消除方法提高肌电信号的信噪比。

6.5.1 电刺激对肌电信号的干扰

图 6-20 展示了电刺激信号与肌电信号通过人体表面产生相互干扰的情况，为了更清晰地看到 2 种信号在人体内的串扰，根据集总皮肤模型建立了电刺激对肌电信号的干扰模型。图中，I_s 为电刺激电流，U_s 为加在神经纤维上的电压值，U_{MF} 为肌纤维的募集电势，U_{EMG} 为肌电电极经差分放大后采集的信号。

电刺激对肌电信号 U_{EMG} 产生干扰有 2 个途径：一是通过人体体表阻抗直接传递到肌电传感器采集端；二是泄漏到皮肤和皮下组织后扩散到肌纤维对应的皮下位置而对肌电信号产生干扰。当人体处于潮湿的环境或体表阻抗较小时，通过第 1 个途径产生的干扰更明显。

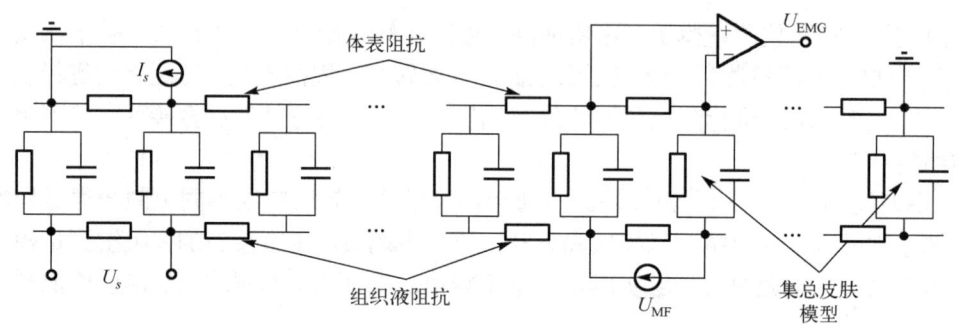

图 6-20 电刺激波形对肌电信号的干扰模型

6.5.2 基于双相电刺激的噪声抑制

实验结果显示，正弦波簇与方波簇可以产生相似的刺激感。为了达到相近的刺激效果，正弦波簇需要更大的幅值，这会对肌电信号产生更强的干扰。因此从减少干扰的角度考虑，选择方波簇作为电刺激的波形方式。

单双相电极刺激及其电场变化分别如图 6-21 和图 6-22 所示。可以看到，与单相电极刺激相比，双相电极刺激在距离刺激部位较远处的跨步电势差明显降低，能够减少电刺激信号对肌电信号的干扰。

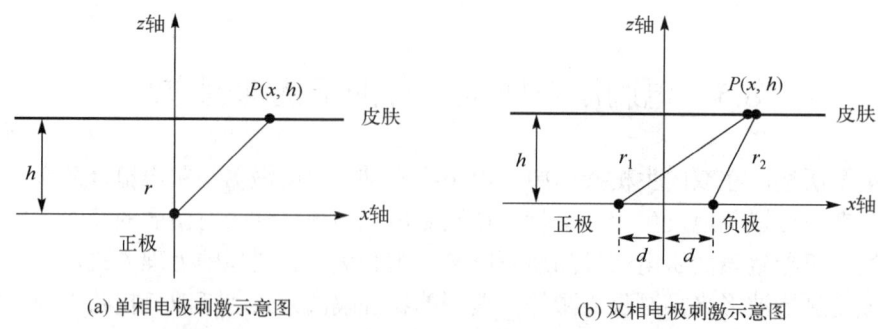

图 6-21 单双相电极刺激示意图

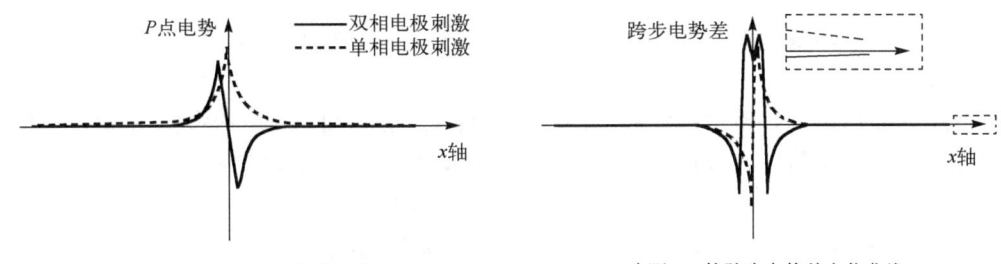

图 6-22 两种刺激方式下的电场变化曲线

将电刺激电极置于人体左臂,在右臂采用 6 枚肌电电极对电刺激噪声进行观测,分别比较单相刺激与双相刺激时电刺激信号对肌电信号的影响。观测时,肌电电极沿前臂圆周方向均匀分布,右臂保持放松状态。在两种刺激方式下,均选择方波簇作为载波波形,脉冲宽度为 250μs,簇宽度均为 10ms,刺激强度选择被试适宜值。图 6-23 和图 6-24 分别为两种刺激方式产生的噪声波形。

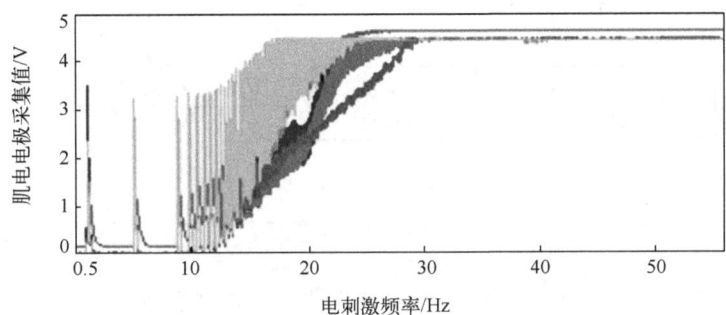

图 6-23 包络波频率变化的单相方波簇 TENS 时的刺激干扰波形

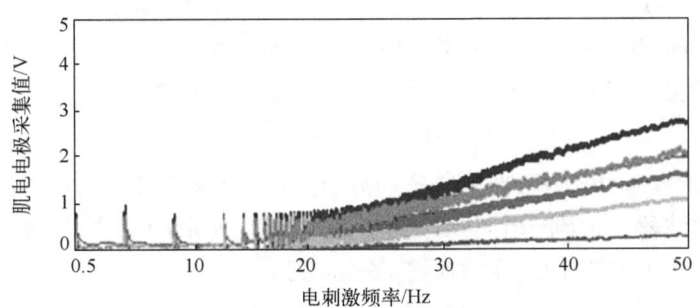

图 6-24 包络波频率变化的双相方波簇 TENS 时的刺激干扰波形

比较图 6-23 与图 6-24 可以看到,采用双相刺激时,电刺激波形对肌电信号的干扰显著下降,尤其是 50Hz 以内频段,肌电信号不再饱和。

6.5.3 基于自适应滤波算法的电刺激噪声抑制

由于电刺激调制波的频段与肌电信号的有用信息频段存在交叠,传统的基于频域分割原理的数字滤波器难以在完全滤除电刺激噪声的同时保存肌电信号中的有用信息。另外,由于人体环境的复杂性,电刺激信号通过人体对肌电信号产生干扰的过程中会产生畸变,难以从电刺激器发出的原始波形中获得有效的噪声先验信息，这使得基于先验信息的维纳滤波器也无法完全去除噪声。

与传统滤波器不同，自适应滤波器能够通过优化算法使滤波器的参数趋于最佳性能，在优化的过程中，无需信号或噪声的先验知识。另外，对于缓慢变化的系统，能够跟踪系统的变化，保持良好的滤波能力。目前常用的自适应滤波器有基于维纳滤波理论的最小均方(least mean square，LMS)自适应滤波器、基于最小二乘估计的递归最小二乘(recursive least square, RLS)自适应滤波器、基于卡尔曼滤波理论的自适应滤波器和基于神经网络的自适应滤波器。其中，LMS 自适应滤波器以算法简单、性能稳定而得到了广泛的应用。因此，本节主要将 LMS 自适应滤波器作为主要的电刺激噪声抑制方法。

在短时间内，电刺激信号从电刺激器通过人体阻抗到达肌电信号采集端，所经历的过程是线性的，因此可以采用基于最小均方原理的自适应滤波器进行噪声消除，其原理如图 6-25 所示。

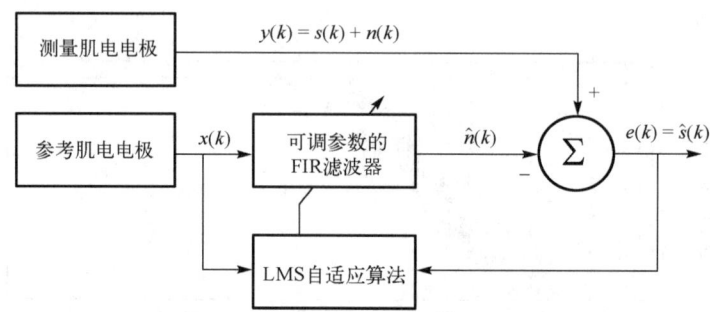

图 6-25 基于自适应滤波的电刺激噪声抑制

采用一枚肌电电极作为参考电极，放置在动作无关部位或肌电信号微弱部位，该电极产生电刺激波形的一个观测序列 $x(k)$。其他肌电电极作为测量电极，放置在动作相关部位，采集人体动作产生的肌电信号。每枚测量电极产生一个叠加了电刺激噪声和肌电信号的观测序列 $y(k)$，其中电刺激噪声记为 $n(k)$，肌电信号记为 $s(k)$，可得

$$y(k) = s(k) + n(k) \tag{6-28}$$

将参考电极观测到的电刺激噪声信号 $x(k)$ 通过一个参数可调、具有良好收敛特性的有限冲击响应(FIR)滤波器，得到一个电刺激噪声的估计序列 $\hat{n}(k)$，并用测量电极观测到的肌电-噪声混合序列 $y(k)$ 将它消去，得到误差序列 $e(k)$：

$$e(k) = \hat{s}(k) = y(k) - \hat{n}(k) \tag{6-29}$$

它就是对肌电信号 $s(k)$ 的一个无偏估计。

一个典型的 FIR 滤波器可以表示为

$$H(z) = \sum_{i=0}^{N-1} w(i) z^{-i} \tag{6-30}$$

因此

$$\hat{n}(k) = \sum_{i=0}^{N-1} w(i) x(k-i) = \boldsymbol{W}^\mathrm{T} \boldsymbol{X}_k \tag{6-31}$$

采用梯度下降法求解 FIR 滤波器的参数 W。调节 FIR 滤波器的参数,当误差序列的均方最小时,电刺激噪声及噪声估计序列差值的均方也最小,此时肌电信号具有最大的信噪比。

6.6 感觉反馈策略

触觉传达了关于抓握和操作物体的丰富信息。皮肤与物体相互作用的过程中,会激活成百上千根触觉神经纤维,每根触觉神经纤维都以不同的方式运行,具体取决于其类型(SA1、SA2、RA 或 PC)以及它们在手上相对于物体接触点的位置。完全恢复触觉需要用特定的脉冲序列独立激活每根纤维,但是相对于神经纤维的数量,当前刺激通道的数量很少,在可预见的未来这是无法实现的壮举。所以,现阶段生机电一体化领域感觉反馈的目标是建立有益于机器人操作的神经元激活模式和刺激策略,提升其操作性能。

表征感觉反馈的常用方法是评估刺激的强度(感觉有多强,取决于神经纤维群体发射率)、质量(感觉如何,取决于神经纤维群活动的模式)以及位置(感觉在哪里,取决于激活特定位置的神经纤维或神经束)。理想的感觉反馈策略应该实时唤起与原生肢体强度、模态和位置均匹配的感觉。本节将对几种常用的感觉反馈策略进行介绍。

6.6.1 感觉替代

感觉替代是指通过不同于原有的感知通道(如用听觉替代触摸)或通过不同的感知模式(如用振动替代压力)向人体提供感知信息的方法。当人体将刺激视为触觉的延伸而非抽象信号时,就实现了感觉替代。常用的实现方式有振动反馈、压力反馈、TENS 以及听觉反馈等。TENS 因相对灵活且较容易实现,成为最常用的反馈策略和研究热点。但这种策略需要患者花费大量的时间学习刺激信息与特定感知信息(如关节角度)的映射关系,将编码后的感觉"翻译"为其他模态的真实信息,存在较大的认知负担,未来制约感觉替代策略发展的因素或许在于经过长期的训练之后该策略能否以流畅、自然的方式帮助患者控制假肢。

1. 阵列式静态编码模式

为了在功能上更好地接近人手,假肢手的功能日趋完善,需要向患者反馈的信息量也大大增加,以确保患者完成更多任务。阵列式反馈方式的电极单元在空间上采取了高密度的安放方式,结合时间和空间上的参数调制,理论上能够传递无限数量的信息。常见的触觉感觉反馈方法是通过刺激皮肤的固定位置使人体产生触觉感觉,刺激产生的感觉聚集在刺激单元附近,根据反馈信息的大小调制刺激强度,这种反馈策略为静态编码模式。

空间单点选通是最为简单的反馈策略,即每次仅选通阵列中的某一个对应单元(下面简称单点选通模式),如图 6-26 所示。其主要参数为选通单元的位置、脉冲参数以及每个单元单次电刺激信号的持续时间。需要注意的是,理论上神经元动作电位的发放频率随去极化电流的增大而增加,但神经元产生动作电位的速率是有上限的,最大的发放频率大约是 1000Hz。这是因为当一个动作电位产生时,1ms 内几乎不可能再产生下一个动作电位,这段时间称为绝对不应期。此外,绝对不应期后的几毫秒内要产生下一个动作电位也相对比较困难。在这段相对不应期里,要使神经元去极化产生动作电位,则被注入的电流需要比阈值高一点。

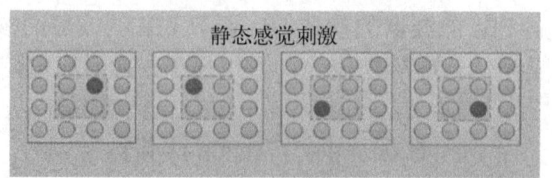

图 6-26　单点选通模式示意图

2. 阵列式动态编码模式

动态编码模式指按照一定的规则依次选通阵列中的不同单元使人体获得多种不同感觉。图 6-27 为依次选通单元 1～单元 4 的方式，T 为每个单元单次电刺激信号的持续时间，选通间隔 IT 为相邻两次刺激之间的时间间隔，在选通间隔内所有单元均处于关闭状态。受试者可能会感受到刺激在皮肤上移动的感觉。随着电极依次刺激皮肤，受试者感觉到一个刺激从第一个活动电极的位置移动到第二个活动电极，再到第三个活动电极，最后到最后一个活动电极的位置，即沿着电极 1 与电极 4 之间的直线运动。

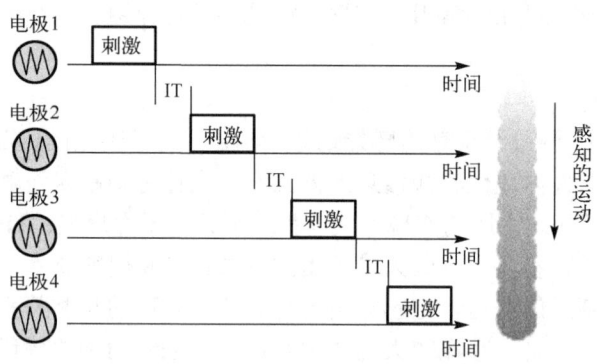

图 6-27　动态选通模式示意图

此外，当电极之间的刺激间隔时间为正时，电极 1 到电极 4 先后刺激皮肤，受试者感觉到刺激的移动方向为 1—2—3—4；而当间隔时间为负时，电极 4 首先刺激皮肤，受试者感受到刺激的移动方向为 4—3—2—1。这种刺激运动感觉的模态类似于手指关节弯曲时的运动觉。

当皮肤两个刺激点上的刺激的时间间隔太短时，受试者会将两个刺激的感觉"融合"为一个刺激。因此，为了保证动态刺激模式的有效性，需要确定受试者动态感知的时间阈限，以保证受试者不会把两个刺激混淆为单个刺激。

在对人体组织的电刺激过程中，影响电刺激感觉的因素有很多，除人体本身对于不同方向的分辨能力不同外，不同电极阵列的参数也会导致刺激效果的不同。

研究显示，在动态选通模式下，通过对同种电极动态选通分辨正确率的对比可知，人体对于电刺激单元的周向分辨能力比轴向强，对选通方向的分辨能力无明显差别。和单点选通相比，动态选通的分辨正确率较高。单点选通模式的分辨正确率主要取决于人体对于不同单元之间的分辨能力，实际效果往往因人而异。另外，人体前臂不同佩戴部位差异较大，需要在实际使用时进行单独确定。但是由于单点选通模式单次反馈只选通一个单元，进行单次反馈的用时较少。相较而言，动态选通模式不要求受试者对电极阵列单元有很好的分辨能力，对于单个单元的感知能力依赖性较弱，有一定容错率，可以在一定程度上减小受试者的认知难度，减少受试者的学习和适应时间，和单点选通模式相比有一定的优势。

6.6.2 模态匹配

感觉替代策略虽然灵活且容易实现，但同时会增加用户的认知负担。模态匹配策略使感觉更加自然，即假肢的传感器信息被以相同的感知模式传递给人体，强调刺激的物理形式的一致性，例如，将假肢手指尖的接触力以相同大小的压力模式反馈给截肢者。模态匹配反馈的映射关系简单，故而能够显著降低使用者的认知负担。

理论上，通过非侵入的机电设备和热电设备作用于残肢端或身体的其他位置，可以实现模态匹配的触觉感知。例如，采用压力刺激反馈接触力信息、温度刺激反馈接触界面的温度、振动触觉传递表面纹理信息。其中，温度反馈一般采用固定在使用者皮肤上的 Peltier 元件反馈假肢接触的物体温度信息，该方式具有感觉效果直观、可调节范围大的优点，但其响应速度慢且功耗大。此外，电触觉反馈可通过调节频率、幅值、波形等参数来产生振动、敲击或压力、触摸的感觉，从而产生模态匹配的效果。

事实上，由于受感觉反馈通道和便携集成的条件限制，当前的闭环感觉反馈很难实现严格意义上的模态匹配，尤其是本体感的模态匹配则更为复杂。Simpson 将其称为延伸的生理本体感，即假肢的活动和控制需与人体自身的生理机制直接相关。研究发现，当一个局部的振动刺激(40～80Hz)作用于腕部的肌腱时，正常受试者在没有实际运动的前提下能感觉到腕关节的运动。这证明振动刺激手臂的屈腱可以引起牵张感受器产生神经冲动，所以理论上如果能适当而精准地刺激上肢残肢端感知神经的肌梭传入，则有可能建立上肢的运动本体感。

6.6.3 躯体特定区匹配

要达到理想的感觉反馈效果，除模态匹配外，还需要同时实现躯体特定区匹配。截肢导致与环境相互作用的感觉器官丧失，但是躯体感觉神经和中枢神经系统仍保持作用。躯体特定区匹配是一种基于神经科学原理的反馈策略，旨在模拟直接刺激人体的自然感觉，追求感觉的自然性和直观性，从而降低患者的认知负担。实现方式主要有神经映射、直接神经刺激、定向神经移植。

神经映射主要是利用幻肢感，通过刺激肢残患者的幻指区，激活原有的神经通路，重建感觉通路。具体表现为触摸特定区域的残肢皮肤，可被感知为对截肢手的触摸。这种反馈方式产生的感觉自然且无须训练，是建立无创自然感觉反馈的有效手段，但是需要对幻指区进行识别。

不是所有的截肢者都存在幻指区，不同截肢者的幻指区分布也有所不同。如图 6-28 所示，一些患者的残肢存在手掌和 5 个手指的映射区，另一些患者的残肢只存在部分区域的映射区。幻指感可以自发发生，也可以通过非侵入性神经刺激产生。使用机械刺激法确定幻指区的位置，步骤如下：首先用医用标记笔在残肢端绘制大小合适的网格(如 5mm×5mm)，以便测试标记；使用直径较小的圆形金属笔头分别在每个网格区域按压，每个位置重复按压 3 次，记录被试描述的幻指区位置。

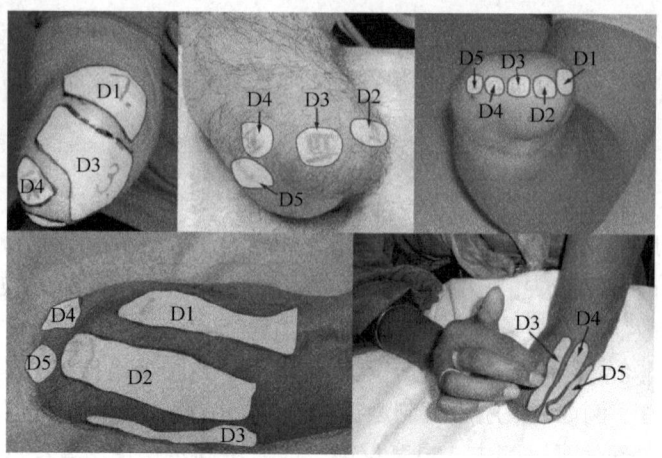

图 6-28 不同患者的幻指区

研究表明，基于幻肢感的神经映射机制是建立无创自然感觉反馈的有效手段。利用残肢端与幻指区"点到点"的神经映射关系，通过非侵入式的电刺激或机械刺激方式，激活原有的神经通路重建感觉通路，可以实现模态和躯体双匹配的自然交互效果。

靶向肌肉移植(targeted muscle reinnervation，TMR)，是将截断肢体的神经转移到不受截肢影响的目标肌肉(如胸部区域)中，该方法能够改善术后神经性疼痛(如幻肢痛)，主要用于肩关节截肢的短残肢情况。美国 DARPA 的"Revolutionizing Prosthetics"便采用此方法对受试者进行了"橡胶手错觉"实验，研究显示 TMR 能够实现被试对假肢的本体感。

直接神经刺激，按照刺激位置的不同可分为周围神经系统刺激和中枢神经系统刺激。前者是将电极植入残肢的传入神经，D'ANNA 等将横向束内多通道电极植入尺神经和正中神经，通过周围神经刺激反馈手指位置信息，在分辨四种直径圆柱体尺寸的实验中，截肢患者的识别正确率达 78%。后者是通过脑机接口直接刺激大脑的躯体感觉皮层，Wodlinger 等使用中枢神经系统刺激，使一名四肢瘫痪的患者能够控制具有十个自由度的高性能假肢。

6.6.4 多模态反馈

事实上，人体与周围环境交互的过程中，存在多种类型的感觉信息，且通常是同步传入的。例如，当我们拿起水杯时不仅可以判断水杯的重量，同时也获得了表面纹理和温度等信息。智能假肢的多模态反馈包含物理信息多模态和反馈方式多模态两个方面。

第一，多模态物理信息的神经反馈。目前集成到假肢手的感知系统主要是对指尖力信息的反馈，而人手的触觉传感器却可以产生力、温度、关节位置、滑动等丰富的感觉。假肢设备需配备能采集多模态物理信息的传感系统，为感觉反馈通路提供不同的物理信息以满足不同的操作情况。值得一提的是，多通道经皮电刺激反馈具有静态选通和动态选通的优势，不仅可以调节电刺激的时域参数和频域参数，还可以改变电极单元间距、动态选通速度以及选通模式(图 6-29)，得到丰富的时空频编码策略，理论上能够传递无限数量的信息。

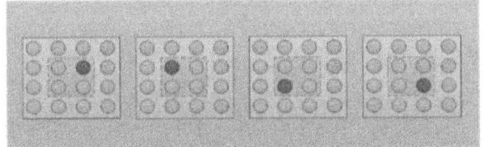

(a) 静态感觉反馈和对应的抓取力

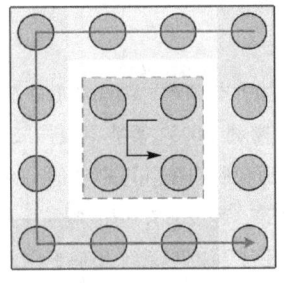

(c) 刺激阵列电极

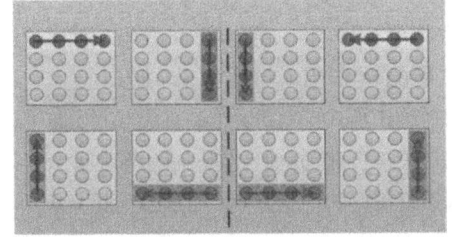

(b) 动态感觉反馈和对应的关节位置

图 6-29 电刺激反馈阵列的时空频动态选通模式

第二，多模态感觉反馈方式。要传递丰富的物理信息，还需要具备多模态的反馈方式。将机械刺激反馈与电刺激反馈结合，侵入式反馈和非侵入式反馈方式结合，形成丰富的刺激方式，根据传感器信息的模态自主选择模态匹配的刺激方式，提高截肢者对多种物理信息的辨别力。现有的研究多是两种或三种反馈方式的混合，从而提供同时和部分独立的信息流。2014 年 Marco D'Alonzo 等首次提出混合振动-电触觉(hybrid vibro-electrotactile，HyVE)刺激的概念，将振动电机放在同心电刺激电极上，如图 6-30 所示，并证明 HyVE 方式识别信息的正确率优于单独使用电触觉刺激或振动触觉刺激。混合刺激的方式还包括振动-力触觉反馈、温度-振动-力触觉反馈等，此种反馈系统仍处于发展的初期阶段，需要进一步测试同时识别两个不同模态信息的能力。

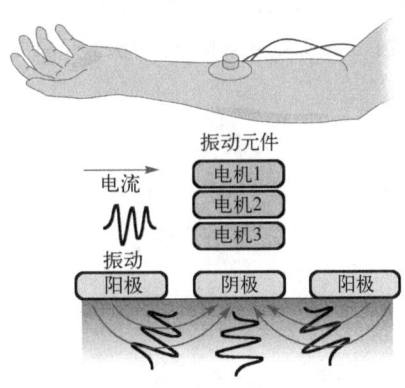

图 6-30 振动-电触觉

本 章 小 结

本章首先对人体感觉反馈的生理基础进行了背景介绍，在此基础上，介绍了电刺激、振动刺激、压力刺激等实现感觉反馈的几种物理方式。其中电刺激作为应用最为广泛的反馈方式之一，从生理基础、感知特性和神经纤维模型三个方面进行介绍。在理论模型的基础上，研究了电刺激电极的优化设计方法以及电刺激器的组成。针对双向生机接口的信息集成问题，研究了双向生机接口中电刺激对肌电信号的干扰模型，提出了双相电刺激与自适应噪声消除相结合的干扰抑制方法。最后介绍了感觉替代、模态匹配、躯体特定区匹配等感觉反馈策略。

参 考 文 献

柴国鸿, 2017. 基于电触觉反馈的假肢手感知功能重建研究[D]. 上海: 上海交通大学.
胡雅雯, 姜力, 杨斌, 2023. 智能上肢假肢感觉反馈研究进展[J]. 机械工程学报, 59(5): 1-10.
黄琦, 2018. 自适应肌电模式识别及假手人机交互控制的研究[D]. 哈尔滨: 哈尔滨工业大学.
姜力, 杨斌, 黄琦, 等, 2017. 智能假肢手的生机电集成[J]. 机器人, 39(4): 387-394.
李楠, 2012. 假手交互控制系统及基于压力分布的多动作模式识别研究[D]. 哈尔滨: 哈尔滨工业大学.
王博雅, 2018. 仿生假手的阵列式电触觉反馈系统及策略研究[D]. 哈尔滨: 哈尔滨工业大学.
杨斌, 2023. 具有接近觉感知的假手人机交互控制系统研究[D]. 哈尔滨: 哈尔滨工业大学.
BEAR M F, CONNORS B W, PARADISO M A, 2007. Neuroscience: exploring the brain[M].3rd ed. Philadelphia: Lippincott Williams & Wilkins.
BJÖRKMAN A, WIJK U, ANTFOLK C, et al., 2016. Sensory qualities of the phantom hand map in the residual forearm of amputees[J]. Journal of rehabilitation medicine, 48(4): 365-370.
ZHOU Z L, YANG Y C, LIU J B, et al., 2022. Electrotactile perception properties and its applications: a review[J]. IEEE transactions on haptics, 15(3): 464-478.